小型建设工程施工项目负责人岗位培训教材

电 力 工 程

小型建设工程施工项目负责人岗位培训教材编写委员会　编写

中国建筑工业出版社

图书在版编目（CIP）数据

电力工程/小型建设工程施工项目负责人岗位培训教材
编写委员会编写. —北京：中国建筑工业出版社，2013.8
小型建设工程施工项目负责人岗位培训教材
ISBN 978-7-112-15573-6

Ⅰ.①电… Ⅱ.①小… Ⅲ.①电力工程-岗位培训-教材
Ⅳ.①TM7

中国版本图书馆 CIP 数据核字（2013）第 143155 号

　　本书是《小型建设工程施工项目负责人岗位培训教材》中的一本，是电力工程专业小型建设工程施工项目负责人参加岗位培训的参考教材。全书共分 3 章，包括电力工程技术与专业法规、电力工程施工综合管理案例、电力工程专业注册建造师执业管理规定及相关要求等。本书可供电力工程专业小型建设工程施工项目负责人作为岗位培训参考教材，也可供电力工程专业相关技术人员和管理人员参考使用。

* * *

责任编辑：刘　江　岳建光　周世明
责任设计：张　虹
责任校对：王雪竹　党　蕾

小型建设工程施工项目负责人岗位培训教材
电 力 工 程
小型建设工程施工项目负责人岗位培训教材编写委员会　编写
*
中国建筑工业出版社出版、发行（北京西郊百万庄）
各地新华书店、建筑书店经销
北京科地亚盟排版公司制版
河北省零五印刷厂印刷
*
开本：787×1092 毫米　1/16　印张：16¾　字数：405 千字
2014 年 4 月第一版　　2014 年 4 月第一次印刷
定价：44.00 元
ISBN 978-7-112-15573-6
（24159）

小型建设工程施工项目负责人岗位培训教材

编 写 委 员 会

主　编：缪长江

编　委：（按姓氏笔画排序）

王　莹　　王晓峥　　王海滨　　王雪青

王清训　　史汉星　　冯桂烜　　成　银

刘伊生　　刘雪迎　　孙继德　　李启明

杨卫东　　何孝贵　　张云富　　庞南生

贺　铭　　高尔新　　唐江华　　潘名先

序

为了加强建设工程施工管理，提高工程管理专业人员素质，保证工程质量和施工安全，建设部会同有关部门自 2002 年以来陆续颁布了《建造师执业资格制度暂行规定》、《注册建造师管理规定》、《注册建造师执业工程规模标准》（试行）、《注册建造师施工管理签章文件目录》（试行）、《注册建造师执业管理办法》（试行）等一系列文件，对从事建设工程项目总承包及施工管理的专业技术人员实行建造师执业资格制度。

《注册建造师执业管理办法》（试行）第五条规定：各专业大、中、小型工程分类标准按《注册建造师执业工程规模标准》（试行）执行；第二十八条规定：小型工程施工项目负责人任职条件和小型工程管理办法由各省、自治区、直辖市人民政府建设行政主管部门会同有关部门根据本地实际情况规定。该文件对小型工程的管理工作做出了总体部署，但目前我国小型建设工程还未形成一个有效、系统的管理体系，尤其是对于小型建设工程施工项目负责人的管理仍是一项空白，为此，本套培训教材编写委员会组织全国具有丰富理论和实践经验的专家、学者以及工程技术人员，编写了《小型建设工程施工项目负责人岗位培训教材》（以下简称《培训教材》），力求能够提高小型建设工程施工项目负责人的素质；缓解"小工程、大事故"的矛盾；帮助地方建立小型工程管理体系；完善和补充建造师执业资格制度体系。

本套《培训教材》共 17 册，分别为《建设工程施工管理》、《建设工程施工技术》、《建设工程施工成本管理》、《建设工程法规及相关知识》、《房屋建筑工程》、《农村公路工程》、《铁路工程》、《港口与航道工程》、《水利水电工程》、《电力工程》、《矿山工程》、《冶炼工程》、《石油化工工程》、《市政公用工程》、《通信与广电工程》、《机电安装工程》、《装饰装修工程》。其中《建设工程施工成本管理》、《建设工程法规及相关知识》、《建设工程施工管理》、《建设工程施工技术》为综合科目，其余专业分册按照《注册建造师执业工程规模标准》（试行）来划分。本套《培训教材》可供相关专业小型建设工程施工项目负责人作为岗位培训参考教材，也可供相关专业相关技术人员和管理人员参考使用。

对参与本套《培训教材》编写的大专院校、行政管理、行业协会和施工企业的专家和学者，表示衷心感谢。

在《培训教材》的编写过程中，虽经反复推敲核证，仍难免有不妥甚至疏漏之处，恳请广人读者提出宝贵意见。

小型建设工程施工项目负责人岗位培训教材编写委员会
2013 年 9 月

《电力工程》
编 写 小 组

组　长： 庞南生

副组长： 杨纪宁　　姜效礼　　胡广平

成　员：

郑　倩　　韩学文　　闫　冬　　周　超

王　哲　　施应玲　　尹香圣　　李　云

何　平

前　言

　　长期以来，我国电力供应与社会需求之间的缺口一直呈现出增长的趋势，为缓解这一日益突出的用电和缺电矛盾，当前各大发电集团、国家电网公司和南方电网公司等正按照电力建设规划实施电源结构调整和电网优化布局的措施，加大对电源建设和电网建设规模，着力从根本上改善和提高我国城乡电力供应的输、配电能力，满足经济社会发展和人民生活水平提高对电力日益增长的需求，因此各电压等级输电网、配电网和变电站建设项目在全国范围内陆续开工建设，其中包括一大批为满足电网均衡配置要求的小型输、配电设施建设项目，而这些小型工程项目目前大多由各地方电力施工企业承担施工建设。由于种种原因，各地方电力施工企业的施工技术力量和管理水平存在着很大差异，参差不齐，在许多地方，小型电力工程管理还是一个空白，至少未形成一个规范管理的体系。尤其是小型电力工程施工项目负责人的管理各行其是、各搞一套，致使在施工中"小工程、大事故"现象屡见不鲜，造成了很大的生命财产损失。

　　因此，编写本教材的目的旨在帮助地方建立小型电力工程管理体系，提高小型电力工程施工项目负责人素质，促进小型电力工程质量安全水平提高，缓解"小工程、大事故"矛盾，完善和补充建造师执业资格制度体系。

　　本教材针对我国小型电力工程施工项目负责人的知识和技能特点，着重在小型输、配电工程施工技术、相关法律法规及其电力工程施工执业规模标准、执业范围、建造师签章文件等方面作了阐述，并通过一些工程实例和典型的质量与安全事故的剖析以增强小型电力工程施工项目负责人的实际应用能力，从而使他们在理论知识和实践技能方面得到全面的提升。

　　本教材在编写时得到了青海送变电工程公司、新疆送变电工程公司、广东江门供电工程公司、宁夏送变电工程公司、河南送变电工程公司、安徽送变电工程公司等电力施工企业的支持和帮助，提供了大量小型输变电工程施工技术与管理的相关资料，在此，对文献资料的提供单位和专家表示诚挚的感谢。

　　由于编者水平及经验所限，书中难免有不妥甚至疏漏之处，敬请广大读者批评指正。

目　　录

第1章　电力工程技术与专业法规

1.1　电力工程常用材料

1.1.1　核心知识点

1.1.1.1　杆塔的基础类型与构造

1. 钢筋混凝土杆基础

钢筋混凝土杆也称为电杆、水泥杆，其基础分为埋杆基础和三盘基础。

（1）地下部分的电杆：承受下压力和倾覆力矩。10kV 电力线及部分 35kV 电力线的电杆采用这类基础。电杆的高度不同，有不同的埋深规定，如表 1-1。

电杆埋设深度　　　　　　　　　　　　　　　　表 1-1

杆高（m）	8.0	9.0	10.0	11.0	12.0	13.0	15.0	18.0
埋设（m）	1.5	1.6	1.7	1.8	1.9	2.0	2.3	2.6~3.0

（2）混凝土底盘、卡盘、拉线盘与埋设于地下的水泥杆组成三盘基础。三盘的作用是：

底盘：安装在电杆的底部，承受电杆的下压力。

卡盘：用 U 型抱箍固定电杆上，用来增强电杆的抗倾覆能力。通常分为上卡盘和下卡盘，下卡盘紧靠底盘，用 U 型抱箍固定在电杆根部；上卡盘安装在电杆埋深的三分之一处。

拉线盘：用来固定电杆的拉线。

底盘、卡盘、拉线盘在加工场预制好之后运往施工现场安装。所以也称为预制基础。但在地形条件差，或底盘和拉线盘规格较大，运输不便的情况下也采用现场浇制而成。常用的三盘的外形尺寸如图 1-1 所示，规格见表 1-2~表 1-4。

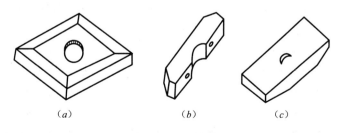

（a）　　　　　　（b）　　　　　　（c）

图 1-1　三盘外形

（a）底盘；（b）卡盘；（c）拉线盘

常用底盘规格 表1-2

底盘尺寸（m） 长×宽×厚	体积（m³）	质量（kg）	钢筋（Ⅰ级）		容许压力（kN）
			数量	质量（kg）	
0.6×0.6×0.18	0.065	156	12φ10	6.0	110
0.8×0.8×0.18	0.115	277	16φ10	9.6	120
1.0×1.0×0.21	0.187	448	20φ10	14.0	140
1.2×1.2×0.21	0.249	597	24φ10	17.4	150
1.4×1.4×0.24	0.377	904	28φ10	25.8	180

常用卡盘规格 表1-3

卡盘尺寸（m） 长×宽×厚	体积（m³）	质量（kg）	钢筋（Ⅰ级）		容许压力（kN）
			数量	质量（kg）	
0.8×0.3×0.2	0.048	115	6φ12	4.2	52
1.0×0.3×0.2	0.060	144	6φ14	7.5	65
1.2×0.3×0.2	0.072	173	6φ14	8.8	54
1.4×0.3×0.2	0.084	202	6φ18	17.3	67
1.6×0.3×0.2	0.096	231	6φ18	18.2	59
1.8×0.3×0.2	0.108	259	6φ18	22.3	52

常用拉线盘规格 表1-4

拉线盘尺寸（m） 长×宽×厚	体积（m³）	质量（kg）	钢筋（Ⅰ级）		容许拉力（kN）
			数量	质量（kg）	
0.6×0.3×0.2	0.032	80	4φ10/4φ8	10.5	94
0.8×0.4×0.2	0.054	135	6φ10/6φ8	11.6	108
1.0×0.5×0.2	0.084	210	6φ12/7φ8	14.6	122
1.2×0.6×0.2	0.118	300	8φ14/9φ8	19.0	136
1.4×0.7×0.2	0.165	410	8φ14/11φ8	28.2	161
1.6×0.8×0.2	0.234	540	8φ14/13φ8	31.3	141
1.8×0.9×0.25	0.290	695	8φ14/15φ8	34.5	162
2.0×1.0×0.25	0.356	855	10φ14/15φ8	41.9	182
2.2×1.1×0.25	0.490	1170	10φ14/17φ8	46.1	166

2. 铁塔基础

（1）现浇阶梯直柱混凝土基础，是各种电压等级线路广泛使用的一种基础型式，示意如图1-2。它又可分为素混凝土直柱基础和钢筋混凝土直柱基础两种。基础与铁塔的连接均采用地脚螺栓。

（2）现浇斜柱混凝土基础。示意如图1-3。

图1-2　阶梯直柱基础

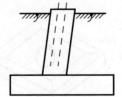

图1-3　斜柱基础

根据斜柱断面又可分为：等截面斜柱混凝土基础、变截面斜柱混凝土基础、偏心斜柱混凝土基础。基础与铁塔的连接有两种方式：地脚螺栓式和主角钢插入式。

（3）桩式基础。桩基础的形状为直径 $\phi800\sim\phi1200$mm 的圆柱，每个基础腿可用单桩或多根桩组成，图 1-4 所示为桩基础的型式。图 1-4（a）为掏挖桩，桩下部有扩大头。图 1-4（b）为钻孔灌注桩。图 1-4（c）为几个桩组合而成的桩基础，其顶部用钢筋混凝土连接成整体。

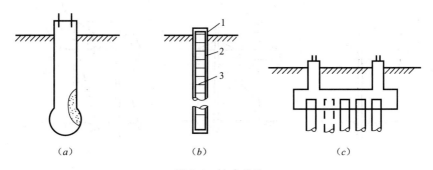

图 1-4 桩式基础
1—灌注桩；2—主筋；3—钢箍

（4）岩石基础。将岩石凿成孔，把地脚螺栓放进去，然后沿地脚螺栓周围灌注砂浆与岩石粘接成整体。如图 1-5 所示。

（5）装配式基础。钢筋混凝土预制构件装配而成。

（6）拉线塔基础。拉线铁塔基础采用现浇阶梯式混凝土基础，基础的顶部为球铰。如图 1-6 所示。

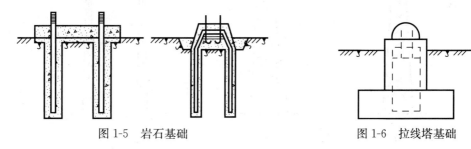

图 1-5 岩石基础   图 1-6 拉线塔基础

1.1.1.2 杆塔

1. 杆塔的种类

架空电力线路的杆塔是用来支持导线和避雷线的，以保证导线与导线之间、导线与避雷线之间、导线与地面或与交叉跨越物之间所需的距离。

混凝土杆和铁塔统称为杆塔。按照杆塔在线路上的使用情况，杆塔种类分为以下几种：

（1）直线杆塔：用于线路的直线地段，采用悬垂绝缘子串悬挂导线、避雷线。

（2）耐张杆塔：用于承受导线、避雷线的张力，在线路上每隔一定距离立一基耐张杆塔，以便于施工紧线和限制直线杆塔倾倒范围。耐张杆塔采用耐张绝缘子串锚固导线和避雷线。

（3）转角杆塔：用于线路转角的地方。一般耐张杆塔兼作转角杆塔。

（4）终端杆塔：用于发电厂或变电站的线路起终点处。同样采用耐张绝缘子串锚固导线和避雷线。

（5）换位杆塔：用于线路换位的地方。有直线换位杆塔和耐张换位杆塔。

如果按照杆塔的外形或导线在杆塔上的排列方式来区分杆塔，则钢筋混凝土杆可分为单杆和双杆（又称门型杆），如图1-7所示。而铁塔可分为上字型铁塔、猫头型铁塔、酒杯型铁塔、干字型铁塔和鼓型铁塔，如图1-8所示。

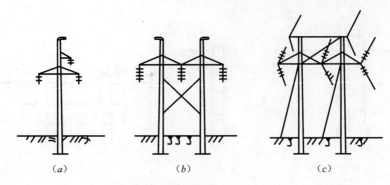

图 1-7　钢筋混凝土杆杆型
(a) 直线单杆；(b) 直线双杆；(c) 耐张（转角）杆

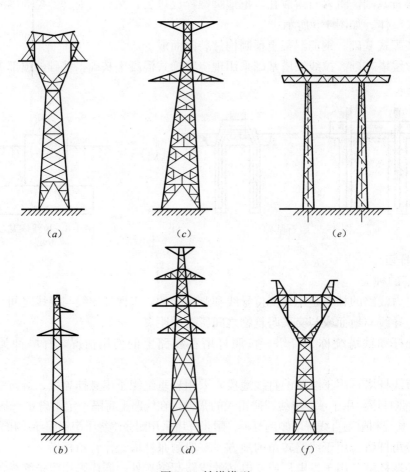

图 1-8　铁塔塔型
(a) 猫头型直线塔；(b) 上字型直线塔；(c) 干字型转角塔；
(d) 鼓型双回路直线塔；(e) 门型直线塔；(f) 酒杯型直线塔

4

2. 钢筋混凝土杆

钢筋混凝土杆的制造方法是，将钢筋绑扎成圆筒形骨架放在钢模内，然后往钢模里浇注混凝土，再将钢模吊放在离心机上高速旋转，利用离心机的作用，使混凝土和钢筋成为空心圆柱的整体，即为钢筋混凝土杆。

根据钢筋混凝土杆的外形可分为等径杆和锥型杆两种。等径杆的长度有 3.0、4.5、6.0、9.0m 等，它们的直径有 $\phi300$、$\phi400$、$\phi500$mm 三种。

锥型杆的锥度为 1/75，杆段规格尺寸较多，根据工程需要，利用单根或不同长度的杆段组合成所需高度。

3. 杆塔的连接

铁塔构件的连接采用螺栓，主材与主材的连接采用角钢（俗称包铁）或联板，斜材、水平材与主材的连接采用联板，如图 1-9 所示。

钢筋混凝土杆的连接方法是，将杆段运到杆位后进行排杆，将杆段端部的钢圈焊接成所需要的整根电杆。如图 1-10（a）所示，1 为接头钢圈，2 为焊缝，3 为主钢筋，4 为螺旋筋。也有用法兰盘连接的，如图 1-10（b）所示，图中 1 为法兰盘，2 为连接螺栓。

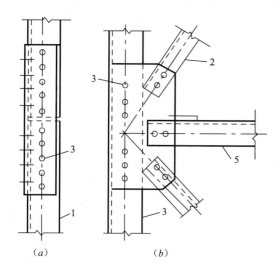

图 1-9　铁塔杆件的连接

1—主材；2—斜材；3—螺栓；4—联板；5—水平材

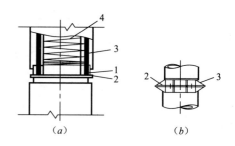

图 1-10　电杆的连接

1.1.1.3　导线和避雷线

1. 导线

（1）导线的型号及规格

架空电力线路的导线有铝绞线、钢芯铝绞线、铝合金绞线、钢芯铝合金绞线等。钢芯铝绞线以钢绞线股为芯，铝线股为外层绞制而成。表示方法为 LGJ—□□/□□，L—代表铝，G—代表钢，J—代表绞线，□□/□□—代表铝股标称截面/钢芯标称截面。如 LGJ—240/30 表示钢芯铝绞线，铝股标称截面为 240mm^2，钢芯标称截面为 30mm^2。

（2）相分裂导线

低压电力线路一般每相采用一根导线，三相采用三根导线。220kV 及以上电压等级的线路常采用相分裂导线。相分裂导线是指每相采用相同型号规格的 2 根、4 根、6 根、8 根导

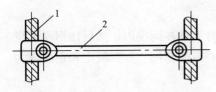

图 1-11　双分裂导线排列示意图

线，每根导线叫相分裂导线的子导线（或称分裂导线），子导线之间的距离叫作分裂导线的间距。如图 1-11 为双分裂导线排列示意图，1 为子导线，2 为间隔棒。

采用分裂导线可以提高线路输送容量，减少线路电晕损耗和降低对无线电的干扰。

2．避雷线

架空送电线路的避雷线也称为架空地线，一般采用钢绞线或铝包钢绞线。钢绞线用镀锌高碳钢丝绞制而成，机械强度较大，有一定的防腐性能。表示方法为 GJ—□□，G—代表钢，J—代表绞线，□□—代表钢芯标称截面。如 GJ—100 表示钢绞线的标称截面为 $100mm^2$。常用的钢绞线有 7 股和 19 股的。

1.1.1.4　金具和绝缘子

1．线路金具

架空电力线路的金具，是用于将绝缘子和导线或避雷线悬挂在杆塔上的零件，以及用于导线、避雷线的接续和防振或拉线紧固、调整等的零件。按照用途的不同，线路金具分为六大类。

（1）悬垂线夹：用于握住导线或避雷线，在直线杆塔悬挂导线或避雷线。如图 1-12 所示。

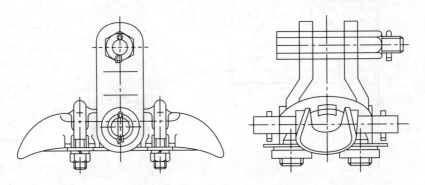

图 1-12　悬垂线夹正视图和侧视图

（2）耐张线夹：用于耐张杆塔固定导线或避雷线，如图 1-13 所示。

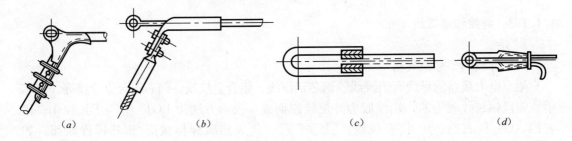

（a）　　　　　　（b）　　　　　　（c）　　　　　　（d）

图 1-13　耐张线夹

（a）导线用螺栓型；（b）导线用压缩型；（c）避雷线用压缩型；（d）避雷线用楔型

（3）连接金具：用于连接绝缘子和线夹，并与杆塔连接。连接金具的形式多种多样，如图 1-14 所示。

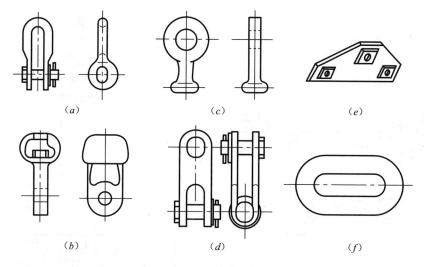

图 1-14　连接金具

(a) U 型挂环；(b) 单联碗头挂板；(c) 球头挂环；(d) 直角挂板；(e) 二联板；(f) 延长环

(4) 接续金具：用于导线和避雷线的连接，如图 1-15 所示。图 1-15 (a) 为钳压管连接导线图；图 1-15 (b) 为液压管连接导线图，图中 1 为铝管，2 为钢管，3 为钢芯铝绞线的钢芯，4 为导线；图 1-15 (c) 为钢绞线接续管。

(5) 防护金具：也称为保护金具。主要有防振锤、间隔棒、均压环、屏蔽环、预绞丝护线条等。图 1-16 (a) 为防振锤安装在直线杆塔上，图 1-16 (b) 为防振锤安装在耐张杆塔上。

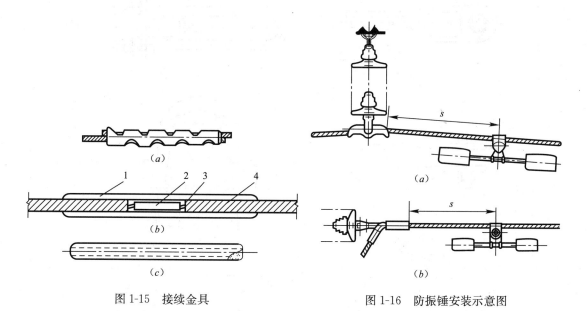

图 1-15　接续金具　　　　　　　图 1-16　防振锤安装示意图

图 1-17 (a) 为两线间隔棒，图 1-17 (b) 为四线间隔棒。图 1-18 为安装有均压环的直线绝缘子串。其中 1 为 U 型挂环，2 为球头挂环，3 为绝缘子，4 为均压环，5 为双联碗头挂板，6 为联板，7 为悬垂线夹，8 为屏蔽环。

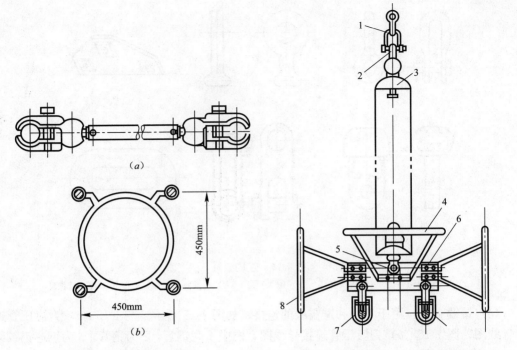

图 1-17　间隔棒示意图

图 1-18　带均压环的直线绝缘子串

（6）拉线金具：用于拉线杆塔的固定，如图 1-19 所示。图中（*a*）楔形线夹；（*b*）UT型线夹；（*c*）拉线用 U 型挂环；（*d*）钢线卡子；（*e*）双拉线用联板；（*f*）平行挂板。

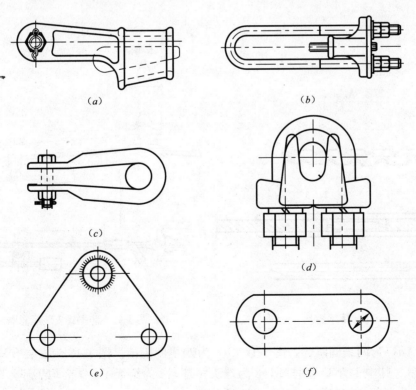

图 1-19　拉线金具

2. 绝缘子

（1）绝缘子的种类和规格

绝缘子的作用是悬挂导线并使导线与杆塔之间保持绝缘。绝缘子不但具有较高的机械强度，而且要有很高的电气绝缘性能。配电线路常用针式绝缘子、棒式绝缘子或瓷横担绝缘子。送电线路常用盘形悬式绝缘子。如图 1-20 所示。盘形悬式绝缘子的型号规格用拼音字母加数字表示，如 XP-70、XP-100、XP-160 等。其中 X 代表悬式绝缘子；P 代表机电破坏负荷；70 代表额定机电破坏负荷数，单位为 kN。线路通过污秽地区时，常采用防污绝缘子。如图 1-21 所示。制造绝缘子的材料，有瓷质材料和钢化玻璃，用瓷质材料制造的叫瓷绝缘子，用钢化玻璃制造的叫钢化玻璃绝缘子。目前送电线路还采用硅橡胶有机复合绝缘子。

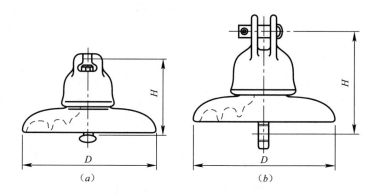

图 1-20 盘形悬式绝缘子

（a）球型连接结构；（b）槽型连接结构

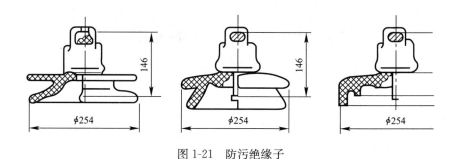

图 1-21 防污绝缘子

（2）绝缘子串的组装形式

根据线路电压的高低和使用情况，可用不同数量的绝缘子和金具组装成各种绝缘子串。图 1-22 为单串悬垂绝缘子串，用在直线杆塔上。图 1-23 为单串耐张绝缘子串，用在耐张或转角及终端杆塔上，承受导线的张力。若单串耐张绝缘子串抗拉强度不够时，可采用图 1-24 所示的双串耐张绝缘子串。

1.1.2 案例

一条 110kV 线路紧线。导线为 LGJ—150/35 型钢芯铝绞线，导线外径 17.50mm。耐张线夹为 NLD—3 型，耐张段第一根导线弧垂观测完毕，工作负责人贾××安排队员量

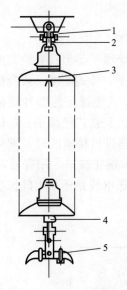

图 1-22　单串悬垂绝缘子串
1—直角挂板；2—球头挂环；3—绝缘子；
4—单联碗头挂板；5—悬垂线夹

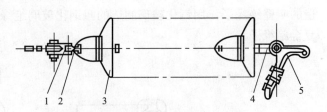

图 1-23　单串耐张绝缘子串
1—直角挂板；2—球头挂环；3—绝缘子；
4—单联碗头挂板；5—耐张线夹

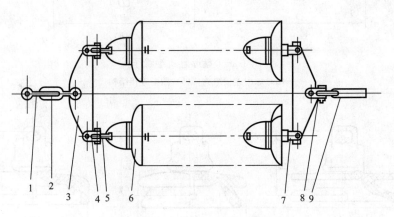

图 1-24　双串耐张绝缘子串
1—U 型挂环；2—延长环；3—二联板；4—直角挂板；5—球头挂环；6—绝缘子；
7—双联碗头挂板；8—直角挂板；9—耐张线夹

尺寸割线并安装好耐张线夹。紧线采用履带式拖拉机，拖拉机缓缓行走，挂在拖拉机上的磨绳与导线的耐张线夹连接，眼看耐张绝缘子串就要到横担了，高空作业人员正准备挂线时，磨绳和导线间突然脱开。项目负责人赶来一看，原来耐张线夹安装反了。NLD 型耐张线夹正确的装法如图 1-25 所示，图中 1 为 NLD 型耐张线夹，2 为线路侧，3 为引流侧。现场错误地安装成如图 1-26 所示，耐张线夹螺栓的一头安装在线路侧，线夹在 4 所示的部位断裂。

　　要点：螺栓型耐张线夹 NLD 的字母含义是：N—耐张；L—螺栓；D—倒装。倒装式线夹错误安装为正装，造成耐张线夹受力超出设计极限值。

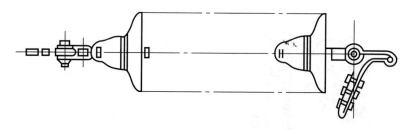

图 1-25　NLD 型线夹正确安装法

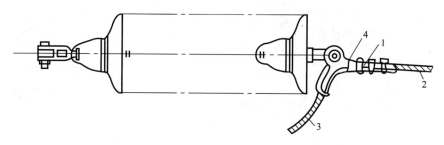

图 1-26　NLD 型线夹错误安装法

1.2　电力工程专业技术

1.2.1　核心知识点

1.2.1.1　测量工具和仪器

1. 测量工具

钢卷尺，测量常用的长钢卷尺有 30m 和 50m 两种，短钢卷尺有 2m、3m 和 5m，钢卷尺的测量精度较高。

皮尺，常用来丈量距离，常用于测量精度要求不高的场合。

花杆，测量时标立方向所用。用红白相间的油漆涂刷杆身，以便于观测时容易发现。

塔尺，是视距测量的重要工具。全长 5m，三节组成，使用时一节节抽出，用完后缩回原位。用塔尺可以读出四位数。

现在市场上供应的花杆和塔尺用铝合金制成，体积小，强度高、不易变形。

2. 测量仪器

经纬仪：经纬仪的种类很多，但主要结构大致相同。主要部分有望远镜、垂直度盘、水平度盘、水准器、制动器、基座、三脚支架等（图 1-27）。

望远镜是经纬仪的主要部件，由物镜、目镜和十字丝组成，十字丝是在玻璃片上刻成互相垂直的十字线，如图 1-28 所示，其上下两根横线分别称为上线和下线（也称视距丝），竖线是对准花杆或目标的。望远镜可以上下方向（垂直方向）或左右方向（水平方向）转动。测量时将望远镜对准目标，旋转目镜和对光螺栓，在镜筒内即可清晰地对准目标。经纬仪上的水平度盘和垂直度盘，用以读取水平转角和垂直角的角度。用以调平仪器的基座和脚螺旋，可通过仪器上的水准器判断仪器是否调平。在测量中经纬仪应用最广，用它可以测量水平角度、垂直角度（俯角或仰角）、距离（视距）、高程、确定方向等。

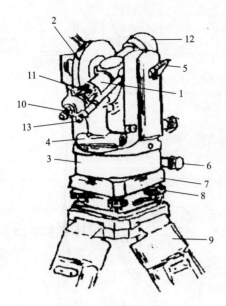

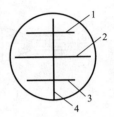

图 1-27　经纬仪

1—望远镜；2—垂直度盘；3—水平度盘；4—水准管；5—制动器；
6—微动螺丝；7—基座；8—整平螺旋；9—三脚架；10—目镜；
11—对光螺旋；12—物镜；13—读数显微镜

图 1-28　十字丝

1—上线；2—中线；
3—下线；4—竖线

1.2.1.2　测量基本方法

1. 经纬仪的安置与瞄准

（1）对中。使经纬仪中心与测站点（标桩上的小铁钉）在同一垂直线上称为对中。光学经纬仪对中时，先松动仪器连接螺栓，移动仪器，使对光器中的小圆圈与标桩上的小铁钉重合为止。

（2）整平。利用三只整平螺旋和水准管，使仪器的竖轴垂直，水平度盘处于水平位置称为整平。先使水准管垂直于任意两个整平螺旋，双手同时向内或向外旋转整平螺旋，使水准管气泡居中，然后将经纬仪旋转90°，使水准管垂直于前两个整平螺旋的连线，旋转第三个整平螺旋使气泡居中，见图1-29所示。整平操作要反复进行，直至度盘转至任何位置时，水准管的气泡仍然居中为止。实际工作中，允许气泡不超过一格的偏差。

（3）瞄准。用望远镜的十字线交点瞄准测量目标称为瞄准。方法是先调节目镜使十字线清晰，然后放松水平度盘和望远镜的制动螺旋，使望远镜能上下左右旋转。瞄准目标时，先利用镜筒上的照准器大致对中目标，再调节物镜使物像清晰，通过望远镜寻找目标。当目标找到后，将水平度盘和望远镜的制动螺旋拧紧，再旋转微动螺旋，使十字丝交叉点准确地瞄准目标。测量时将花杆直立于观测点上，望远镜中的十字线交点要对准花杆下部尖端或使十字线的竖线平分花杆。

2. 直线测量

如已知 C_1、C_2 两点，拟沿 C_1、C_2 两点的直线方向上延长一条直线。测量方法如图1-30所示：将经纬仪安置在 C_2 点，用正镜后视 C_1 点，将仪器度盘固定并翻转望远镜，沿视线方向指挥前视的花杆标定出 C_3；然后松开度盘旋转仪器，用倒镜对准 C_1 点，再固定度盘翻转望远镜，指挥花杆标定出 C_4 点。如果经纬仪视准轴垂直于横轴时，C_3 和 C_4

两点重合，否则应取 C_3 和 C_4 中点 C_5 为 C_1、C_2 延长线直线方向。上述测量方法称为正倒镜分中法。

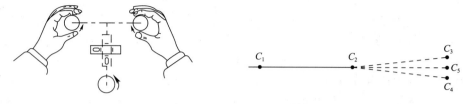

图 1-29　仪器整平　　　　　　　　　　图 1-30　直线测量

3. 视距测量

如图 1-31 所示：将经纬仪安置在 A 点，B 点立一塔尺，望远镜内的上线中线下线对准塔尺的读数分别为 a、b、c，则 A、B 两点的水平距离 D 等于

$$D = Kd\cos^2\alpha \tag{1-1}$$

式中　K——视距常数，100；

　　　d——a、c 两读数之差；

　　　α——垂直角（°）。

4. 高差测量

如图 1-32 所示，欲求 B 点与 A 点的高差，将经纬仪安置在 A 点，望远镜对准 B 点塔尺并读取上线、中线和下线在塔尺上的读数及垂直角 α，若中线的读数为 H，则 A、B 两点的高差 h 为：

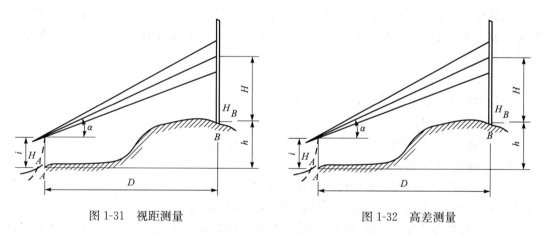

图 1-31　视距测量　　　　　　　　　　图 1-32　高差测量

$$h = D\text{tg}\alpha + i - H \tag{1-2}$$

将式（1-1）代入上式（1-2）得

$$h = Kd\cos^2\alpha\text{tg}\alpha + i - H$$

$$= Kd\cos^2\alpha\frac{\sin\alpha}{\cos\alpha} + i - H$$

$$= Kd\cos\alpha\sin\alpha + i - H$$

因为，　　　　　　　　$\sin2\alpha = 2\sin\alpha\cos\alpha$

所以，　　　　　　　　$h = \frac{1}{2}Kd\sin2\alpha + i - H \tag{1-3}$

实际测量时为了简便，往往使望远镜的中线对准塔尺的读数等于仪高 i，这时式（1-3）可变为

$$h = \frac{1}{2}Kd\sin2\alpha \qquad\qquad (1\text{-}4)$$

B 点的高程 H_B 等于

$$H_B = H_A + h$$

式中　H_A——A 点的高程（m）。

5. 角度测量

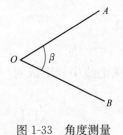

图 1-33　角度测量

如图 1-33 所示，欲求 OA 与 OB 方向间的夹角 β 时，将经纬仪安置在 O 点并整平，用正镜（垂直度盘位于望远镜左边）对准 A 点读取一角度，再对准 B 点读取另一角度，两角之差即为夹角 β_1，然后再用倒镜（垂直度盘位于望远镜右边），同样观测，读取的为夹角 β_2。前一次测量叫前半测回，后一次测量叫后半测，两个半测回合起立称为一个全测回（也叫一测回）。取两个半测回的测角之平均值作为测角的最终结果，即

$$\beta = \frac{1}{2}(\beta_1 + \beta_2) \qquad\qquad (1\text{-}5)$$

上述测量角度的方法，称为方向法测角度。

1.2.1.3　白棕绳

1. 白棕绳的规格

白棕绳是用龙舌兰麻（又称剑麻）捻制而成，其抗张力和抗扭力较强，滤水性好，耐磨而富有弹性，受到冲击拉力不易断裂，所以在线路工程中常用来绑扎构件、起吊较轻的构件工具等。

2. 白棕绳的允许拉力

白棕绳作为辅助绳索使用，其允许拉力不得大于 $0.98kN/cm^2$（$100kgf/cm^2$）。

3. 使用白棕绳的安全要求

（1）白棕绳用于捆绑或在潮湿状态下使用时，应按其允许拉力的一半计算。霉烂、腐蚀、断股或损伤者不得使用。

（2）白棕绳穿绕滑轮或卷筒时，滑轮或卷筒的直径应大于白棕绳直径的 10 倍，以免白棕绳受到较大的弯曲应力，降低强度，同时，也可减少磨损。

（3）白棕绳在使用中如发现扭结应设法抖直，同时应尽量避免在粗糙构件上或石头地面上拖拉，以减少磨损。绑扎边缘锐利的构件时，应衬垫麻片、胶皮、木板等物，避免棱角割断绳纤维。

（4）白棕绳不得与油漆、碱、酸等化学物品接触，同时应保存在通风干燥的地方，防止腐蚀、霉烂。

1.2.1.4　钢丝绳

1. 钢丝绳的规格

起重用的钢丝绳结构为 6×19 或 6×37，即由 19 根或 37 根钢丝拧绞成钢丝股，然后由 6 根钢丝股和一根浸油的麻芯拧成绳。线路施工最常用的是 6×37 钢丝绳。钢丝绳的结

构规格见表 1-5。

直径		钢丝总断面积	参考重量	钢丝绳公称抗拉强度（MPa）				
				1400	1500	1700	1850	2000
钢丝绳	钢丝			钢丝破断拉力（kN）				
mm		mm²	kg/100m	不小于				
8.7	0.4	27.88	36.21	32.0	35.0	39.0	42.0	46.0
11.0	0.5	43.57	40.69	50.0	55.0	61.0	66.0	71.0
13.0	0.6	62.74	58.98	72.0	80.0	87.0	95.0	102.5
15.0	0.7	85.39	80.27	98.0	108.0	119.0	129.0	140.0
17.5	0.8	111.53	104.8	128.0	141.0	165.0	169.0	182.5
19.5	0.9	141.16	132.7	162.0	179.0	196.5	214.0	231.5
21.5	1.0	174.27	163.8	200.0	221.0	242.5	264.0	285.5
24.0	1.1	210.87	198.2	242.0	268.0	293.5	320.0	346.0
26.0	1.2	250.95	235.9	288.0	318.0	340.5	380.0	416.0
28.0	1.3	294.52	276.8	338.0	374.0	416.5	440.0	484.0

2. 钢丝绳的允许拉力

钢丝绳的允许拉力 T 按式（1-6）求得

$$T = \frac{T_b}{KK_1K_2} = \frac{T_b}{K_\Sigma} \qquad (1-6)$$

式中 T——钢丝绳的允许拉力（kN）；

T_b——钢丝绳的破断拉力（kN）；

K——安全系数，见表 1-8；

K_1——动荷系数，见表 1-6；

K_2——不均衡系数，见表 1-7；

K_Σ——综合安全系数。

动荷系数 K_1 表 1-6

启动或制动系统的工作方法	K_1
通过滑车组用人力绞车或绞磨牵引	1.1
直接用人力绞车或绞磨牵引	1.2
通过滑车组用机动绞车或绞磨、拖拉机或汽车牵引	1.2
直接用机动绞车或绞磨、拖拉机或汽车牵引	1.3
通过滑车组用制动器控制时的制动系统	1.2
直接用制动器控制时的制动系统	1.2

不均衡系数 K_2 表 1-7

可能承受不均衡荷重的起重工具	K_2
用人字抱杆或双抱杆起吊时的各分支抱杆	1.2
起吊门型或大型杆塔结构时的各分支绑固吊索	1.2
通过平衡滑车组相连的两套牵引装置及独立的两套制动装置平行工作时，各装置的起重工具	1.2

钢丝绳安全系数 K

表 1-8

工作性质及条件	K
用人推绞磨直接或通过滑车组起吊杆塔或收紧导线、地线用的牵引绳和磨绳	4.0
用机动绞磨、电动卷扬机或拖拉机直接或通过滑车组起吊杆塔或收紧导线、地线用的牵引绳和磨绳	4.5
起吊杆塔用的吊点固定绳	4.5
起吊杆塔用的根部制动绳	4.0
临时固定用的拉线	3.0
作其他起吊或牵引用的牵引绳及吊点固定绳	4.0

3. 钢丝绳使用须知

（1）使用钢丝绳应按实际工作情况，合理选择型式和直径。

（2）钢丝绳的动荷系数、不均衡系数、安全系数分别不小于表 1-6～表 1-8 的规定。

（3）钢丝绳的端部用绳卡（元宝卡子）固定连接时，绳卡压板应在钢丝绳主要受力的一边，且绳卡不得正反交叉设置，绳卡间距不应小于钢丝绳直径的 6 倍。

（4）钢丝绳插接的绳套或环绳，其插接长度应不小于钢丝绳直径的 15 倍，且不得小于 300mm。插接的钢丝绳绳套应作 125% 允许负荷的抽样试验。

（5）使用钢丝绳时，应避免拧扭（金钩）。通过滑车、磨芯、滚筒的钢丝绳不得有接头。通过滑车槽底不宜小于钢丝绳直径的 11 倍，通过机动绞磨的磨芯不宜小于钢丝绳直径的 10 倍。

（6）钢丝绳报废标准：

① 钢丝绳有断股者；

② 钢丝绳磨损或腐蚀深度达到原直径的 40% 以上，或受过严重火烧或局部电烧者；

③ 钢丝绳压扁变形或表面毛刺严重者；

④ 钢丝绳的断丝不多，但断丝增加很快者；

⑤ 钢丝绳笼形畸形、严重扭结或弯折。

（7）钢丝绳使用后应及时除去污物；每年浸油一次，存放在通风干燥的地方。

1.2.1.5 滑轮

1. 滑轮的分类：

按滑轮的数目来分：

（1）单滑轮：只有一个滚轮。

（2）复滑轮：有两个以上的滚轮组成。

按滑轮的作用来分：

（1）定滑轮：在使用中固定在某一位置不动，用来改变重物的受力方向。如图 1-34 所示。定滑轮中常用的还有转向滑轮，如图 1-35 所示，其两端绳索基本上成 90°。

（2）动滑轮：动滑轮在牵引重物时，其随重物同时作升降运动，如图 1-36 所示。

（3）滑轮组：把定滑轮和动滑轮用绳索连接起来使用，称为滑轮组，如图 1-37 所示。

图 1-34　定滑轮

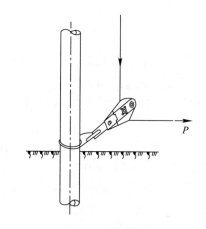

图 1-35　转向滑轮

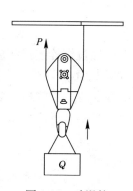

图 1-36　动滑轮

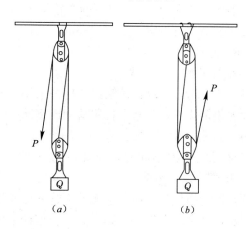

图 1-37　滑轮组

2. 滑轮提升重物的拉力计算

（1）定滑轮的拉力 P：如图 1-34 所示，并不省力，只能改变力的方向。牵引力 P 与荷载 Q 的比值称为定滑轮的效率。因为滑轮有摩擦阻力，所以牵引力 P 大于荷载 Q。

$$\eta = \frac{Q}{P} \tag{1-7}$$

或

$$P = \frac{Q}{\eta} \tag{1-8}$$

式中　P——牵引力（kN）；

　　　Q——荷载（kN）；

　　　η——滑轮效率。

（2）动滑轮的拉力 P：如图 1-36 所示。由于绳索一端固定，故荷载由两根绳索来承担。

$$P = \frac{Q}{2\eta} \tag{1-9}$$

（3）滑轮组的拉力 P：绳索牵引端从定滑轮引出的滑轮组如图 1-37（a）所示，其拉力：

$$P = \frac{Q}{n\eta_\Sigma} \qquad\qquad (1\text{-}10)$$

式中　n——滑轮数或工作绳数；

　　　η_Σ——滑轮组的综合效率。

绳索牵引端从动滑轮引出的滑轮组如图 1-37（b）所示，其拉力：

$$P = \frac{Q}{\eta_\Sigma(n+1)} \qquad\qquad (1\text{-}11)$$

3. 使用起重滑轮的注意事项

（1）滑轮的起重量标在铭牌上，可按起重量选用。

（2）使用前应检查滑轮的轮槽、轮轴、夹板和吊钩等各部分是否良好。

（3）滑轮组的绳索在受力之前要检查是否有扭绞、卡槽等现象。滑轮收紧后，相互间距离不小于：牵引力 30kN 以下的滑轮组为 0.5m；牵引力 100kN 以下的滑轮组为 0.7m；牵引力 250kN 以下的滑轮组为 0.8m。

1.2.1.6　抱杆

1. 抱杆的种类和形状

（1）角钢组合抱杆：角钢组合抱杆采用分段电焊结构，各段间通过螺栓连接而成。主材一般为角钢，斜材、水平材用角钢或钢筋。组合抱杆中间段为等截面结构，上下端为拔梢结构。标准节有 350mm、500mm、650mm、700mm、800mm 断面等多种规格。为了便于运输及适应各种不同杆塔型组立施工的需要，组合抱杆的长度有 2m、2.5m、3m、3.5m、4m、5m、6m 等多种。

（2）钢管抱杆：采用薄壁无缝钢管，分段插接组合或外法兰连接。

（3）铝合金组合抱杆：铝合金组合抱杆采用分段铆接结构，主材、斜材、水平材为铝合金，段与段间结合部位为角钢。各段间通过螺栓连接而成。其他部分与角钢组合抱杆相同，但整体重量轻。

（4）铝合金管抱杆：采用铝合金管，两端组合部分采用钢构件，采用外法兰螺栓连接。

2. 使用抱杆的注意事项

（1）抱杆按厂家标定的允许起吊重量选用。

（2）金属抱杆整体弯曲超过杆长的 1/600 或局部弯曲严重、磕瘪变形、表面腐蚀严重、裂纹、脱焊的，以及抱杆脱帽环表面有裂纹、螺栓变形或螺栓缺少的，均严禁使用。

（3）铝合金抱杆在装卸车过程中，要防止铆钉被磨损造成杆件脱落。抱杆装卸过程不得乱掷，以免变形损坏。

1.2.1.7　绞磨

1. 手推绞磨

手推绞磨如图 1-38 所示。手推绞磨由磨轴 1、磨芯（卷筒）2 以及磨架 3 和磨杠 4 组成。将牵引的钢丝绳在磨芯上缠绕，磨尾绳用人力拉紧，然后人推磨杠使磨轴和磨芯转动，钢丝绳即被拉紧进行起吊或牵引工作。一般磨杠 L 的长度 3.5m；底座 A 的长度 1.2m；磨架 h 的高度 0.55m；磨轴 H 的高度 1.0m。

2. 使用手推绞磨注意事项：

（1）磨绳在磨芯上缠绕不少于5圈，磨绳的受力端在下方，人拉的一端在上方，并使磨芯逆时针方向转动。拉磨尾绳不少于2人，人要站在距绞磨2.5m以外的地方拉绳，人不得站在磨绳圈的中间。

（2）松磨时，推磨的人手把磨杠反方向转圈，切不可松开磨杠让其自由转动。

（3）当绞磨受力后，不得用放松尾绳的方法松磨。

3. 机动绞磨

机动绞磨由汽油（柴油）发动机、变速箱、磨筒和底座等组成。如图1-39所示。机动绞磨采用汽油（柴油）发动机作动力，经变速箱带动磨芯卷筒旋转，以牵引钢丝绳。机动绞磨有30kN和50kN等规格，适用于立塔、紧线作业。

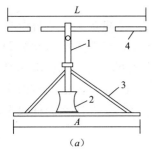
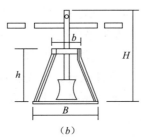

（a）　　　　　　（b）

图1-38　手推绞磨

（a）正面图；（b）侧面图

图1-39　机动绞磨

1.2.1.8　地锚、桩锚和地钻

1. 地锚

一般用钢板焊接成船形，如图1-40所示，结构如图1-41所示。表面涂刷防锈漆防腐。在地锚的拉环上连接钢丝绳套或钢绞线套，将地锚埋入坑中，作为起重牵引或临时拉线的锚固。钢板地锚参数见表1-9。

图1-40　钢板地锚外形

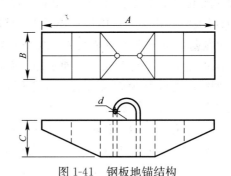

图1-41　钢板地锚结构

钢板地锚参数　　　　　　　　　　表1-9

允许拉力 （kN）	有效埋深 （m）	外形尺寸（mm）				重量（kg）
		A	B	C	d	
50	1.8	900	270	180	φ28	30
100	2.0	1200	290	220	φ36	52

图 1-42　地钻

2. 桩锚

桩锚是把角钢、圆钢或钢管斜向打入地中，使其承受拉力。采用桩锚施工简单，但其承载拉力小。为了增加承载拉力，可以在单桩打入地中后，在其埋深的 1/3 处加埋一根短横木，也可以用两根或三根桩锚前后打入地中后，上端用钢绳套联接在一起以增大承载拉力。

3. 地钻

地钻是在一根粗钢筋上焊接钢板叶片做成，如图 1-42 所示。使用时，上端环中穿入木杠旋转，使地钻钻入地中。地钻具有不用开挖土方，施工快速的优点，一般黏土土质使用效果好。

1.2.2　案例

西南某地，一条 110kV 水泥杆线路，工程队做整体起立 21m 双杆的现场布置工作。技术负责人发现吊点绳是 φ11 的钢丝绳，当即指出钢丝绳的安全系数不够，但工程队负责人坚持说此钢丝绳经过实践证明是可行的，曾经用此绳起吊过 18m 双杆。第二天，工程队整体起立 21m 双杆，水泥杆刚离地 1m 左右，正准备做全面检查，吊点钢丝绳断开，水泥杆落下，经过检查，杆段发现多处裂纹，6 段水泥杆段全部报废。

要点：钢丝绳的安全系数没有达到标准。

1.3　送电工程项目施工技术

1.3.1　概述

1.3.1.1　架空电力线路的特点

发电厂发出的电能，通过架空电力线路或电缆线路输送到负荷中心或用户。架空电力线路分为配电线路和送电线路，一般将电压在 10kV 及以下的线路称为配电线路，电压在 35kV 及以上的线路称为送电线路（或称为输电线路）。电缆线路是将电缆敷设在地下或敷设在电缆隧洞的排架上。架空电力线路或电缆线路相比较，具有以下特点：

1. 架空电力线路材料简单，便于加工制造。结构较为简单，便于施工安装。

2. 架空电力线路为露天装置，便于巡视、检查和维修。一旦有事故处理起来较快，从而减少停电时间和电量损失。

3. 架空电力线路因为要保持对建筑物和地面的安全距离，所以占地面积较大。线路易遭受雷击、自然灾害和外力破坏。线路对电台、雷达、通信线等弱电设施干扰影响较大。

1.3.1.2　线路的电压等级

电压等级越高，输送的距离越远，电压等级越高，输送的容量就越大。我国的配电线路的电压等级有交流 380/220V、10kV。送电线路的电压等级有交流 35kV、110kV、220kV、330kV、500kV、750kV 和 1000kV，还有直流 ±400kV、±500kV、±660kV 和 ±800kV。

1.3.1.3 线路的组成

架空送电线路的组成如图 1-43 所示。其主要组成部分有避雷线 1，导线 2，金具 3，绝缘子 4，电杆 5，基础 6，防振锤 7。

1.3.1.4 杆塔各部分名称

电杆的结构如图 1-44 所示。主要部分有避雷线横担 1，导线横担 2，吊杆 3，电杆 4，叉梁 5，卡盘 6，底盘 7，拉线 8，拉线棒 9，拉线盘 10。

铁塔结构单线图如图 1-45 所示。A、B、C、D、E、F 分别为避雷线支架、导线横担、上曲臂、下曲臂、塔身和塔腿。A、B、C、D 四部分统称为塔头，G 为斜材，H 为主材，J 为联板或包铁，K 为水平材。

杆塔的导线横担下沿到地面的高度叫作杆塔的呼称高。

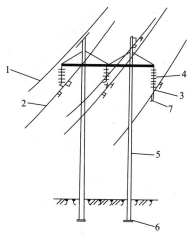

图 1-43　线路组成示意图

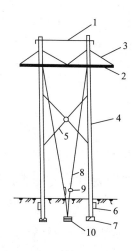

图 1-44　电杆结构图

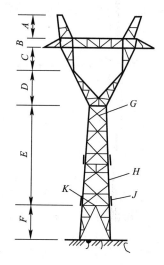

图 1-45　铁塔结构单线图

1.3.2 线路复测分坑

1.3.2.1 核心知识点

1. 杆塔中心桩位的复测

依据设计施工图"杆塔位明细表"和"平断面定位图"，复测电力线路的杆塔中心桩。复测的内容和方法如下：

（1）以相邻两直线桩为基准，用正倒镜分中法检查杆塔中心桩，若发现杆塔中心桩偏移，应将中心桩移正，其横线路方向偏差不大于 50mm。

（2）用经纬仪视距法复核档距，其误差不大于设计档距的 1%。

（3）用方向法复测线路转角值，对设计值的偏差应不大于 1′30″。

（4）对地形变化较大和杆塔位间有跨越物时，应复测杆塔中心桩处、地形凸起点及被跨越物的标高，对设计值的误差应不超过 0.5m。

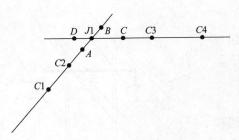

图 1-46 转角桩的补测

（5）对丢失的直线杆塔中心桩，可用正倒镜分中法补测钉立；对丢失的转角桩，可按图 1-46 所示，将经纬仪立于 C2 点，用正倒镜分中法定出 A、B 两点，再将仪器立于 C3 点，用同样的方法定出 C、D 两点，AB、CD 两线之交点 J1 即为转角点。

（6）当线路有两个及以上标段时，必须复测到相邻标段的直线杆塔位至少两基或交到转角桩上。

2. 杆塔基坑测量

（1）直线单杆的分坑

如图 1-47 所示，分坑时在 2 号杆位中心桩安置仪器，前、后视相邻杆位中心桩 1 号或 3 号，在可排杆位置的反方向定辅助桩 A、B、C，供底盘找正用。A、C 辅助桩相距 2～3m，并记录辅助桩至中心桩的位置和距离。再按施工图给出的坑口尺寸，在中心桩前后左右各量坑口长度 a 划出坑口位置。

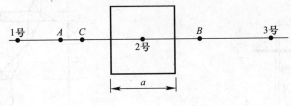

图 1-47　单杆分坑图

（2）双杆分坑

如图 1-48 所示，在 1 号杆位中心桩处安置仪器，水平度盘对 0°，前视或后视邻杆位中心桩，然后仪器转 90°，在线路左右两侧定辅助桩 A、B，供底盘找正用。从中心桩量起，在横线路方向线上量取 $\frac{1}{2}(x+a)$ 与 $\frac{1}{2}(x-a)$，其中 x 为根开，a 为坑口边长。然后取尺长为 $\frac{1+\sqrt{5}}{2}a$，即 $CE+ED$ 的长度，使尺端分别与 C、D 点重合，在距 D 点 $\frac{a}{2}$ 处拉紧

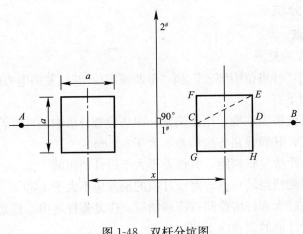

图 1-48　双杆分坑图

皮尺得 E 点，用同样方法得 F、G、H 点，将 E、F、G、H 点连线即为坑口位置，另一坑口位置按同样方法划出。

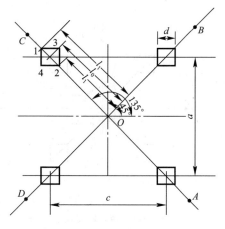

图 1-49 正方形塔基础分坑图

（3）四脚铁塔基础分坑

1）正方形基础分坑

如图 1-49 所示，a 为基础根开，d 为坑口边长。O 为塔位中心。分坑前首先算出 l_0、l_1 和 l_2 分别为：

$$l_0 = \frac{\sqrt{2}}{2}a; l_1 = \frac{\sqrt{2}}{2}(a+d); l_2 = \frac{\sqrt{2}}{2}(a-d)$$

分坑时，在塔位中心桩安置仪器，前视或后视邻塔中心桩，水平度盘对 0°，然后仪器转 45°定出 B 和 D 辅助桩，仪器继续转 135°，定出 A、C 两辅助桩。自 O 点沿 OC 方向分别量取水平距离 l_1 和 l_2 定出 1 点和 2 点，在尺的中部处拉直角得出 3 点，折向另一侧得 4 点。1、2、3、4 点的连线即为坑口位置。

2）矩形基础分坑

如图 1-50 所示，a 为基础横线路根开，b 为基础顺线路根开，d 为坑口边长。图中 l_0、l_1 和 l_2 分别为：

$$l_0 = \frac{\sqrt{2}}{2}a; l_1 = \frac{\sqrt{2}}{2}(a-d); l_2 = \frac{\sqrt{2}}{2}(a+d)$$

分坑时，在塔位中心桩 O 点安置仪器，前视或后视邻塔中心桩，在顺线路方向量取水平距离 $OA=OB=\frac{1}{2}(a+b)$，得出 A、B 两点，然后仪器转 90°，在横线路方向量取水平距离 $OC=OD=\frac{1}{2}(a+b)$ 得出 C、D 两点，A、B、C、D 点的四个辅助桩是分坑和基础找正的控制桩。确定坑口位置时，分别由 C、D 点量取水平距离 l_0、l_1 和 l_2，按正方形基础的划坑方法，划出四个坑口位置。

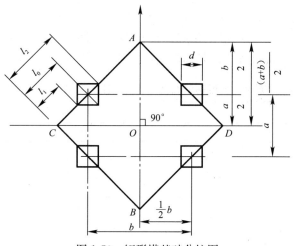

图 1-50 矩形塔基础分坑图

23

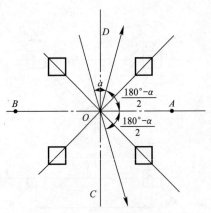

图 1-51 转角塔基础分坑图

3）转角塔基础分坑

如图 1-51 所示，分坑时，在塔位中心桩 O 点安置仪器，将线路内角平分为 $\frac{80°-\alpha}{2}$，α 为线路转角度数。由此定出 A、B 两辅助桩，将仪器转 $90°$ 定出 C、D 两辅助桩，然后按正方形基础的划坑方法，划出坑口位置。

当转角塔基础由于横担宽度或由于中相导线偏挂需要位移时，先找出内角平分线，沿内角平分线量取位移距离，再按上述方法分坑。

1.3.2.2　案例

一条 110kV 水泥杆线路，线路位于山区。23 号位于一面缓坡的坡顶。朝 24 号方向的山坡有七八十米长，再往前是深沟，24 号就位于沟底。导线架起后，发现 23 号往 24 号的导线对地距离不够。施工队重新复测了两杆位的距离和高差，这才发现山坡顶是 23 号的方向桩，而杆位桩在往 24 号方向的半坡上。测工回忆说，当时两个桩都见到了，以为杆位桩在高处，所以想当然地认为半坡的桩是通视 24 号的方向桩，位于山坡顶的是 23 号杆位桩，于是分坑下盘立杆。谁也没有怀疑杆位会出错，架起线来才发现导线对地距离不够。

要点：线路复测必须档距、高差、转角度数与设计图相符，并且误差不超过规范允许的范围。

1.3.3　杆塔基础施工

1. 预制基础施工

（1）预制基础尺寸允许误差

预制基础是按设计图纸的要求，在预制厂集中加工，然后运到施工现场进行装配埋入基础坑内。

电杆基础的底盘、卡盘和拉线盘（通常简称为三盘）等钢筋混凝土预制构件的加工尺寸允许偏差应符合表 1-10 的规定，并应保证构件与构件之间、构件与铁件及螺栓间安装方便。预制构件不得有纵向裂缝，其横向裂缝宽度不得超过 0.05mm。

预应力钢筋混凝土和普通钢筋混凝土预制构件加工尺寸允许偏差表（mm）　　表 1-10

项　目		底盘、拉线盘、卡盘	其他装配式预制构件
长　度		−10	±10
断面尺寸	宽	−10	±5
	厚	−5	±5
弯　曲		—	L/750
预埋铁件（预留孔）对设计位置的偏差	中心线位移	10	5
	安装孔距	±5	±5
	螺栓露出长度	+10，−5	+10，−5

（2）电杆预制基础安装

1）底盘的安装

底盘的安装通常采用吊盘法和滑盘法。图1-52所示为吊盘法。在基础坑口正上方安置一个三脚架，用滑轮和牵引钢绳以人力徐徐将底盘吊起放入坑内。图1-53所示为滑盘法。其方法是沿坑壁斜放两根木杠，将底盘用绳索拽住缓缓沿木杠滑下，待底盘滑到坑底后将木杠抽出，底盘恰好平放在坑底。

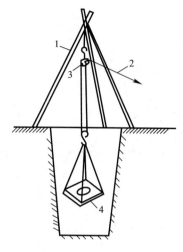

图 1-52　吊盘法

1—三脚架；2—起吊钢绳；3—滑轮；
4—底盘板

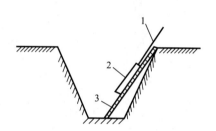

图 1-53　滑盘法

1—大绳；2—底盘；3—木杠

2）卡盘的安装

卡盘安装是在电杆立好后再安装。坑内一个卡盘的如图1-54所示。坑内两个卡盘的，第一块卡盘安装在底盘上面，一般是横线路方向安装，第二块卡盘一般安装在电杆埋深的1/3处，如图1-54所示，一般顺线路方向安装，安装时下面的回填土要夯实。卡盘安装应与电杆连接牢固，符合设计图纸的要求，其安置深度误差应不超过±50mm。

3）拉线盘的安装

用滑盘法将拉线盘沿木杠徐徐放入坑底，再将拉线棒和拉线盘组装连接。拉线盘斜放在坑底，盘面与拉线棒成90°如图1-55所示。

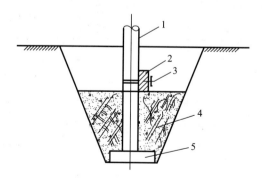

图 1-54　卡盘安装图

1—电杆；2—卡盘；3—U型螺栓；4—回填土；5—底盘

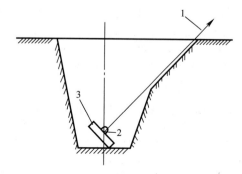

图 1-55　拉线盘安装图

1—拉线棒；2—拉线环；3—拉线盘

（3）铁塔预制基础安装

铁塔预制基础安装通常采用吊盘法，将预制构件吊入基坑内进行装配。图 1-56 为采用手拉葫芦吊盘，图 1-57 为采用汽车吊吊盘。

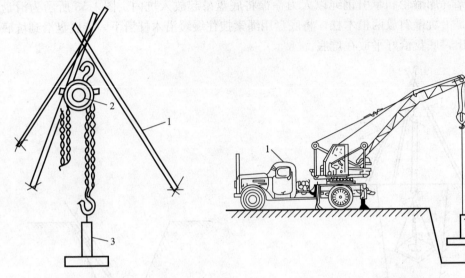

图 1-56　手拉葫芦吊盘

1—三脚架；2—手拉葫芦；3—预制基础

图 1-57　汽车吊吊盘

1—吊车；2—预制基础

（4）预制基础安装注意事项

1）钢筋混凝土底座、枕条、立柱等，在组装时不得敲打、强行组装。基础安装后四周填土夯实。

2）立柱倾斜时容许用热镀锌铁垫块调正，但每处不超过 2 个，总厚度不超过 5mm。调正后立柱倾斜应不超过立柱高的 1%。

3）预制基础的金属部件均需采取热镀锌或涂刷环氧沥青漆等防腐措施。立柱与底座、立柱顶部与铁塔脚需浇筑混凝土保护帽，其强度不应低于立柱混凝土强度，并按规定进行养护。回填土前应将接缝处用热沥青或其他防水涂料涂刷。

4）整基铁塔基础回填土夯实后尺寸允许偏差应符合表 1-11 的规定。

整基基础尺寸施工允许偏差　　　　　　　　　　　　　　表 1-11

项　　目		地脚螺栓式		主角钢插入式		高塔基础
		直线	转角	直线	转角	
整基基础中心与中心桩间的位移（mm）	横线路方向	30	30	30	30	30
	顺线路方向	—	30	—	30	—
基础根开及对角线尺寸（‰）		± 2		± 1		± 0.7
基础顶面或主角钢操平印记间相对高差（mm）		5		5		5
整基基础扭转（′）		10		10		5

2. 现浇混凝土基础施工

（1）混凝土的强度

混凝土是由水泥、石子、砂和水经过拌合后硬化而成的。混凝土具有质地坚硬、抗压

26

性能好等优点。混凝土抗压强度等级采用符号 C 与立方体抗压强度标准值（以 N/mm² 计）表示。现浇基础的混凝土有 C20、C25、C30 等强度等级，保护帽或垫层一般用 C10 或 C15 强度等级的混凝土。

混凝土强度的确定方法，是将搅拌好的混凝土注入一个可拆卸的边长为 150mm 的立方体铁模盒内捣实，按规定的条件养护 28d 后，拆模取出混凝土块，叫作试块。一般三块为一组，对试块进行抗压试验得出的平均值即为混凝土的强度。

（2）混凝土的原材料

1）水泥

水泥的种类有：硅酸盐水泥、普通硅酸盐水泥、矿渣硅酸盐水泥、火山灰质硅酸盐水泥、粉煤灰硅酸盐水泥、复合硅酸盐水泥。

水泥的强度等级为 MPa（兆帕）。硅酸盐水泥的强度等级为 42.5、42.5R、52.5、52.5R、62.5、62.5R 六个等级。普通硅酸盐水泥的强度等级为 42.5、42.5R、52.5、52.5R 四个等级。矿渣硅酸盐水泥、火山灰质硅酸盐水泥、粉煤灰硅酸盐水泥、复合硅酸盐水泥的强度等级为 32.5、32.5R、42.5、42.5R、52.5、52.5R 六个等级。

对水泥的质量要求：

① 配制混凝土所用的水泥，应根据工程设计图的要求选用。水泥的凝结时间、安定性和强度必须符合《通用硅酸盐水泥》GB 175 标准的要求。

② 水泥进场时，必须有质量证明书，并应对其品种、强度等级、包装、出厂日期进行检查验收。

③ 采购的水泥应委托有资质的试验室抽样复检，合格者用于工程。复检报告应作为竣工移交资料的内容。

④ 水泥出厂超过 3 个月，或未超过 3 个月，但因保管不善者，必须补做强度等级试验，按其试验结果的实际强度等级使用，并将受潮的结块剔除。

2）砂

混凝土掺合的粒径在 0.15～5mm 的砂称为细骨料。一般用天然砂作为细骨料。各种砂的平均粒径如表 1-12 所列数值。

各种砂的平均粒径 表 1-12

砂的种类	平均粒径（mm）
粗砂	不小于 0.5
中砂	0.35～0.5
细砂	0.25～0.35
粉砂	小于 0.25

对砂的质量要求

① 混凝土用砂的质量应符合《普通混凝土用砂质量标准及检验方法》JGJ 52 的有关规定。每批砂均应经质量检验。

② 普通混凝土用砂以中砂为好，平均粒径为 0.35～0.5mm。应颗粒清洁，其含泥量及泥块含量应符合表 1-13 的规定。

砂中含泥量限值　　　　　　　　　　　　　　　　表 1-13

混凝土强度等级	≥C30	<C30	≤C10
含泥量（按质量计%）	≤3.0	≤5.0	可放宽
泥块含量（按质量计%）	≤1.0	≤2.0	可放宽

3）石子

混凝土中粒径大于 5mm 的石子称为粗骨料。一般用天然卵石或人工碎石作为粗骨料。各种石子的粒径范围如表 1-14 所列数值。

钢筋混凝土基础一般用中石做粗骨料，素混凝土可以掺用粗石。

各种石子的粒径　　　　　　　　　　　　　　　　表 1-14

石料种类	粒径（mm）
细石	5～20
中石	20～40
粗石	40～100

对碎石或卵石的质量要求

① 混凝土用碎石或卵石的质量应符合《普通混凝土用碎石或卵石质量标准及检验方法》JGJ 53 的有关规定。每批石子均应经质量检验。

② 碎石或卵石的最大粒径不得大于结构截面最小尺寸的 1/4，同时不得大于钢筋间隔的 3/4。

③ 碎石或卵石中的含泥量、泥块及针、片状颗粒含量应符合表 1-15 的规定。

碎石或卵石中的杂质含量（按质量计%）　　　　　　表 1-15

混凝土强度等级	≥C30	<C30	≤C10
含泥量	≤1.0	≤1.0	≤2.5
含石粉量	≤1.5	≤3.0	
泥块含量	≤0.5	≤0.7	≤1.0
针、片状颗粒含量	≤15	≤25	≤40

4）混凝土搅拌和养护用水

① 拌制混凝土宜用饮用水或清洁的河水、泉水；

② 不得使用泥水、污水、海水及其他有腐蚀性物质或含有油脂的工业废水；

③ 对水质有怀疑时，应做化验。

5）钢筋

用于混凝土的钢筋或其他钢材，应有出厂的检验合格证（含钢材的试验报告）。对钢材性能有怀疑或用户有特别要求时，还应抽样进行机械性能及化学成分分析（主要是碳、硫、磷含量）。

（3）混凝土的配合比

混凝土的配合比是指混凝土用料量的比例关系（重量比）。一般以水、水泥、砂、石来表示。并以水泥的基数为 1。通常根据工程设计的混凝土强度，来确定混凝土的试配强度，根据混凝土的试配强度求出混凝土的配合比。对按该配合比搅拌成的混凝土进行强度试验，如满足设计强度则可用该配合比搅拌混凝土进行施工。否则重新试配。一般杆塔基础的混凝土试配强度可较工程设计的混凝土强度提高 15%～20%。

（4）混凝土的坍落度

混凝土的坍落度是评价混凝土和易性及混凝土稀稠程度的指标。

混凝土坍落度的测定方法：用铁皮做一个上口直径 10cm、下口直径 20cm、高度 30cm 的圆锥形筒。测定时将筒放在铁板上将拌合好的混凝土分三次倒入筒内，每一次用铁钎（长 50cm，直径 16cm，头磨圆）捣固 25 次，灌满后将溢出的混凝土刮平。然后把筒轻轻提起，这时混凝土就坍落下来而变矮了，按图 1-58 所示，用钢尺量得 h 值就是坍落度。量三次取其平均值。一般人工捣实的混凝土坍落度为 5～7，机械捣实的混凝土坍落度为 3～5。

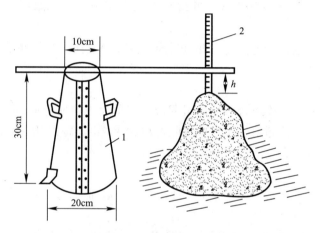

图 1-58　混凝土坍落度测定
1—圆锥筒；2—钢尺

（5）混凝土的现场浇制

1）施工工序

钢筋混凝土的施工工序为：基坑开挖→钢筋骨架绑扎和安放→支模板→搅拌、浇筑混凝土→混凝土养护→拆模→检查混凝土外观质量→回填土。

2）支模板

在支模前应复核线路方向、档距及基础根开和对角线等尺寸，并平整坑底使之达到要求，在坑底划出坑中心位置，其误差不大于 10mm。

现浇基础的模板一般由定型钢模板组合而成。模板安装要牢固、位置要正确，浇注前模板上要刷一层脱模剂，脱模剂一般用废机油加柴油混合而成，要避免脱模剂沾染到钢筋上。

模板和钢筋之间要保证有一定的保护层距离。

3）混凝土的浇注

搅拌混凝土、向模板内浇注混凝土、捣固混凝土，这三项工序互相连续不得中断。混凝土应尽量采用机械搅拌。人工搅拌常用"三三制"：即先将砂和水泥倒在搅拌板上，反复干拌三次，使其颜色均匀；然后加规定用水量 80% 的水，搅拌三次，成水泥浆；最后将石子倒在水泥浆上，反复搅拌三次，并随搅随加入剩余 20% 的水，使材料拌合均匀，石子与水泥浆无分离现象，即可浇注。

（6）混凝土浇注的注意事项

1）浇注前必须清除坑内积水。

2）浇注的混凝土应分层捣固，尽量采用机械振捣。

3）坍落度：每班日或每个基础至少检查两次；配合比：每班日或每个基础至少检查两次。以试块为依据，检查混凝土的强度是否达到设计强度。试块应在现场浇注地点制作，其养护条件与基础本体相同。

（7）混凝土的养护

混凝土在浇注完毕后12小时开始养护（炎热有风的夏天3小时开始养护）。养护的方法是将湿的草袋或稻草等覆盖在混凝土基础上，经常浇水保持湿润。养护一般不少于5昼夜。基础拆模回填后，对外露部分应继续覆盖浇水养护。当气温低于5℃时，不得浇水养护。

基础混凝土养护达到一定强度后即可拆模。拆模时应注意不得使混凝土表面及棱角受到损坏。

（8）回填土

浇注的基础混凝土经检查合格后即可回填。回填时土坑每300mm夯实一次。在夯实过程中不得使基础移动或倾斜。水坑应排除坑内积水再回填。石坑一般按石与土3∶1的比例回填。回填土应该有高出地面300mm的防沉层。

（9）混凝土基础的冬期施工

当连续5天，室外平均气温低于5℃时，混凝土基础工程应采取冬期施工措施。冬期混凝土浇注和养护有下列方法。

1）预热法：冬期拌制混凝土时，采用将水和骨料加热的方法。混凝土入模温度不低于5℃。

2）覆盖法：混凝土浇注完毕后，将其表面用棉被、草袋等覆盖。

3）暖棚法：在基础坑上面搭设暖棚养护，坑内生火炉使棚内温度保持在10～20℃，并应保持混凝土表面湿润。

4）掺用防冻剂：在混凝土搅拌时，加入一定量的防冻剂，使混凝土的早期强度增加。混凝土基础拆模检查合格后应立即回填土。

1.3.4 钢筋混凝土电杆组立

1.3.4.1 核心知识点

钢筋混凝土杆（简称电杆）在起吊之前要在地面组装成整体，以便于起吊立杆。电杆的组装包括排杆、焊接、地面组装等工作。

1. 电杆的排杆

将运输到现场的水泥杆段按施工图进行排列，为下一道工序焊接和组装创造条件。排杆时做到以下要求：

（1）检查运到现场的杆段规格是否符合施工图，并核对电杆的螺栓孔位置、方向是否与施工图相符。

（2）检查杆段外观质量，是否有蜂窝麻面、露筋、壁厚不均匀等缺陷。预应力电杆不得有纵、横向裂缝；普通电杆不得有纵向裂缝，其横向裂缝宽度应不超过 0.1mm。

（3）排杆前应清除钢板圈上的油脂、铁锈、水泥结块等污物。

（4）排杆时，杆段的螺栓孔及接地孔的方向应按施工图排放。杆段的钢板圈应对齐并留有 2～5mm 的焊缝间隙。

（5）排杆时，杆段按上中下和左右排列放置，地面不平时，杆段下面要垫以垫木或装土的草袋，使上中下杆段保持同一水平状态，垫木的安放位置如表 1-16 所示。

垫木的安放位置   表 1-16

杆段长度（m）	等径杆			锥型杆	
	4.5	6.0	9.0	12.0	15.0
垫木距杆顶（m）	0.95	1.25	1.90	3.8	4.75
垫木距杆底（m）	0.95	1.25	1.90	2.75	2.95

（6）在山坡地排杆，若场地不能满足要求，可以用砂袋码垛支持电杆，如图 1-59 所示。图中 1 为电杆，2 为砂袋，l 为伸出长度。

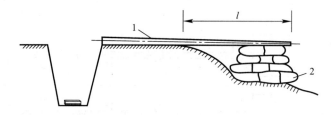

图 1-59　砂袋码垛支持电杆示意图

一般情况下，当电杆长度为 4.5m 而伸出长度为 3.0m 以内者，可码一垛支持；伸出 3.0m 以上者，应码两垛支持。当电杆长度为 6.0m，伸出 4.5m 者，可码一垛支持；伸出 4.5m 以上者，码两垛支持。对 9.0m 长的电杆，伸出 7.0m 者，可码一垛支持；伸出 7.0m 以上者，应码两垛支持。

（7）排杆时，上中下杆段必须在同一轴线上，一般可沿电杆的两端上下左右目测或用拉线绳的方法校验是否在同一轴线上。移动杆身时，不得用钢钎插入杆孔撬动，可用绳索或木杠移动。如要杆身下沉时，可锤打杆身下面的垫木使杆身下沉，切不可敲打电杆使之下沉。

（8）现场应根据电杆起吊方法的要求进行排杆，如用固定式抱杆起吊单杆时，应将电杆靠近杆坑口，杆段的重心基本上放于杆坑中心处；如用倒落式人字抱杆起吊单杆或双杆时，则电杆根部距杆坑中心 0.5～1.0m，以利电杆就位。

（9）排杆时，单杆直线杆的杆身应沿线路中心线放置，如图 1-60 所示。

双杆直线杆的杆身应与线路中心线平行。转角双杆的放置方向，须与转角内角侧的二等分线垂直，如图 1-61 所示，图中 D 为根开。

2. 杆段的焊接

钢圈连接的混凝土电杆，宜采用电弧焊接。焊接操作应符合下列规定：

（1）必须由经过电焊培训并考试合格的焊工操作，焊完的焊口应及时清理，自检合格后应在规定的部位打上焊工的钢印代号。

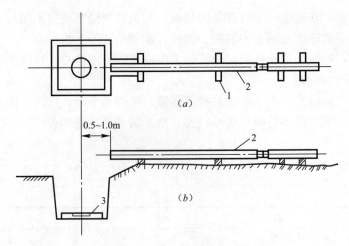

图 1-60 单杆排杆示意图

(a) 平面图；(b) 侧面图

1—垫木；2—电杆；3—底盘

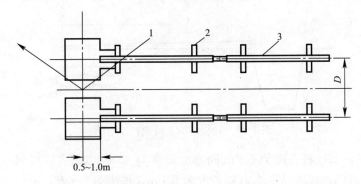

图 1-61 转角双杆排杆示意图

1—线路中心线；2—垫木；3—电杆

（2）焊前应清除焊口及附近的铁锈及污物。

（3）钢圈厚度大于 6mm 时应用 V 型坡口多层焊。

（4）每个焊口应先点焊 3～4 处，每处长度 30mm 左右，然后对称交叉施焊。

（5）焊缝应有一定的加强面，其高度和遮盖宽度应符合表 1-17 的规定。

焊缝加强面尺寸　　　　　　　　　　　　　　　　　　　　　表 1-17

项　目	钢圈厚度 s（mm）	
	<10	10～20
高度 c（mm）	1.5～2.5	2～3
宽度 e（mm）	1～2	2～3
图　示		

（6）焊接前应做好准备工作，一个焊口宜连续焊成。焊缝应呈现平滑的细鳞形，其外观缺陷允许范围及处理方法应符合表 1-18 的规定；

焊缝外观缺陷允许范围及处理方法　　　　　　　　　　　表 1-18

缺陷名称	允许范围	处理方法
焊缝不足	不允许	补焊
表面裂缝	不允许	割开重焊
咬边	母材咬边深度不得大于 0.5mm，且不得超过圆周长的 10%	超过者清理补焊

（7）焊接后的电杆，其分段或整根弯曲度均不应超过对应长度的 2%，超过时应割断调整重新焊接。

（8）钢圈焊接接头焊完后应及时将表面铁锈、焊渣及氧化层清理干净，并按设计规定进行防锈处理。设计无规定时，应涂刷防锈漆（红丹漆、灰漆）二道或采取其他防锈措施。

（9）混凝土电杆上端应封堵。设计无特殊要求时，下端不封堵，放水孔应打通。

3. 电杆的组装

电杆在地面组装的顺序，一般是先组装导线横担，再组装避雷线横担、叉梁和拉线抱箍等。

（1）组装前的检查

1）检查电杆的螺栓孔位置及其相互间距离是否与施工图相符，并检查杆身有无裂缝等缺陷。

2）检查电杆焊接质量是否良好，杆身是否正直。双杆的根开尺寸是否与施工图相符，两杆的杆顶或杆根是否对齐。

3）检查横担、吊杆、抱箍等零件是否齐全，规格尺寸是否与施工图相符。零部件的焊接和镀锌质量是否完好，如发现质量缺陷，经妥善处理后方可使用。

（2）电杆的组装

1）先组装导线横担。调整吊杆使横担两端稍微翘起（即预拱）10～20mm，以便悬挂导线后横担保持水平。

2）组装转角杆横担时，要注意，长横担尖组装在外角侧，短横担尖组装在内角侧。

3）组装叉梁时，先安装好杆身上的四个叉梁抱箍。将四根叉梁交叉点处垫高与叉梁抱箍保持水平，而后安装上叉梁和下叉梁，适当调整安妥为止。

4）在组装横担、叉梁、抱箍等构件时，如发现组装困难应停止组装，待找出原因妥善处理后再行组装。

5）地面组装时，不宜将构件与抱箍连接螺栓拧得过紧。吊杆的 U 型调节螺栓也应使其处于松弛状态，以防起吊电杆时损坏构件。

6）带有拉线的电杆，做好拉线上把，在电杆起吊前将拉线与拉线抱箍连接好。

（3）铁构件缺陷的处理规定

1）少数螺孔位置不对需要扩孔时，扩孔部分不应超过 3mm，超过 3mm 时，应先堵焊再重新打孔，并应进行防锈处理。严禁用气割进行扩孔或烧孔。

2）运到杆位的角钢构件的弯曲度应按现行国家标准 GB 2694 的规定验收。个别角钢弯曲度超过长度的 2‰，但未超过表 1-19 的变形限度时，可采用冷矫正法进行矫正，但矫正后的角钢不得出现裂纹和锌层剥落。

采用冷矫正法的角钢变形限度   表 1-19

角钢宽度（mm）	变形限度（‰）	角钢宽度（mm）	变形限度（‰）
40	35	90	15
45	31	100	14
50	28	110	12.7
56	25	125	11
63	22	140	10
70	20	160	9
75	19	180	8
80	17	200	7

3）角钢切角不够或联板的边距过大时，可用钢锯锯掉多余部分，但最小边距不得小于 2.0 倍孔径的距离。而且应采取防锈措施。

（4）螺栓安装的规定

1）螺栓应与构件平面垂直，螺栓头与构件之间不应有空隙。

2）螺母拧紧后，螺杆露出螺母的长度：对单螺母，应不少于两个螺距；双螺母者可与螺母相平。

3）螺杆必须加垫者，每端不宜超过两个垫圈。

4）螺栓的穿入方向应符合如下规定：对立体结构：水平方向由内向外；垂直方向由下向上。对平面结构：顺线路方向，由电源侧穿入或按统一方向穿入。横线路方向，两侧由内向外，中间由左向右（指面向受电侧，下同）或按统一方向穿入。垂直地面方向者由下向上。个别螺栓不易安装者可以变更方向。

4. 固定单抱杆起吊电杆

（1）固定单抱杆立杆的现场布置如图 1-62 所示。抱杆 1 的根部垫道木 8，以防抱杆下沉；抱杆顶部设置四根拉线 2，控制抱杆不致倾倒；被起吊的电杆 9，顺线路放置；抱杆上部固定短横木 3，用以固定定滑轮 4，动滑轮 6 与电杆连接，起吊钢丝绳 5 穿过底滑轮 7 到牵引设备。

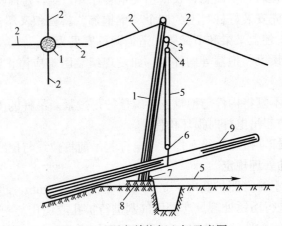

图 1-62 固定单抱杆立杆示意图

（2）一切布置就绪后，启动牵引设备牵动钢丝绳 5 将电杆徐徐起立。对于每一种杆型，第一次起吊时，必须进行强度验算和试吊。

（3）摆放电杆时，电杆的吊点要处于基坑附近，最好在起吊滑轮组正下方。

（4）抱杆要设置牢固，抱杆拉线对地夹角不大于 45°，抱杆的最大倾角不大于 15°，以减少水平力，并充分发挥抱杆的起吊能力。

（5）起吊滑轮组的起升净高度必须大于电杆吊点到杆根的高度，以便电杆根部能离开地面。必要时在杆根部绑上沙袋，使电杆重心下移，以助起吊。

5. 固定人字抱杆立杆

（1）固定人字抱杆是由两根木杆或钢管组成的人字型抱杆，其起吊荷重较大。

（2）固定人字抱杆立杆的现场布置如图 1-63 所示。1 为人字抱杆，2 为固定抱杆的拉线，根据情况可以使用两根或四根拉线。抱杆根部之间用钢丝绳 5 固定，以防两杆移动。起吊时利用牵引设备通过定滑轮 7 和动滑轮 6 及底滑轮 4，牵引钢丝绳 3 即可将电杆吊起。

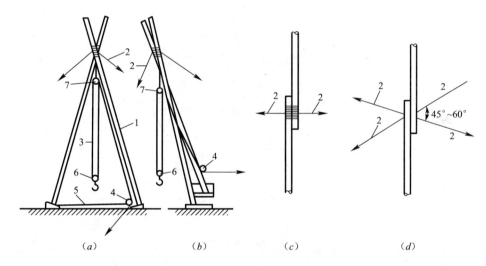

图 1-63　固定人字抱杆立杆示意图

（a）正面图；（b）侧面图；（c）两根拉线；（d）四根拉线

（3）人字抱杆根开一般为其高度的 1/2～1/3，两抱杆长度应相等且两脚在一个水平面上。当起吊电杆较重时，可在抱杆倾斜的反方向再增设拉线。其他同固定单抱杆施工方法。

6. 电杆吊点位置

（1）起吊单杆时，其吊点位置如图 1-64 和表 1-20 所示。其中 L（abc 段）为大吊绳长，l（bd 段）为小吊绳长，A 为杆根至基坑中心距离。

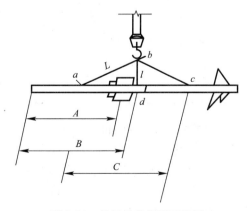

图 1-64　单杆吊点位置示意图

单杆吊点参考表 表 1-20

电杆			A (m)	B (m)	C (m)	吊绳规格（直径×长度）		根部加重（kg）
高度（m）	总重（t）	重心（m）				L (mm)	l (mm)	
15	1.77	7.9	7.5	8.0	—	—	φ15.5×1400	—
16.5	1.94	8.6	8.0	9.5	—	—	φ15.5×1400	—
18.0	2.19	9.4	9.0	9.8	8.0	φ21×10000	φ15.5×1800	—
19.5	2.35	10.2	9.5	10.5	8.0	φ24×12000	φ18.5×1800	—
21.0	2.50	11.0	10.0	10.5	10.0	φ24×12000	φ18.5×1400	100

（2）起吊双杆时，其吊点位置如图 1-65 和表 1-21 所示。其中 L 为大吊绳长，l 为小吊绳长。a、b 为吊点，A 为杆根至基坑中心距离。

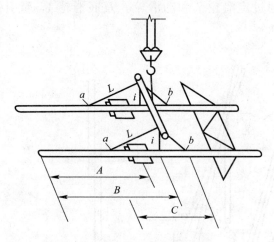

图 1-65　双杆吊点位置示意图

双杆吊点参考表 表 1-21

电杆			A (m)	B (m)	C (m)	吊绳规格（直径×长度）		根部加重（kg）
高度（m）	总重（t）	重心（m）				L (mm)	l (mm)	
15.0	3.6	7.9	5.0	8.0	—	—	φ15.5×1400×2	—
16.5	4.0	8.6	6.0	9.5	—	—	φ15.5×1400×2	—
18.0	4.4	9.4	7.5	9.7	8.0	φ21.5×10000×2	φ15.5×1800×2	—
19.5	4.7	10.2	8.0	10.5	8.0	φ25×12000×2	φ18.5×1800×2	—
21.0	5.0	11.0	8.0	10.5	8.0	φ25×12000×2	φ18.5×1800×2	100×2

7. 倒落式人字抱杆起吊电杆

（1）倒落式人字抱杆起吊电杆的现场布置

利用倒落式人字抱杆起吊布置如图 1-66 所示。1 为倒落式人字抱杆，2 为起吊钢丝绳，3 为牵引钢丝绳，4 为牵引滑轮组，5 为主牵引地锚，6 为牵引设备，7 为制动器，8 为制动地锚，9 为制动钢丝绳，10 为控制绳，11 为补强撑木。

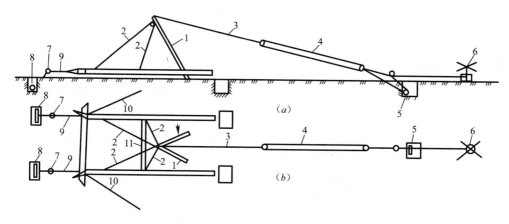

图 1-66   倒落式人字抱杆起吊双杆布置示意图

(a) 侧面图；(b) 平面图

（2）牵引、制动和临时拉线系统

1）总牵引地锚中心、人字抱杆中心、杆身中心和制动钢丝绳地锚中心四点必须在同一直线上，埋设地锚时必须对准线路中心线。牵引地锚距主杆坑的距离为杆塔高度的 1.5～2 倍。

2）图 1-67 所示为牵引系统的构造。图中 1 为电杆，2 为倒落式人字抱杆，3 为抱杆脱落帽，4 为总牵引绳，5 为动滑轮，6 为牵引复滑轮组，7 为定滑轮。

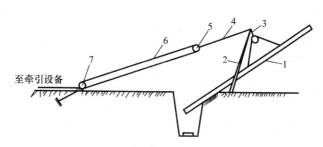

图 1-67   牵引系统构造示意图

3）牵引系统由总牵引绳和滑轮组两部分组成。总牵引绳受力的大小按杆重的 1.3 倍考虑。一般起吊 18mϕ300 等径杆时，滑轮组按 2—3 或 2—2 滑轮组考虑。

4）图 1-68 所示为牵引设备装置示意图。图中 1 为牵引滑轮组，2 为底滑轮（定滑轮）倒落式人字抱杆，3 为牵引设备（一般为机动绞磨或手扶绞磨），4 为总牵引地锚，5 为绞磨地锚。总牵引地锚和绞磨地锚之间的距离一般不小于 4m。

5）制动钢丝绳地锚距主杆坑的距离为杆塔高度的 1.2 倍。制动钢丝绳与线路中心线平行。

6）图 1-69 所示为制动系统的构造。将制动绳 1 沿电杆展放到杆根，在杆根 50mm 处缠绕两圈用 U 形环锁在杆根的正下方。制动绳另一端与制动滑轮组 2 连接，再将制动滑轮组与制动器 3 连接，然后将制动器用地锚 4 固定。

7）临时拉线地锚距主杆坑的距离大于电杆高度的 1.2 倍，临时拉线对地夹角不大于 45°。

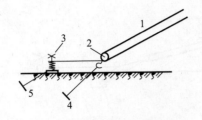

图 1-68 牵引设备装置示意图

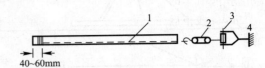

40~60mm

图 1-69 制动系统构造示意图

8）临时拉线绑扎在电杆的位置，单杆在上下横担之间；双杆在导线横担下面。

9）临时拉线通过拉线控制器或手扳葫芦固定在地锚上。

（3）人字抱杆布置

1）人字抱杆的长度一般为杆塔高度的 1/2，人字抱杆的高度为杆塔重心高度的 0.8～1.0 倍。

2）抱杆根部距电杆根端为 4.0m 左右。抱杆根开一般为抱杆高度的 1/3，抱杆根部用钢丝绳连接。

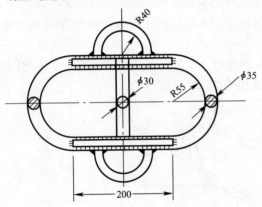

图 1-70 脱落帽构造示意图

3）抱杆受力后的初始角一般为 55°～65°。抱杆失效时的角度（又称脱帽角），应以杆塔对地面不小于 50°来考虑。

4）抱杆的脱落帽构造如图 1-70 所示，人字抱杆的顶端构造如鹰嘴插入其中。脱落帽的一端连接牵引绳，另一端连接起吊钢丝绳。杆塔起立到对地面夹角大于 50°时，抱杆失效，抱杆顶端的鹰嘴自动从脱落帽中脱出。抱杆由绳索控制徐徐落下。

（4）电杆起立操作注意事项

1）起立前对现场进行全面细致的检查。

起吊系统由现场指挥检查，其他部位则由操作人检查。

2）电杆头部离地面 0.8m 时停止牵引，对电杆及各部受力情况再一次进行检查。

3）电杆起立过程中，两侧临时拉线随时调整使其松紧合适。根据需要适当放松制动绳使电杆平稳起立。

4）在电杆起立至抱杆失效前 10°左右时，杆根应进入底盘内。如未进入，应立即停止牵引，用撬杠拨动杆根使其入盘。

5）电杆起立到 50°～65°时，抱杆失效，此时应停止牵引，操作控制绳使抱杆徐徐落地，然后再牵引继续起立。

6）电杆起立到 60°～70°时，必须将反向临时拉线穿入地锚环内，用拉线控制器控制，随杆的起立调整拉线松紧。

7）电杆起立到 70°以后，应放慢牵引速度，同时放松制动绳，以免杆根扳动底盘。

8）电杆起立到 80°时，应停止牵引，利用牵引索具自重所产生的水平分力及缓松反向临时拉线，使电杆立至垂直位置。也可由一、二人轻压牵引钢绳，使电杆达到垂直位置。

9）电杆立直后应及时打好临时拉线。若是拉线杆应装好永久拉线。打临时拉线时，负责绞磨和底滑车的操作人员不得离开自己的岗位，以保证安全。

10）电杆找正后应立即培土夯实，以免发生倒杆事故。

1.3.4.2 案例

北方某地，一条110kV线路工程做起立水泥杆的现场准备工作。35号杆位在一块蔬菜地里，虽然是初冬季节，蔬菜已收，但地里仍然较湿。现场技术负责人寇某安排队员们在埋设地锚，为第二天的立杆做准备。地锚全部是圆木做成。主牵引坑地锚受力最大，队员们用大块的卵石压在地锚上，卵石几乎填满了坑，

第二天，张某做立杆现场的指挥，立杆开始，牵引绳通过人字抱杆顶部，再连到滑轮组，滑轮组的下端钩住主牵引地锚的钢丝绳套。张某先是站在侧面挥动信号旗指挥人力绞磨开始推磨，此时牵引力最大，推绞磨的8个人全力使劲。水泥杆离地2m左右，张某站在正面指挥，恰好在牵引绳下方，水泥杆离地不到1m，突然牵引地锚拔出，水泥杆重重地落下，牵引绳砸到张某，张某头戴棉安全帽没有受伤。就其原因，地锚坑的坑壁湿滑，加上卵石之间摩擦力很小，圆木地锚受力后，顺着坑壁向上滑动造成地锚拔出。

要点：地锚坑必须用土埋实。当土质不能充分压实或遇到泥沼地时，地锚坑的底部受力侧必须掏挖小槽，使地锚嵌入槽内，或在地锚的前上方加挡板以增强抗拔力。

1.3.5 铁塔组立

1.3.5.1 核心知识点

1. 铁塔地面组装

（1）将运输到现场的铁塔构件按施工图组装，通常是分面（也称分片）组装，便于吊装。

（2）分片组装时，组装哪个方向的构件就放在哪个方向，以便起吊。

（3）铁塔分片组装的原则

1）分片重量不超过抱杆的允许最大承载能力及最大起吊高度。

2）铁塔分片的可能性，如考虑铁塔主材的接头，分片后能组成稳定的整体结构。必要时对组成的构件进行补强。

3）安装作业的方便和安全。

（4）图1-71所示为分片组装铁塔构件时的平面布置图。1为塔腿部分，2为塔身，3

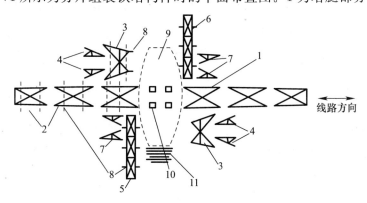

图 1-71　分片组装铁塔构件平面布置图

为下曲臂，4 为上曲臂，5 为左侧横担部分，6 为右侧横担部分，7 为避雷线支架，8 为垫在构件下面的道木，9 为空场地范围，10 为铁塔基础，11 为未组装的铁塔零散构件（按组装时需用的先后次序排列整齐）。

2. 内拉线悬浮抱杆分解组塔

内拉线悬浮抱杆组塔方式是，抱杆竖立在铁塔中央，连接在铁塔主材上的四根钢绳承托抱杆根部，四根拉线固定在铁塔主材上，随着塔身不断组立升高，抱杆不断提升，直至组立完铁塔的全部构件。

（1）塔腿的组立

塔腿组立，通常是将主材根部固定在塔脚，主材顶部拴绳索拉起，再将斜材和水平材连好。留一面不装斜材和水平材，以备抱杆的起立。

（2）竖立抱杆

抱杆起立如图 1-72 所示。利用已组立好的塔腿作支撑竖立抱杆。在塔腿主材顶端挂固定滑轮，钢丝绳穿过主材顶端滑轮，绑扎在抱杆上端，牵引钢丝绳使抱杆竖起。抱杆竖立后，将塔腿的开口面辅助材补装齐全并拧紧螺栓。

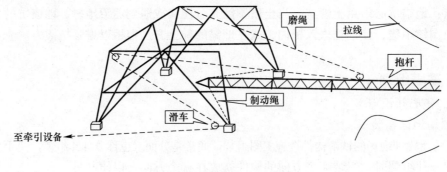

图 1-72　抱杆起立示意图

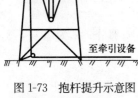

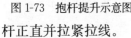

图 1-73　抱杆提升示意图

（3）抱杆的提升

如图 1-73 所示，抱杆的提升步骤如下：

1）绑好上下腰环，使抱杆竖立固定在铁塔中央位置，然后松开抱杆拉线。

2）安装好提升抱杆的牵引绳，启动绞磨，将抱杆稍许提升，并解开抱杆承托钢绳，然后继续启动绞磨使抱杆提升到所需高度。

3）固定承托钢绳，回松牵引钢绳，调节抱杆承托钢绳使抱杆正直并拉紧拉线。

4）松开牵引绳，解开上下腰环，这时抱杆可以继续起吊塔件。

（4）塔身的吊装

塔身的吊装如图 1-74 所示。

塔身的补强如图 1-75 所示。

（5）塔头的吊装和补强

塔头包括下曲臂、上曲臂、导线横担和避雷线支架。图 1-76（a）是下曲臂吊装补强示意图，3 和 9 为补强横木。上曲臂和横担吊装示意如图 1-76（b）实线部分，虚线是上

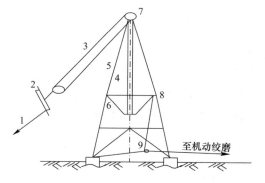

图 1-74 内拉线悬浮抱杆分解组塔示意图

1—控制绳；2—被吊塔片；3—起吊钢绳；4—抱杆；5—
内拉线；6—承托绳；7—朝天滑车；8—腰滑车；9—底滑车

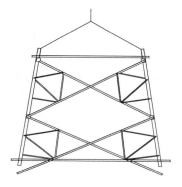

图 1-75 塔身分片组装补强示意图

曲臂、横担及避雷线支架整体吊装布置示意图。吊装上曲臂和横担时，补强木放置在横担下平面；上曲臂、横担及避雷线支架整体吊装时，补强木放置在横担上平面。

（6）抱杆的拆除

拆除抱杆按图 1-77 所示。在横担挂滑轮 1，在抱杆的根部绑一牵引绳 3，牵引绳穿过滑轮 2 和底滑轮 4 与牵引设备连接，抱杆根部再绑一控制绳 5。拆除抱杆时，启动牵引设备拉紧牵引绳，将抱杆提升少许，然后拆除抱杆的承托钢绳等设备。这时回松牵引绳并利用控制绳 5 将抱杆落到地面，一节一节将抱杆卸下，从塔下抬出。

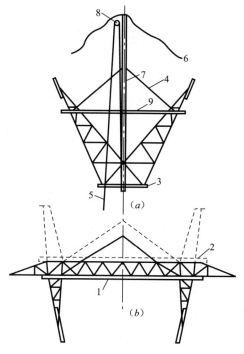

图 1-76 吊装上下曲臂、横担及避雷线支架示意图

1、2、3、9—补强木；4—起吊钢绳；5—牵引钢绳；
6—抱杆临时拉线；7—抱杆；8—定滑轮

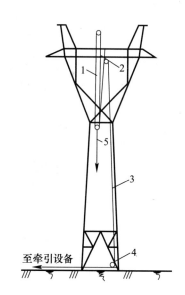

图 1-77 抱杆拆除布置图

1.3.5.2 案例

东南沿海某地，某一年秋季，台风来临，狂风使一条前两年投入运行的110kV线路发生倒塔事故。运行人员看到：倒下的铁塔塔脚板从地脚螺栓上拔出，地脚螺栓的螺帽还在保护帽里面。经过用游标卡尺测量，地脚螺栓直径是φ27，而螺帽却是φ30的，螺帽不用旋转即可套在地脚螺栓上，虽然是双螺帽，但螺帽与螺栓不配套。施工单位承担全部的责任。

要点：铁塔地脚螺栓的螺帽与螺栓必须配套且紧固，方能保证铁塔的抗倾覆力。

1.3.6 人力放线施工

1.3.6.1 核心知识点

1. 放线前的主要准备工作

(1) 根据现场调查和放、紧线方案，合理布线。一般按一个耐张段为一个放线段。

(2) 清理放线通道，修好通往放线场的道路和放线场地。

(3) 对重要的交叉跨越如铁路、公路、电力线及通信线等，与相关部门联系，搭好跨越架并做出安全措施。

(4) 沿线应开挖的土石方，应在放线前开挖完毕。需拆迁的房屋及其他障碍物应全部拆除完毕。

(5) 将悬垂绝缘子串和放线滑轮悬挂在杆塔上。

(6) 根据放、紧线方案，打好两端耐张杆塔的临时拉线。

(7) 将导线和避雷线运送到放线场。

2. 准备工作要点

(1) 布线

布线就是将导线和避雷线的线轴，每隔一定距离沿线路放置，以便放线顺利进行。布线时应考虑以下方面：

1) 布线裕度：一般平地及丘陵取1.5%，山地取2%，高山大岭取3%。

2) 布线时，导线、避雷线的压接管应避开35kV及以上电力线路、铁路、公路、一、二级弱电线路、特殊管道、索道和通航河流。

3) 合理选择线盘的放置地点，充分利用沿线交通条件，减少人力运送导线、避雷线的距离，一般情况下，线盘应放置在地形平坦、场地宽广的地方，以利于运输机械和施工机械的使用。

4) 不同规格、不同捻向的导线或避雷线不得在同一耐张段内连接。

5) 为便于压接、巡线维护，长度相等的导线，应尽量布置在同一区段。

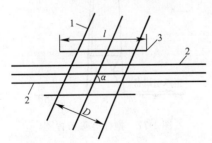

图1-78 跨越平面图

6) 线长与耐张段长度应相互协调，避免切断导线造成导线的浪费或接头过多。

(2) 搭设跨越架

放线前要在被跨越处搭设跨越架，以便导线和避雷线从跨越架上面通过。

1) 跨越架的参数

图1-78所示为跨越平面图。图中1为电力线路，2为被跨越的弱电线路，3为跨越架，跨越架的宽度

可按下式计算

$$l = \frac{D+4}{\sin\alpha} \qquad (1-12)$$

式中　l——跨越架的宽度（指横线路方向有效遮护宽度）（m）；

　　　D——线路两边线间的距离（m）；

　　　α——输电线路与被交叉跨越物的交叉角（°）。

对于不同的交叉角 α 和线路两边线间的距离 D，按公式（1-12）计算结果如表 1-22 所列，施工时可以由表 1-22 直接查得跨越架的有效遮拦宽度。

跨越架有效遮拦宽度　　　　　　　　　　　表 1-22

α (°)	D (m)											
	5	8	10	12	14	16	18	20	22	24	26	28	30
90	9	12	14	16	18	20	22	24	26	28	30	32	34
70	10	13	15	17	19	21	23	26	28	30	32	34	36
60	11	14	16	19	21	23	25	28	30	32	35	37	39
50	13	16	18	21	23	26	29	31	34	37	39	42	44
40	14	19	22	25	28	31	34	37	41	44	47	50	53
30	18	24	28	32	36	40	44	48	52	56	60	64	68
20	26	35	41	47	53	58	64	70	76	82	88	94	99

跨越架与被跨越物的最小安全距离，可按表 1-23 所列数值取用。当被跨越物是带电的电力线路时，跨越架与带电体的最小安全距离如表 1-24 所列数值。

跨越架与被跨越物的最小安全距离（m）　　　　　表 1-23

被跨越物名称 / 跨越架部位	铁　路	公　路	通信线
与架面水平距离	至路中心：3.0	至路边：0.6	0.6
与封顶杆垂直距离	至轨顶：6.5	至路面：5.5	1.0

跨越架与带电体的最小安全距离　　　　　　　表 1-24

跨越架部位	被跨越电力线电压等级					
	≤10kV	35kV	66kV～110kV	220kV	330kV	500kV
架面与导线的水平距离（m）	1.5	1.5	2.0	2.5	5.0	6.0
无避雷线（光缆）时，封顶网（杆）与导线的垂直距离（m）	1.5	1.5	2.0	2.5	4.0	5.0
有避雷线（光缆）时，封顶网（杆）与避雷线（光缆）的垂直距离（m）	0.5	0.5	1.0	1.5	2.6	3.6

2）跨越架的材料及型式

搭设跨越架最常用的材料有杉木杆、竹竿、钢管等，还有柱式钢结构或铝合金结构的跨越架。

用杉木杆、竹竿或钢管搭设的跨越架，其基本型式有单排和双排两种，施工时根据被跨越物的不同要求分为五种：

单侧单排：如图 1-79（a）。适用于弱电线、380V 电力线及乡村道路。

双侧单排：如图 1-79（b）。与单侧单排的适用范围相同。

单侧双排：如图 1-79（c）。适用于 35kV 及以下电力线、铁路、公路及重要的弱电线。其高度宜限制在 10m 以下。

双侧双排：如图 1-79（d）。适用于各种被跨越物。其高度宜限制在 15m 以下。

双侧多排：根据需要专门设计。

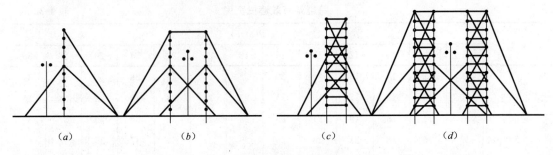

图 1-79　跨越架示意图

跨越带电电力线时，应采用双面跨越架，而且临近电力线侧的临时拉线使用尼龙绳、锦纶绳等绝缘材料。

（3）耐张杆塔安装临时拉线

为了抵消紧线时杆塔受到的不平衡张力，对紧线段两侧的耐张杆塔都要安装临时拉线。临时拉线的安装应符合以下要求：

1）放线前，应将放线段内所有的杆塔调正，拉线杆塔的所有拉线安装调整完毕。紧线段两侧的耐张杆塔都要打好临时拉线，临时拉线安装在杆塔受力的反方向侧，即所紧导线、避雷线的延长线上。转角杆还应增设内角临时拉线。

2）临时拉线的上端应用 U 形环连接到杆塔的临时拉线挂线板上，或安装在杆塔挂线点附近的主材节点处。下端串接双钩紧线器或手拉葫芦以便调节拉线的松紧程度。

3）临时拉线地锚可根据拉线受力的大小，选择钢板地锚或板桩。埋设地锚时要保证拉线对地夹角不大于 45°。

4）每根导线或避雷线应设置一根临时拉线。

5）当已知临时拉线受力 T 后，可按下式求出临时拉线的破断拉力。

$$T_b = KK_1 T \qquad (1\text{-}13)$$

式中　T_b——所需临时拉线的破断拉力（N）；

　　　K——安全系数，取 3.0；

　　　K_1——动荷系数，使用机械动力紧线时取 1.2，使用人力紧线时取 1.1；

　　　T——每根临时拉线所受的拉力（N）。

根据求出的临时拉线的破断拉力 T_b，查找相关资料选择钢丝绳或钢绞线做拉线。

（4）悬挂绝缘子串和放线滑轮

1）在放线段的直线杆塔上悬挂绝缘子串和放线滑轮。

2）一基杆塔应该使用同一型号的放线滑轮，以使三相滑轮等高，便于观测弧垂。

3）导线放线滑轮使用铝轮、尼龙轮或挂胶钢轮，钢绞线可以使用钢滑轮。

4）单导线采用单滑轮，对分裂导线，按子导线选择三轮或五轮滑轮。对于大高差档，当导线在滑轮上的包络角超过30°，应采用双滑轮。单导线的双轮放线滑轮如图1-80所示。分裂导线采用两个滑轮，中间用角钢连接支撑。

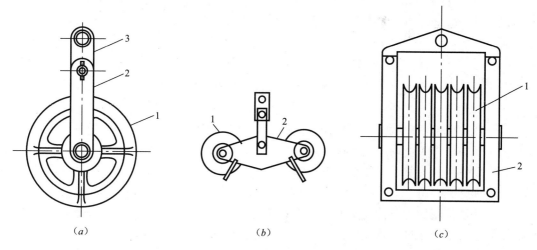

（a）　　　　　　　　　（b）　　　　　　　　　（c）

图1-80　放线滑轮
1—滚轮；2—滚轮支架；3—吊架

5）展放导线的滑轮，轮槽底直径应大于导线直径的20倍，以使放线过程对导线的损伤降到最低；展放钢绞线的滑轮，轮槽底直径应大于钢绞线直径的15倍。

3. 放线方法

地面拖线放线法，是由人力或汽车、拖拉机沿线路直接拖放导线或避雷线。人力放线，平地上每人按30kg考虑，山地每人按20kg考虑。当沿线条件许可时，可以用汽车或拖拉机牵引放线，可以提高效率。

拖放法放线，要在沿线障碍物衬垫木板、轮胎等软物，并派专人护线和查线。若发现导线在坚硬物上摩擦等情况，要立即处理。如有断股金钩等情况不能及时处理时，应在导线上做出明显标记，如缠红布条、黑胶布等，以便后期处理。

放线时线盘的放置如图1-81所示，在线盘中心穿入钢棒将线盘架到线轴支架上，转动线盘支架的操作手柄，将线盘支起离地100mm。为了防止线盘架前倾，可以在支架上方打临时拉线固定。当无线盘支架时，可以在地面挖一坑，深度超过线盘直径的一半，宽度能容下线盘并有100mm的裕度，坑两边各放一根道木，在线盘中心孔穿入钢棒（放线杠），将线盘顺坡滚入坑内，用撬杠撬动钢棒使线盘悬空，在道木上钉一方木挡住线盘。

放置线盘时要使线头从线盘上方展出。线盘展放过程若要刹车，两人应站在线盘侧后方，用木杠同时别住线盘边缘，使其缓慢停下来。切不可站在线盘侧前方刹车线盘，有可能伤人或使线盘向前翻滚。

4. 放线通信联系

（1）采用对讲机联系，这是目前应用最多的通信联系方式。

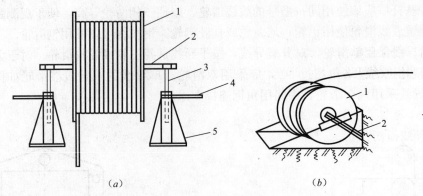

图 1-81 线盘的放置

1—线盘；2—钢棒；3—螺旋升降杆；4—操作手柄；5—支架

(2) 红白旗加哨声联系。用旗帜的位置加上哨声的长短与快慢来传递信息。

(3) 所有工作人员均应明了统一的信号意义并能熟练掌握应用。

(4) 发信号的人员，必须集中精力坚守岗位。中间传递信号的人员，应站在高处，传呼信号应准确无误。

(5) 无论采用何种通信联络方式，都要求通信可靠、灵敏。通信语言和信号要简单明了，发信号者要将信号重复发出，直到对方回复收到信号为止。

(6) 当接收信号弄不清楚时，应先发出停车信号，然后再弄清楚对方所发信号。

5. 放线注意事项

(1) 放线前人员分工要明确，听从指挥员的号令。

(2) 放线架应设置牢固，防止放线架在拖放线时前后倾倒。在放线过程中，随时调整线盘转轴，使其保持水平状态。

(3) 跨越架处派专人看守，保证导线避雷线不被卡住或落在跨越物上。放线经过河流、水库、水塘时，应防止水底坚硬物磨损导线或线被卡住。同时应避免线在水中打金钩或松股等现象。

(4) 放线时，领线人员应尽量保持顺线路前进。如线被树桩、土包等卡住，护线人员应在线弯外侧用大绳拉或木杠撬动处理，不得用手直接推拉导线。展放线经过拉线杆塔或换位杆塔时，应注意各项导线位置，防止导线扭绞或错位。

(5) 当线盘上剩 5～10 圈时，看线盘人员发出暂停信号，这时用人力转动线盘将余线放出。

(6) 人力拖放线时，应有熟练技工带领并指挥外协工放线。指挥员事先向全体人员交代安全注意事项和联络信号知识。拖放线人员应备垫肩、手套等劳动防护用品。拉线时，人与人之间距离要适当。经过高山、陡壁、深谷时，应采用大绳引渡线头，或用大绳作为人员攀登扶绳。使用的大绳应注意强度，且绑扎牢固可靠。

(7) 采用汽车或拖拉机拖放线时，工作前应让驾驶员熟悉行进路线，险要的道路和桥梁应采取加固措施。车辆爬坡时，后面不得有人。车辆行进过程中，任何人不得扒车、跳车或检修部件。车辆的牵引绳与导线避雷线之间用旋转连接器连接，防止线股松散。

6. 导线和避雷线的损伤及其处理标准

导线和避雷线展放完毕发现有磨损断股等缺陷时，应按下列规定检修处理。

（1）导线在同一处的损伤同时符合下列情况时可不作补修，只将损伤处棱角与毛刺用0号砂纸磨光。

1）铝、铝合金单股损伤深度小于股直径的1/2；

2）钢芯铝绞线及钢芯铝合金绞线损伤截面积为导电部分截面积的5%及以下，且强度损失小于4%；

3）单金属绞线损伤截面积为4%及以下。

（2）导线损伤在表1-25范围内时，容许缠绕或用补修管进行补修。

导线损伤补修处理标准　　　　　　　　　　　　表1-25

处理方法	线　别	
	钢芯铝绞线与钢芯铝合金绞线	铝绞线与铝合金绞线
以缠绕或补修预绞丝修理	导线在同一处损伤的程度已经超过磨光处理的规定，但因损伤导致强度损失不超过总拉断力的5%，且截面积损伤又不超过总导电部分截面积的7%时	导线在同一处损伤的程度已经超过磨光处理的规定，但因损伤导致强度损失不超过总拉断力的5%时
以补修管补修	导线在同一处损伤的强度损失已经超过总拉断力的5%，但不足17%，且截面积损伤也不超过导电部分截面积的25%时	导线在同一处损伤，强度损失超过总拉断力的5%，但不足17%时

（3）导线损伤达到下列情况之一时，必须锯断重接。

1）钢芯铝绞线的钢芯断股；

2）导线损失的强度或损伤的截面积超过表1-25采用补修管补修的规定时；

3）连续损伤虽然在容许补修范围之内，但其损伤长度已超出一个补修金具所能补修的长度；

4）金钩、破股已使钢芯或内层线股形成无法修复的永久变形。

（4）作为避雷线的镀锌钢绞线，其损伤按表1-26规定予以处理。

钢绞线损伤处理规定　　　　　　　　　　　　表1-26

绞线股数	处理方法		
	以镀锌铁线缠绕	以补修管补修	锯断重接
7	—	断1股	断2股
19	断1股	断2股	断3股

（5）采用线股缠绕或补修金具补修时，导线损伤部分应位于缠绕束或补修金具两端各20mm以内。

1.3.6.2　案例

一条110kV线路正在施工，准备人力放线。工作负责人张某安排队员梅某去做放线准备。梅某在地面用铁锹划出线盘的安放地槽，民工们照图挖槽，并在地槽两侧放置道木，将线盘穿好，放线杠滚放到道木上。

第二天，放线负责人李某站在线盘旁挥动信号旗，指挥多名民工肩扛手把地开始拖放导线。开始几十米拉得很费力，李某便叫多加几个人用力拉，线盘转速开始加快，众人一鼓劲，线盘突然翻倒，李某跳到一边，幸好没压着，他赶快发出停止拉线的信号。

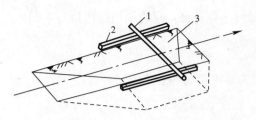

图 1-82 放线地槽示意图

李某仔细一看，才发现地槽没有顺线路方向，线盘在放线杠上不能顺畅地转动，众人使劲一拉，线盘受到的侧向力增大，使线盘从地槽中翻出。

要点：线盘必须顺线路摆放。放线地槽如图 1-82 所示，图中 1 为放线杠，用于担放线盘，2 为道木，3 为放线槽。放线槽如箭头所示方向应顺线路方向挖。

1.3.7 导、地线连接

1.3.7.1 核心知识点

1. 概述

导线和避雷线的连接有钳压、液压等方法。

导线截面在 240mm² 及以下的，常采用钳压的方法连接。钳压连接是将导线搭接在椭圆形接续管内，用钳压器压接而成。

导线截面在 240mm² 及以上的，常采用液压的方法连接。导线液压接续管由钢管和铝管配套，连接时先将导线的钢芯搭接或对接在圆形钢接续管内，用液压钳压成六边形，再把铝管套在铝股和钢接续管外面，用液压钳将铝管压成六边形即完成一个接续管的压接。

压接须采用精度 0.02mm 的游标卡尺，对所使用压接管内外径进行测量，并进行外观检查，用钢尺测量各部分长度，其尺寸、公差应符合国家标准。

2. 接续管和导线清洗及涂电力复合脂

(1) 接续的导线受压部分必须平整完好，距管口 15m 以内不得有缺陷。

(2) 压接的导线的端头在割线前应先瓣直，并且用细铁丝绑扎，防止散股。把不整齐的线头用钢锯割齐，切割面应与导线的轴线垂直。

(3) 对压接管进行清洗，清洗过后要用干净布堵塞管口，并以塑料袋封装。

(4) 压接管内外表面光滑无毛刺或裂纹，其弯曲度不应超过 1%。

(5) 导线的压接部分在穿管前，用棉纱蘸汽油擦拭清洗其表面油垢，清洗长度应不短于铝管套入部位。

(6) 采用钳压或液压连接导线时，导线连接部分外层铝股在洗擦后应薄薄地涂上一层电力复合脂，并应用细钢丝刷清刷表面氧化膜，应保留电力复合脂进行连接。

3. 钳压连接

(1) 在压接前，检查钳压管是否与导线匹配；钢模是否与导线同一规格；钳压管穿入导线后，再将衬条插在两线之间，注意衬条露出管口等长。

(2) 一切就绪后，即可将穿好导线的钳压管放入钢模内，按照在钳压管上做好的压口位置，一正一反的施压，最后一模要压在导线短头位置。每模压下以后，停留半分钟再压第二模。

(3) 钳压的压口位置及操作顺序应按图 1-83 所示进行。连接后端头的绑线应保留。

(4) 钳压管压口数及压后尺寸的数值必须符合表 1-27 的规定。压后尺寸允许偏差应为 ±0.5mm。

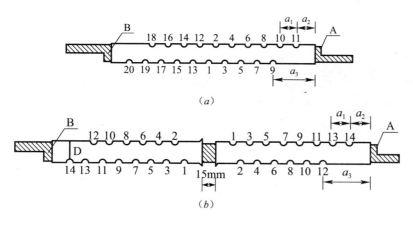

图 1-83　钳压管连接图

(a) LGJ-95/20 钢芯铝绞线；(b) LGJ-240/40 钢芯铝绞线

A—绑线；B—垫片；1、2、3—表示操作顺序

钢芯铝绞线钳压压口数及压后尺寸 表 1-27

管型号	适用导线		压模数	压后尺寸 D (mm)	钳压部位尺寸（mm）		
	型号	外径（mm）			a_1	a_2	a_3
JT-95/15	LGJ-95/15	13.61	20	29.0	54	61.5	142.5
JT-95/20	LGJ-95/20	13.87	20	29.0	54	61.5	142.5
JT-120/20	LGJ-120/20	15.07	24	33.0	62	67.5	160.5
JT-150/20	LGJ-150/20	16.67	24	33.6	64	70.0	166.0
JT-150/25	LGJ-150/25	17.10	24	36.0	64	70.0	166.0
JT-185/25	LGJ-185/25	18.90	26	39.0	66	74.5	173.5
JT-185/30	LGJ-185/30	18.88	26	39.0	66	74.5	173.5
JT-240/30	LGJ-240/30	21.60	14×2	43.0	62	68.5	161.5
JT-240/40	LGJ-240/40	21.66	14×2	43.0	62	68.5	161.5

4. 液压连接

（1）液压连接一般要求

1）液压机由高压油泵、压钳和钢模组成，高压油泵与压钳之间用高压油管连接。

2）使用的液压机必须有足够的出力，钢模必须与被压的管径相匹配。

3）液压是把导线穿入液压管，用液压机对液压管进行施压，压前的液压管断面呈圆形，压后呈六边形。

（2）导线压接操作步骤

1）在导线两端量出钢芯接续管长度的一半加 10mm，用红铅笔划印，然后紧靠印记用细铁丝 2～3 圈绑扎牢固导线，并把铝股散开如图 1-84（a）所示。

2）沿红线切断外层和内层铝股，如图 1-84（b）所示，图中 l 为钢接续管的一半长。在切割内层铝股时，只割到铝股的 3/4 的深度，然后将铝股逐根掰断，

3）先套铝管，再将钢芯从钢管的两端顺着线的绞制方向旋转推入，直到两端头在管内中点相抵。然后按图 1-85（a）所示顺序，由钢管中心分别向管口端部依次施压。

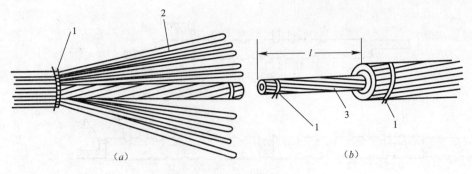

图 1-84 导线的绑扎与切割

1—细铁丝绑线；2—铝股；3—钢芯

4）当钢管压好之后，将铝管顺铝线绞制旋转推入，按图 1-85（b）所示压铝管，铝管与钢管的重叠部分不压。其压接顺序是自重叠部分各留出 10mm 处，分别向两端施压，压完一端再压另一端。

5）液压时，相邻两模应重叠 5mm 以上。压接完毕须将铝管涂防锈漆封口。

6）液压钢芯铝绞线耐张管时，耐张钢锚的压接顺序是由管底向管口施压，如图 1-86（a）所示；而铝管则是从跳线联板端向管口施压，如图 1-86（b）所示。

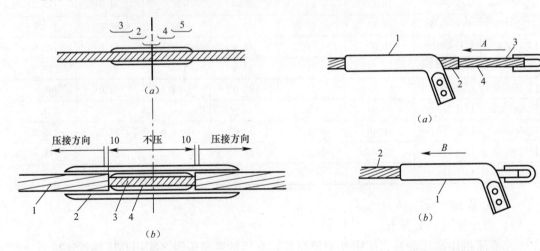

图 1-85 导线接续管液压示意图

图 1-86 导线耐张管液压示意图

（a）耐张钢锚的压接；（b）耐张铝管的压接

7）压接补修管从管中心开始分别向两端施压。

8）对压后的各类管子的外形进行修整，锉去飞边、毛刺，表面用砂纸打磨光滑。

9）钢压接管裸露在外者，应涂富锌漆以防锈。

10）液压管压后三个对边距 S 的最大允许值为：

$$S = 0.866 \times (0.993D) + 0.2\text{mm}$$

式中 D——液压管外径，mm。

1.3.7.2 案例

北方某地，某一年冬天，气象条件恶劣，大风加降温。一条运行了几年的 220kV 线路导线发生断线故障。导线为 LGJ—300/50 型钢芯铝绞线。线路巡查人员赶到断线地点，经过查看，断线点是导线接续管的部位。故障原因是接续管铝管断裂，钢芯铝绞线的钢芯从钢接续管中抽出。技术人员经过仔细查看分析，导线接续管是 JY—300/50 型液压钢芯对接式接续管，钢管长度 210mm，导线抽出的一端，钢芯穿入钢管只有 70mm，而另一端，钢芯穿入钢管 140mm。压接不符合规程规定。施工单位负主要责任。正确的方法如图 1-85 所示。两端的钢芯应该在钢管中心相抵。

要点：钢芯铝绞线液压钢芯对接式接续管，钢芯应该在钢管中心相抵。对 JY—300/50 型接续管来说，两端钢芯要穿入钢管 105mm。这样，钢接续管加上外面的铝接续管，整个接续管的握着力才能达到规范规定。

1.3.8 弧垂观测

1.3.8.1 核心知识点

1. 弧垂观测的一般要求

（1）弧垂（通常又称为弛度）观测档的选择：宜选择档距较大、高差较小及接近代表档距的线档。

（2）弧垂观测档的选择应符合下列原则：

1）紧线段在 5 档及以下时靠近中间选择一档。

2）紧线段在 6～12 档时靠近两端各选择一档。

3）紧线段在 12 档以上时靠近两端及中间选择 3～4 档。

（3）弧垂观测档时的气温取当时的实际温度。温度计悬挂在太阳不能直射到的地方。

（4）导线、避雷线的弧垂均由架空线的悬挂点算起，量尺寸时，应垂直向下量取，如图 1-87 所示，A、B 为导线悬挂点，f 为弧垂，l 为档距。

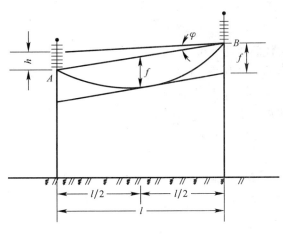

图 1-87　弧垂的量取

（5）当有 2～3 个观测档时，按照从挂线端到紧线端的次序逐档调整到规定的弧垂值。

（6）紧线弧垂在挂线后应随即在该观测档检查，其允许偏差应符合表 1-28 的规定；跨越通航河流的大跨越档弧垂允许偏差应不大于±1%，其正偏差不应超过 1m。

	弧垂允许偏差	表 1-28
线路电压等级	110kV	220kV 及以上
允许偏差	+5%，−2.5%	±2.5%

（7）导线或避雷线各相间的弧垂应力求一致，各相间弧垂的相对偏差最大值应符合表 1-29 的规定；跨越通航河流大跨越档的相间弧垂最大允许偏差应为 500mm。

	相间弧垂允许偏差最大值	表 1-29
线路电压等级	110kV	220kV 及以上
相间弧垂允许偏差值（mm）	200	300

注：对避雷线是指两线间。

（8）相分裂导线同相子导线的弧垂应力求一致，不安装间隔棒的垂直双分裂导线，同相子导线间的弧垂允许偏差为 +100mm；安装间隔棒的其他形式分裂导线同相子导线的弧垂允许偏差 220kV 为 80mm；330～500kV 为 50mm。

（9）架线后应测量导线对被跨越物的净空距离，必须符合设计规定。

（10）连续上（下）山坡时的弧垂观测，当设计有规定时按设计规定观测。

（11）观测档的弧垂，如图 1-87。

当悬挂点高差 $h < 10\%l$ 时，档距中点的弧垂为：

$$f_1 = \frac{g_1 l^2}{8\sigma} = \frac{l^2}{l_d^2} f_d \tag{1-14}$$

当悬挂点高差 $h \geq 10\%l$ 时，档距中点的弧垂为：

$$f_2 = \frac{g_1 l^2}{8\sigma\cos\varphi} = \frac{l^2}{l_d^2} \times \frac{f_d}{\cos\varphi} \tag{1-15}$$

其中，

$$\varphi = \mathrm{tg}^{-1} \frac{h}{l} \tag{1-16}$$

式中　l_d——耐张段的代表档距（m）；

　　　f_d——代表档距的导线弧垂（m）；

　　　σ——代表档距的导线应力（N/mm²）；

　　　l——观测档档距（m）；

　　　h——悬挂点 A、B 的高差（m）；

　　　φ——悬挂点高差角（°）；

　　　g_1——导线自重比载（N/m.mm²）。

上述 l_d、f_d、σ、l、φ、g_1 和 h 均可在设计施工图中查得。

2. 弧垂观测的方法

（1）架空线路弧垂观测常用的方法有等长法、异长法、角度法和平视法。弧垂观测值（通常也称为弛度表）由工程技术人员事先算出列成表。

（2）等长法观测弧垂

等长法观测弧垂一般用于两端悬点高差不大的档距。如图 1-88 所示。首先，从弛度表中查得观测档的弧垂 f_1 后，分别自悬点 A、B 向下垂直量取 f_1 得 A'、B'，将弛度板

（通常用长约 200cm、宽约 10cm 的木板做成，为了醒目，木板漆成红白相间色）绑扎在观测档两端的杆塔上，弛度观测人员在杆塔上，用眼观看弛度板，形成视线 $A'B'$，然后收紧或放松导线，使导线与视线 $A'B'$ 相切则停止紧线，此时的导线弧垂即为观测弧垂 f_1。

有两个及以上观测档时，一般以远离紧线侧的观测档为主调整好弧垂（此时，靠近紧线侧的弧垂已高出该档弧垂），再以靠近紧线侧的观测档为主调整好弧垂，有时要反复多次才能达到要求。

（3）异长法观测弧垂

异长法观测弧垂适用于两端悬点高差较大的档距。如图 1-89 所示。选一适当的 a 值，按下式求出相应的 b 值：

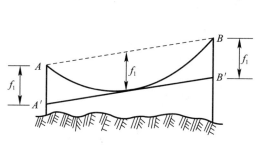

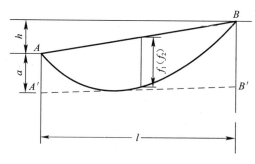

图 1-88　等长法观测弧垂　　　　　　图 1-89　异长法观测弧垂

当悬挂点高差 $h < 10\%l$ 时，b 等于

$$b = (2\sqrt{f_1} - \sqrt{a})^2 \tag{1-17}$$

当悬挂点高差 $h \geq 10\%l$ 时，b 等于

$$b = (2\sqrt{f_2} - \sqrt{a})^2 \tag{1-18}$$

式中 f_1、f_2 按式（1-14）、式（1-15）求得，求出 b 值后，自悬点 A、B 分别向下量取垂直距离 a 和 b 得 $A'B'$ 两点并绑扎弛度板，用前述方法观测弛度收紧导线，使导线弧垂最低点与视线 $A'B'$ 相切得 f_1 或 f_2。

（4）角度法观测弧垂

角度法是用经纬仪测竖直角观测弧垂的一种方法，角度法有档端、档侧任意一点、档内、档外等。最常用的是档端角度法，而其余几种方法计算量较大，使用较少。

使用本方法时，为了不使弛度误差太大，一般 a 值应小于 $3f$。如 $a = 4f$，则视线与导线悬挂点重合，b 为零。所以当 $a \geq 4f$ 时，就不能用本方法观测。

观测方法和步骤：

1）选定经纬仪所架杆塔位，实测观测档导线悬挂点高差 h 和档距 l（h 和 l 也可从杆塔明细表查得）。

2）实测仪高 i，计算出导线悬挂点至仪器中心的垂直距离 a。

3）计算出弛度观测角 θ 为

$$\theta = \mathrm{tg}^{-1} \frac{\pm h - 4f + 4\sqrt{af}}{l} \tag{1-19}$$

当仪器在低侧时，h 为正；当仪器在高侧时，h 为负。算出的 θ 角，正值为仰角，见

图 1-90（a），负值为俯角，见图 1-90（b）。

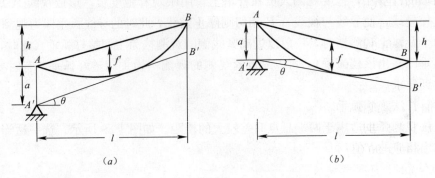

图 1-90　档端角度法观测弧垂

用档端角度法检查弛度的方法和步骤：

1）经纬仪架设在导线悬挂点的垂直下方，实测仪高 i，计算出导线悬挂点至仪器中心的垂直距离 a。

2）实测检查档水平档距 l（l 也可从杆塔明细表查得）。

3）使仪器望远镜视线瞄准导线悬挂点 B，测出竖直角 θ_1，再使望远镜视线与导线弧垂相切，测出竖直角 θ，计算出弛度值

$$f = \frac{1}{4}\left[\sqrt{a} + \sqrt{l(\mathrm{tg}\theta_1 - \mathrm{tg}\theta)}\right]^2 \tag{1-20}$$

上面二公式中　θ——导线弧垂点竖直角（°）；

　　　　　　　l——观测档档距（m）；

　　　　　　　h——悬挂点 A、B 的高差（m）；

　　　　　　　a——仪器至导线悬挂点的垂直距离（m）；

　　　　　　　f——观测弧垂（m）；

　　　　　　　θ_1——导线悬挂点竖直角（°）。

图 1-91（a）是仪器在低悬挂点侧；图 1-91（b）是仪器在高悬挂点侧。

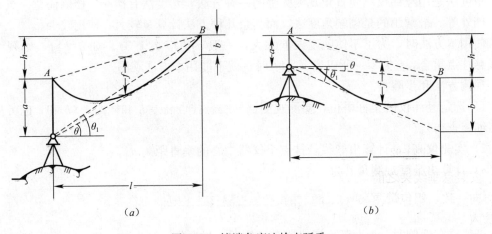

图 1-91　档端角度法检查弧垂

20 世纪 80 年代中期，北方某地。一条 350kV 线路正在紧线，技工王某负责观测弧垂（弛度）。43 号～44 号是观测档，王某将经纬仪架设在 43♯塔下，用经纬仪档端法观测弛度。经过计算，观测角 θ 是 $0°08'40''$。王某认为，经纬仪中的视角应该是 $90°-0°08'40''=89°41'20''$。于是他通过报话机向现场指挥报告弛度高度，弛度还差 1m 多时，现场指挥问王某，怎么样，绞磨上反映力量很大了，弛度还差多少？王某说，还差 1m 多，再紧一点。于是指挥又叫绞磨加力，紧线操作塔上，塔上人员正准备划印，突然，紧线牵引绳断裂，导线飞出去老远才松弛下来。事后，技术人员分析，事故原因是王某将视角计算错了，正确的视角应该是 $90°+0°08'40''=90°08'40''$。导线弧垂应该是俯角。王某文化程度不高，没有真正理解观测角 θ＝$0°08'40''$ 时，还是要在水平视角 90°上再加上这个数值，而是理解成从 90°中减去 $0°08'40''$。结果紧线弛度视角高出实际弛度视角，造成牵引绳过牵引而断裂。

要点：测量工作要选用文化程度较高的人员，能从原理上理解线路施工计算的过程。当施工人员对自己的计算过程拿不准时，要向技术人员请教询问，防止由于计算错误而造成事故。

1.3.9　附件安装

1.3.9.1　核心知识点

1. 悬垂线夹的安装

耐张杆塔挂线完毕，此时各档导线弧垂均满足要求，绝缘子串处于垂直状态。这时操作人员分别登上直线杆塔，找出线夹中心点 A，用划印笔把 A 点划在导线上，如图 1-92 所示，称为直线杆塔划印。

A 点划好之后，用双钩紧线器将导线提起，取下放线滑轮如图 1-93 所示。图中 1 为双钩紧线器（钩子挂胶或用铝包带缠绕，以免损伤导线），2 为导线，3 为放线滑轮，4 为绝缘子串。

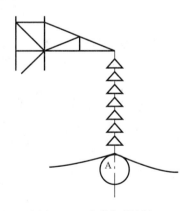
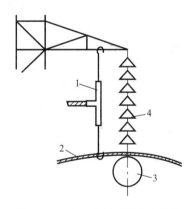

图 1-92　直线杆塔划印　　　　图 1-93　用双钩紧线器提起导线

安装悬垂线夹之前，要在导线上缠绕铝包带，铝包带的缠绕方向与导线外层铝股的绞制方向一致，铝包带两端露出线夹不超过 10mm，端头应压入线夹内。将缠好铝包带的导线放入悬垂线夹内，再将悬垂线夹挂到绝缘子串下面，拧紧线夹上的 U 形螺栓将导线夹紧。此时 A 点应位于线夹的中央。

线夹安装后，悬垂绝缘子串应垂直地面。个别情况下，其顺线路方向与垂直位置的位移不应超过5°，且最大偏移值不应超过200mm。

2. 防振锤的安装

防振锤的安装按图1-94所示。图（a）为直线杆塔防振锤的安装，图（b）为耐张杆塔防振锤的安装。

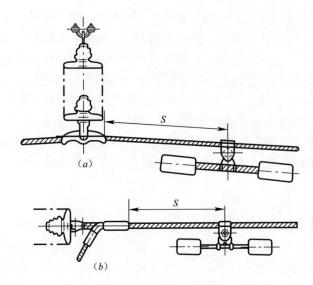

图1-94　防振锤的安装

从工程的《杆塔明细表》中，查出防振锤的安装距离。其安装误差应不大于±30mm，在安装防振锤的导线上缠绕铝包带，铝包带的缠绕方向与导线外层铝股的绞制方向一致，铝包带两端露出夹板不超过10mm，端头应压入夹板内。

防振锤上的螺栓应拧紧，以防止防振锤沿导线滑动。防振锤安装后，应与导线在同一垂直平面内，连接锤头的钢绞线应平直，不得扭斜。

3. 引流线的安装

引流线又称跳线。应该使用未经牵引的导线制作，以利外观造型。如果耐张线夹为螺栓型线夹，可将两侧的线头直接用并沟线夹连接，如图1-95所示。图中1为耐张绝缘子串，2为并沟线夹，3为引流线，4为导线。

如果耐张线夹为压缩型线夹，首先在跳线两端压接引流板，引流板再与耐张线夹连接，如图1-96所示。图中1为耐张绝缘子串，2为压缩型耐张线夹，3为引流板，4为引流线。

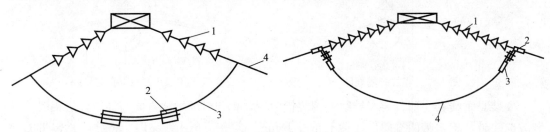

图1-95　并沟线夹连接的引流线　　　　图1-96　压缩型线夹连接的引流线

现场一般采用拉绳子模拟的方法来确定跳线的实际长度，然后再制作跳线。跳线制作时要顺着导线自然弯曲方向压接引流线夹，使跳线安装后形状流畅不扭曲。

在地面将引流线两端的引流板压好，再吊装跳线，将引流线两头与耐张线夹连接并紧固螺栓。

引流线应呈近似悬链线状自然下垂，其对杆塔及拉线等的电气间隙必须符合设计规定。使用压接引流线夹时其中间不得有接头。

铝制引流连板及并沟线夹的连接面应平整、光洁，安装应符合下列规定：

（1）安装前应检查连接面是否平整，耐张线夹引流连板的光洁面必须与引流线夹连板的光洁面接触。

（2）使用汽油洗擦连接面及导线表面污垢，并应涂上一层导电脂。用细钢丝刷清除有导电脂的表面氧化膜。

（3）保留导电脂，并应逐个均匀地拧紧连接螺栓。螺栓的扭矩应符合该产品说明书所列数值。

1.3.9.2 案例

案例一

20 世纪 90 年代中期，北方某地。时值 12 月中旬，一条 330kV 线路刚紧完线，正在安装附件。124 号铁塔是 ZM31 的直线塔，塔上是技工刘某和另外两人在安装附件作业。下午 3 点多，其他两人作业完毕，已经下塔。天气寒冷，人人都想早点回去，都不愿意在工地多待一会儿。刘某那天在塔上待的时间最长，手脚有些僵硬。他作业完毕，正准备下塔，这时还有一个双钩紧线器（简称双钩）还挂在塔上，塔上的绳索都已经扔下塔了。工作负责人张某便要刘某带着双钩下塔。双钩约有 1m 长，15kg 重。刘某将双钩挂在腰间的安全带上，开始下塔。双钩挂在刘某腰间的安全带上甩来甩去。下着下着，双钩的一头插进塔材构件的空档里，将刘某的身体别了一下，可刘某这时是顺势向下运动，突然身体被别了一下，手一下子没抓住身体失去了平衡，失手从 23m 的高空坠落地面而亡。

要点：高空作业时间不宜过长，尤其是寒冷、高温天气。作业保持充沛的体力和精力。上下杆塔，身上除了个人工具、安全带和绳索之外，不应带其他物件。安全带和绳索也要缠绕紧背在身后，防止其钩住脚钉或杆塔构件。

案例二

西北某地，一条 330kV 线路工程的 103 号～116 号耐张段刚刚紧线完毕，正在安装附件。113 号是呼称高 28m 的猫头型直线塔，由技工沈某带领几名年轻员工安装附件。现场有导线升空用过的机动绞磨，沈某就决定使用机动绞磨起吊导线。他让塔上人员将起重滑轮挂到横担上，然后将起吊钢丝绳的一端穿过横担上的定滑轮，和导线提线器相连，导线提线器钩住双分裂导线；起吊钢丝绳的另一端再穿过塔腿上的转向滑轮，用机动绞磨牵引钢丝绳吊起双分裂导线，如图 1-97 所示。结果绞磨一受力，导线没吊起，横担下平面主材弯曲变形，

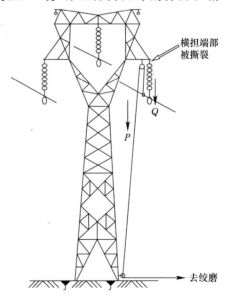

图 1-97 用机动绞磨起吊导线的错误做法

横担端部被撕裂，见图 1-97 中双箭头所指部位。

可以用起重工具一节中的知识来简单算一算横担所受的力。当采用图 1-97 所示的起吊方法时，设导线的重力为 Q，要吊起导线，所使用的力为 P，不计摩擦力，$P=Q$（实际上 P 大于 Q），即横担上受到的力是 $2Q$，而且定滑轮只钩挂在横担下平面的一根主材上，如图 1-98 所示，此时单根主材受到的力过大，超过其允许荷载。所以首先是横担下平面挂滑轮的主材弯曲变形，进而横担端部一侧斜拉材的螺栓孔被拉豁。

正确起吊导线的方法如图 1-99 所示。用一根钢丝绳套缠绕在两根主材的节点部位，用手拉葫芦连接导线提线器起吊导线，这时，横担只受到导线的重力 Q，再加上起吊工器具和操作人员的重力，远远小于 $2Q$，而且横担的两根主材受力，所以起吊过程是安全的。

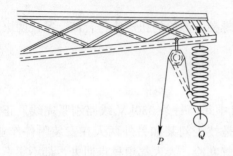

图 1-98　起吊导线的滑轮直接钩在一根角钢上

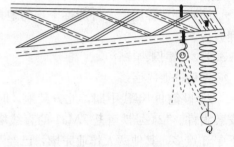

图 1-99　用手拉葫芦起吊导线的正确方法

1.3.10　接地装置施工

1.3.10.1　核心知识点

1. 接地沟开挖

（1）首先按照设计图纸规定的接地体布置型式在杆塔周围放样划出接地沟开挖线。接地沟长度不得小于设计图规定的长度。如果接地沟无法按图施工时，应向班组或上级部门的技术负责人报告，待技术部门研究处理。

水泥杆的接地装置如图 1-100（a）所示，铁塔的接地装置如图 1-100（b）所示。

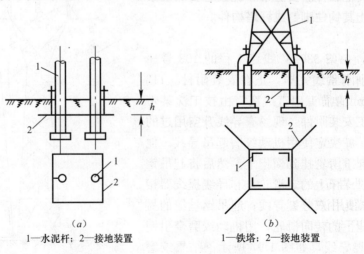

（a）　　　　　　　　　　　（b）

1—水泥杆；2—接地装置　　　1—铁塔；2—接地装置

图 1-100　杆塔的接地装置图

（2）接地体的埋设深度应符合设计图的规定并不得有负偏差。当设计无规定时，接地沟深度为 0.6～0.8m（或冻土层以下）；在耕地中的接地体，应埋设在耕作深度以下。

（3）水平放射型接地体之间的平行距离，不应小于 5m；垂直接地体之间的距离，不应小于其长度的两倍。

（4）开挖接地沟时，应避开道路及地下管道、电缆等设施，如果遇有大石块等障碍物时，可以绕开避让，但不得改变接地体的布置型式。

（5）在山坡地开挖接地沟时，应沿等高线开挖，以防止雨水冲刷造成接地体外露，但应尽量避免接地体弯曲过大。

2. 接地体敷设

（1）接地体敷设的要求

接地体敷设前，应在现场将接地体平直后再置于接地沟内。接地体必须放置于接地沟的底部方可进行回填，如果接地体有弹性不易紧贴沟底时，应用 8 号铁丝做成 U 形卡固定接地体，使其紧贴沟底后填土夯实。

（2）接地体连接

1）接地体长度不够时，除设计规定的断开点可用螺栓连接外，其余部位应该采用焊接或液压、爆压方式连接。

2）连接前应将连接部位的浮锈、污物等清除干净。

3）采用搭接焊接时，其搭接长度应为圆钢直径的 6 倍，并双面施焊。扁钢的搭接长度为其宽度的 2 倍，并四面施焊。

4）接地圆钢采用液压或爆压时，接续管的壁厚不得小于 3mm，长度不小于：搭接时为圆钢直径的 10 倍，对接时为圆钢直径的 20 倍。

5）接地体若采用液压或爆压连接时，接续管的型号与规格应与接地圆钢匹配。在经过试验合格并经有关单位鉴定并出具相应试验报告后，方准推广使用。

（3）接地体的埋设

1）接地体的敷设属隐蔽工程。在接地体回填前应邀请现场监理检查验收，接地体埋设示意图应按实际埋设情况填入接地施工评级记录。

2）接地沟回填时应分层夯实，每回填 300mm 厚度夯实一次，如遇岩石及不良土壤时，应更换未掺有石块及其他杂物的好土，不允许填充块石。

3）回填土不够时，不允许在沟边就近取土。

4）接地沟回填时应在其表面加筑防沉层，防沉层的高度为 100～300mm。工程移交时回填土不得低于地面。

5）位于耕地的接地沟，回填后应保持原地面的平整，应不妨碍耕作。回填后，施工场地应尽量恢复原地貌。

6）易受冲刷的接地沟表面应采取种植草皮、水泥砂浆护面或砌石灌浆等保护措施。

7）对于地处岩石地段，接地电阻值无法满足设计要求时，可以使用"降阻剂"，具体使用方法见厂家使用说明书。

（4）接地引下线的要求

1）铁塔接地引下线应与铁塔主材、保护帽、基础面紧密贴合，做到平滑、美观。接地引下线不得浇注在保护帽内。

2）水泥杆接地引下线应与杆身紧密贴合。

3）当引下线直接从架空避雷线引下时，引下线应紧靠杆身，每隔 2～3m 与杆身固定一次。

3. 接地电阻的测量

接地电阻的测量一般使用 ZC-8 型摇表。ZC-8 型摇表测量用的接线端纽有四个和三个两种：三个的接线端纽只能测量接地电阻，而四个的接线端纽除测量接地电阻外，还可以测量土壤电阻率。

用 ZC-8 型接地摇表测量接地电阻的方法．如图 1-101 所示。测量时将接线端纽 E 与接地装置 D 点连接，距接地装置被测点 D 为 Y 处打一钢棒 A（电压级）并与接线端纽 P 连接，再距 D 点为 Z 处打一钢棒 B（电流级）并与接线端纽 C 连接，电压级和电流级的布置距离应为：Y≥2.5L；Z≥4L；一般取 Y＝80m，Z＝120m。L—接地体射线长度（m）。

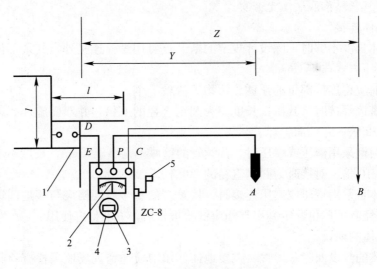

图 1-101　接地电阻测量布置示意图

1—被测接地装置；2—检流计；3—倍率旋纽；4—电阻值旋纽；5—摇柄

测量步骤如下：

（1）将 φ10mm 钢棒 A、B 按图示布置打入地下 0.5m 左右；

（2）将测试线连接好，用调零旋纽将检流计指针调到零位；

（3）将倍率旋纽放在最大倍率位置，慢慢转动摇表摇柄，同时旋转电阻值旋纽，使检流计指针指在零位；

（4）当检流计指针接近平稳时，可加速摇动摇柄（每分钟 120 次），并拨动电阻值旋纽，使指针平稳地指在零位，如电阻读数小于 1.0，则可改变倍率重新摇测；

（5）待指针平稳后，将电阻值旋纽上的读数乘以倍率旋纽所处的倍数，即为所测的接地电阻值。

在测量接地电阻值时，应断开架空避雷线。所测的接地电阻值还应根据当时的土壤干燥潮湿情况乘以季节系数，季节系数可按表 1-30 取用。

埋深（m）	水平接地体	2～3米的垂直接地体
0.5	1.4～1.8	1.2～1.4
0.8～1.0	1.25～1.45	1.15～1.3
2.5～3.0（深埋接地体）	1.0～1.1	1.0～1.1

防雷接地装置的季节系数　　　　　　　表 1-30

注：测量接地电阻时，如土壤较干燥则应采用表中较小值；如土壤比较潮湿则应采用较大值。

1.3.10.2 案例

一条 220kV 线路的接地装置施工，有一段线路位于山上。表层地质为黏土，0.4～1m 以下为岩石。23 号～40 号这一段均降了 0.5～1.5m 的基面（基面是以中心桩标高为基准）。降完基面后的地方呈簸箕形。上坡方向的两条接地沟靠近铁塔的一段虽然凿出 1m 以上的深槽，但还是高出基面。接地沟土埋进去，一下雨，雨水就会把土冲刷走造成接地体外露。解决的方案是，在接地体上面覆盖土层，再用砂浆石块砌筑这一段石槽接地沟。这样就不会造成接地体外露。接地体埋设时尽量使其顺直，避免弯曲过大。

1.3.11　线路防护

1.3.11.1　核心知识点

1. 基础护坡、挡土墙的施工

（1）施工准备

1）根据设计图纸的要求定出护坡、挡土墙砌筑的位置。

2）砌筑用块石一般不小于 250mm，石料应坚硬不易风化。其余原材料应符合基础工程使用的原材料要求。

3）护坡、挡土墙砌筑前，应先挖沟并将沟底浮土清除干净，在砌体外将石料上的泥垢冲洗干净，砌筑时保持砌石表面湿润。

（2）护坡、挡土墙施工

1）砌石采用坐浆法分层砌筑，铺浆厚度宜为 3～5cm，用砂浆填满砌缝，不得无浆直接贴靠，砌缝内砂浆应采用扁铁插捣密实。

2）上下层砌石应错缝砌筑；砌体外露面应平整美观，外露面上的砌缝应预留约 4cm 深的空隙，以备勾缝处理；水平缝宽应不大于 2.5cm，竖缝宽应不大于 4cm。

3）砌筑因故停顿，砂浆已超过初凝时间，应待砂浆强度达到 2.5MPa 后方可继续施工；在继续砌筑前，应将原砌体表面的浮渣清除；砌筑时应避免振动下层砌体。

4）勾缝前必须清缝，用水冲净并保持槽内湿润，砂浆应分次向缝内填塞密实。勾缝砂浆标号应高于砌体砂浆；应按实有砌缝勾平缝，严禁勾假缝、凸缝；砌筑完毕后应保持砌体表面湿润做好养护。

5）护坡、挡土墙按照要求设置排水孔。

6）基础护坡如图 1-102 所示。

2. 防洪堤的施工

（1）施工准备

1）防洪堤一般有混凝土浇筑和块石砌筑两种方式，无论采用哪种方式，防洪堤底部

 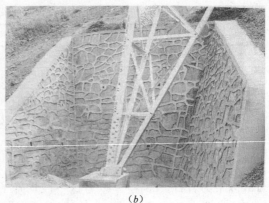

(a) (b)

图 1-102 铁塔基础护坡

(a) 外护坡；(b) 内护坡

的浮土必须清除干净，保证堤坝砌筑在稳固的地基上。

2）根据设计图纸的要求定出防洪堤砌筑的位置。

3）砌筑用块石一般不小于 250mm，石料应坚硬不易风化，砌筑前将石料上的泥垢冲洗干净，砌筑时保持砌石表面湿润。

防洪堤用混凝土浇筑，其原材料应符合基础工程使用的原材料要求。

（2）防洪堤施工

1）按照设计图要求，设置锚筋或圈梁。

2）防洪堤的砌筑高度必须达到设计图要求值。

3）防洪堤用混凝土浇筑的，其控制要点与基础施工一致。

3. 排水沟的施工

（1）施工准备与要求

1）根据设计图纸的要求或地形需要确定要开挖排水沟的杆塔位。

2）不得用排水管代替排水沟，以防止杂物堵塞排水管，造成渠水漫淹基础周围的土壤。

3）原材料应符合基础工程使用的原材料要求。

（2）排水沟施工

1）排水沟施工应按设计图进行。山坡地的排水沟一般沿基础的上山坡方向开挖浇制。

2）排水沟用混凝土浇筑的，其控制要点与基础施工一致。

3）排水沟示例如图 1-103 所示。

4. 保护帽的施工

（1）施工准备

1）保护帽浇制前，应检查并紧固地脚螺栓的螺帽。

2）保护帽的大小以盖住塔脚板为原则，一般其断面尺寸应超出塔脚板 50mm 以上，高度超过地脚螺栓 50mm 以上。对业主有特殊要求的按其要求执行。

3）保护帽的原材料应符合基础工程使用的原材料要求。

4）为使保护帽的型式统一，应制作模具以框定外形尺寸。

图 1-103 排水沟示例

（2）保护帽浇制

1）保护帽的混凝土强度应符合设计要求。

2）保护帽表面不得有裂缝，以防止雨水渗入。为使保护帽顶面不积水，顶面应有散水坡。

3）保护帽浇制时，不得将接地引下线浇入混凝土。

4）保护帽示例如图 1-104 所示。

图 1-104 铁塔基础保护帽

1.3.11.2 案例

一条 330kV 线路，287 号铁塔位于半山坡耕种的台地，地质为Ⅱ级湿陷性黄土。塔位 3m 处有一条灌溉用水沟，设计要求穿过塔基的水沟做成浆砌块石并砂浆抹面。工作负责人沈某负责施工。沈某以当地没有块石为由，将明渠改为安放几段水泥管（总长约 12m）穿过塔基。第二年开春，农民放水浇地，渠水中杂草树枝堵塞水泥管，水管不通，农民便在水泥管上砸开几个洞，掏出堵塞物。继续放水，水泥管不时被堵塞，浇地的水源源不断地从管顶漫出渗入塔基。巡线人员发现铁塔基础四个腿不均匀下沉，造成铁塔顶部最大倾斜达 1.2m，并有不断发展的趋势。

为此，设计部门专门看了现场，原因是水渗入基础周围，基础周围的湿陷性黄土一遇到水便下陷，造成铁塔基础下沉。

设计部门的处理意见是，先打拉线稳固铁塔。在原塔位 19m 处重新挖坑，坑底用厚3m 的 2∶8 灰土夯实，铁塔基础座在 2∶8 灰土上。基础顶面回填土改用厚 0.3m 的 2∶8灰土做盖，水不会渗入基础周围的土壤。水沟浆砌块石砂浆抹面做成明渠。放水时，水渠中的杂草树枝漂浮在上不易造成堵塞。巡查人员对堵塞物可以方便地清除。

要点：湿陷性黄土地质，必须防止地基渗入水。

1.4 变配电工程项目土建施工技术

1.4.1 构（支）架吊装

构架是在变电站中用作挂绝缘子、导线的那种很高的杆柱，支架是支撑设备的柱管。我国目前在 110～500kV 电压等级变电站建设中，广泛采用钢筋混凝土环形杆 A 字柱和高强度多边形钢管 A 字柱结构形式。

构（支）架的吊装施工作业流程：材料准备→基础标高、轴线复测→构件二次倒运、排杆→构件（焊接）组装→构支架吊装→构支架调整、校正、固定→二次灌浆→质量验收。

1. 材料准备

（1）构支架杆件及铁附件规格、型号、数量、尺寸应符合设计规范要求，并经验收合格。

（2）构件应堆放在平整坚实、无积水的场地；堆放时用枕木垫起，不得与地面接触；构件的堆放不得超过三层，应进行多点支撑，构件装卸、堆放应采取保护措施，不得对构件镀锌层造成碰伤和磨损。

2. 基础标高、轴线复测

（1）标高复测

基础杯底标高用水准仪进行复测，依据设计标高进行量测找平，找平时在杯口四周做好基准点标识，采用水泥砂或细石混凝土抹平。直埋螺栓基础应对基础顶面及螺栓顶面标高进行复测，同时在螺栓上放出构支架柱脚板底高程，按高程调节柱脚板下的螺母。

（2）轴线复测

基础轴线用经纬仪、拉线、钢尺进行复测，标出每个基础的中心线，根据构架支柱直径及 A 字柱根开尺寸在基础表面用红漆标注安装限位线。直埋螺栓基础应对地脚螺栓的轴线进复测。

3. 构件二次倒运、排杆

（1）排杆前应根据施工总平面布置图，制定运输车辆行走路线以及构件平面排杆图。

（2）二次倒运应采用吊车装卸，用适当的运输工具和方法将构件准确运输到指定的位置；严禁采用直接滚动方法卸车；在地面采用人力滚动杆管时，应动作协调，滚动时前方不得站人，横向移动时，应随时用术楔掩牢。

（3）排杆前应仔细检查构件编号及基础编号，确保构支架位置准确、方向一致，杆尾应尽量布置在基础附近；排杆时应将构件垫平、排直，每段杆管应保证不少于两个支点垫实。构支架排杆如图1-105所示。

图1-105　构支架排杆

4. 构件（焊接）组装

（1）钢筋混凝土杆焊接

1）距离钢圈端30~50mm范围内的钢圈内壁混凝土应清除干净；将焊口及其附近10~15mm范围内清理干净，焊口处要打磨出金属光泽；要求钢圈对口找正，遇到钢圈间隙大小不一时应转动杆段进行调整，不得重力敲击混凝土杆的钢圈。

2）杆段全部校正后，要及时进行点焊固定。每个焊口宜对称点焊四点，先上下后左右，点焊长度约为杆材厚度的2~3倍；一根杆有两个以上焊口时，宜先点焊各焊口的上下两点，再点焊各焊口左右两点；点焊必须与正式焊接相同用料；点焊完后应检查混凝土杆是否被点焊拉弯，当天点焊的杆应当天焊完，否则第二天焊接前应检查混凝土杆是否弯曲、下沉，是否要采取措施纠正。

3）焊接采用V型坡口多层焊的施焊方法，多层焊缝的接头应错开，并要求前两层必须分8段焊接，为防止由于焊缝应力引起杆身弯曲，应采用对称焊，收口时应将熔池填满（应连续焊完最后一层焊缝）。一个焊口应连续焊成，原则上同一根杆柱，由同一焊工施焊。

4）对于A型及带端撑杆的△型构架，直杆和端撑杆杆体必须平直。各节杆组排时杆口应对齐，保持杆体中心线一致，尺寸复核准确后方可进行焊接作业。

5）焊接结束及局部变形校正后，应按设计要求进行防腐处理。

（2）构支架组装

1）构支架对口时，应保持构件外壁平齐，可用卡具夹牢，托管用的支架（或支撑物）应垫牢，不得移动，并应避免强力对口，局部错口量不得超过壁厚的20%，且不大于3mm。钢管各段拼接后，轴线偏差不得大于2mm。

2）柱顶铁板平面与A型柱的轴线相垂直，并使顶板侧面中心线与A型柱两腿轴线在同一个平面内。

3）A型及带端撑杆的△型构架杆组装时，宜在根部加设临时支撑用以保证其根开距离及长度符合图纸设计要求。为吊装方便，A型柱地面组装时应沿构架（横梁）轴线方向排列，柱腿靠近各相应基础杯口。

4）钢爬梯、地线柱等构件应按构架透视图位置正确安装于构架杆体上，注意位置朝向，不得装错。

（3）钢梁组装

1）钢梁组装时宜遵循先下弦后上弦、先主材后腹材的组装程序。

2）钢梁组装时，应按设计和工艺要求支垫钢梁下弦，在指定位置留有适当的预拱量，以保证横梁的自垂挠度不超过设计规定。按顺序分2～3次拧紧全部螺栓，防止钢梁变形。

（4）螺栓安装

1）螺栓安装方向一致：钢柱的法兰穿向由下至上；横梁下平面的节点板上螺栓应由下向上穿，侧面的节点板上螺栓由里向外穿。

2）螺栓初拧用普通扳手拧紧，终拧用扭力扳手，终拧扭矩值符合规范要求。

3）地面验收：主要检查螺栓穿向及坚固，柱垂直度、钢柱的根开、柱长、柱的弯曲矢高及法兰顶紧面，钢梁起拱值、组装后的总长、支座处安装孔孔距、挂线板中心偏差等，验收合格后方可进行吊装。

5. 构支架吊装

（1）应根据构支架的尺寸、最大起重量、最大起重高度、地形条件（起吊工作半径）等并结合起重机性能参数确定起重机械。同时计算出吊装所用的吊带（或钢丝绳）、卡扣的型号及临时拉线长度和地锚的荷重，并选用检验合格的吊具。

（2）吊装绑扎可使用钢丝绳或吊带，使用钢丝绳绑扎时，应在钢丝绳与柱头接触部位加上软质垫料（如麻布等），既可防止硬性接触造成钢丝绳折磨破断，又可防止构件防腐层磨损。钢丝绳或吊带绑扎要牢固，并设置地面辅助脱钩装置。

（3）构件提升至0.1m离地高度时，应停留片刻，观察有无异常现象发生，若无异常则继续提升。

（4）构件吊起后应有人扶持将其缓慢放入基础杯口或基础上的直埋螺栓上，起落过程应缓慢，严禁速起速落。

（5）构支架进入杯口后，对根部进行校正，并用木楔进行限位固定同时收紧缆风绳，使构支架基本垂直；直埋螺栓基础的构支架柱根就位后，调整构支架中心线及标高，及时拧紧连接螺栓并用缆风绳固定，缆风绳固定后方可松脱吊钩。

（6）构架吊装后，应及时做可靠接地，特别是雷雨季节，带避雷针的构架，吊装后应立即接地。如接地网尚未敷设，应与临时接地装置连接，其接地电阻应满足规范要求。

（7）两榀构架安装固定完好，进行横梁吊装。横梁吊装前，两端绑扎麻绳用以控制横梁摆动及引导就位，钢梁就位后，调整钢梁的位置及架构的垂直度，满足设计要求后，用螺栓紧固连接。如此交替进行，完成整列构架全部吊装。构支架吊装如下图1-106所示。

6. 构支架调整、校正、固定

平面校正应根据基础杯口安装限位线进行根部校正，立体校正应用经纬仪同时从正、侧两个方向找正．以保证顶板中心与正面和侧面两个方向的中心线相吻合。校正后用木楔将柱脚固定，收紧揽风绳。构支架安装就位如下图1-107所示。

图 1-106　构支架吊装

图 1-107　构支架安装就位

7. 二次灌浆

构支架校正结束后，清除杯口内掉进的泥土或积水后再进行混凝土灌浆，用细石混凝土灌缝、捣实，不要碰击木楔，以免木楔松动杆子倾斜。灌浆分二次进行，第一次灌至木楔底部，第二次灌浆在木楔取出后进行。在确保钢梁及节点上所有紧固件都复紧后，才能拆除揽风绳。

8. 质量验收

(1) 钢筋混凝土构架安装质量标准，括号内为优良标准

1) 混凝土杆组装

长度偏差：±15（10）mm；

结构根开：±15（10）mm；

杆顶、钢帽平整度：≤5（4）mm；

2) 钢横梁组装

长度偏差：±10（8）mm；

安装螺孔中心距偏差：±3（2）mm；

3) 吊装

中心线与定位轴线≤10（8）mm；

垂直偏差：小于 3/2000 混凝土杆长，且不大于 25mm；

杆顶标高：≤10m 时，±10（8）mm；＞10m 时，±15（10）mm。

（2）钢构架安装质量标准，括号内为优良标准

1）钢横梁组装

长度偏差：±10（8）mm；

安装螺孔中心距偏差：±3mm；

挂板中心位移：≤8（6）mm；

2）钢柱中心与基础中心线偏差：≤5（4）mm；

3）钢柱垂直偏差：不大于1/1000钢柱高度，且不大于15mm；

4）柱顶面标高与设计高偏差：±10（8）mm。

（3）设备支架安装工程质量标准，括号内为优良标准

1）螺孔中心距偏差：±2（1）mm；

2）横梁水平标高偏差：0～-5mm；

3）螺栓外露螺纹长度：2～5mm；

4）柱中心对定位轴线位移：≤5（4）mm；

5）上下柱接口中心线位移：≤3mm；

6）支架高度不大于5m时，≤5（4）mm；支架高度大于5m时，不大于1/1000支架杆高度，且不大于20mm。

1.4.2 电缆沟施工

1.4.2.1 核心知识点

电缆沟是在变电站中支承和装设高压电力电缆，以及对电力作保护的混凝土或砖砌体沟槽。根据电缆沟壁不同的结构形式，电缆沟分为钢筋混凝土沟壁电缆沟和砖砌体沟壁电缆沟。

电缆沟的吊装施工作业流程：测量放样→开挖→混凝土底板（垫层）施工→电缆沟墙体施工→压顶首次混凝土浇筑→企口角钢及扁钢埋件安装→焊接固定沟壁扁钢→压顶二次支模→压顶二次混凝土浇筑→沟壁抹灰→沟底找平→伸缩缝处理→回填→盖板安装。

1．测量放样

开挖前应根据图纸电缆沟的位置、宽度进行放样，要考虑施工操作面。

2．开挖

视土质稳定情况尽量减小放坡系数，以减少土方回填工作量。

3．混凝土底板（垫层）施工

1）将沟内浮土清理干净，洒水湿润，根据设计图纸要求，在沟两侧每隔1m左右标出底板面的标高。结合变形缝位置将底板分区段施工。

2）浇筑混凝土从沟的一端开始，连续进行，一次浇完一段。

3）混凝土入仓后，先用铁铲进行粗平，再用振捣器振捣密实并抹平。

4）混凝土浇筑完成后，应在12h内浇水养护。

4．电缆沟墙体施工

（1）电缆沟墙体砌筑

1）预先规划好电缆沟伸缩缝的位置，在砌体放样时一起标示出来，伸缩缝要垂直电缆沟的纵向，电缆沟宽度放样时须注明是砌体面净空尺寸还是抹灰面净空尺寸。

2）墙体砌筑必须用水彻底冲洗干净基面，以保证墙体和底板结合牢固。砌块要提前至1～2d浇水湿润，砖的融水深度为15～20mm。

3）砌筑的顺序是从伸缩缝或转角处向中间推进，并以此处为高程控制点，将预埋件中心标高、压顶底标高标示出来。

4）当砌体厚度达到240mm以上时，宜按三顺一丁砌法，压顶下第一皮砖应为丁砖。

5）当墙体砌筑到埋件锚脚时，根据埋件锚脚的设计间距将锚脚埋入墙体中，锚脚距离要放样确定，高程依据埋件走向拉线控制，锚脚露出墙体的长度比抹灰层厚度略大2～3mm，在伸缩缝边缘等砌体分界处要增设锚脚。电缆沟墙体砌筑如下图1-108所示。

图1-108　电缆沟墙体砌筑

（2）钢筋混凝土沟壁施工

1）钢筋制作、安装

① 钢筋制作：按图纸要求的规格、尺寸、形状进行加工，成型后分不同型号、规格进行堆放，标识清楚。

② 钢筋安装：

a. 根据设计图纸或主受力钢筋方向，先铺下层钢筋主受力钢筋，再铺下层钢筋分布筋，采用顺扣或八字扣绑扎牢固；用预制水泥砂浆块按保护层厚度垫起钢筋（垫块间距不宜大于1000mm）。

b. 根据电缆沟底板厚度扣除钢筋保护层，设置架立钢筋，上层钢筋分布筋铺设在架立筋上，再铺上层钢筋主筋，并采用顺扣或八字扣绑扎牢固。

c. 绑扎墙筋：根据设计间距布设墙筋（一般与底板相同），安装分布筋，绑扎牢固，两排分布筋之间设定位筋，定位筋不宜大于1500mm。见图1-109。

图1-109　钢筋制作、安装

2）模板安装

① 墙模板安装时，根据边线先立一侧模板，临时用支撑撑住，用线锤校正模板的垂直，然后固定横档，再用斜撑固定。大块侧模组拼时，上下竖向拼缝要互相错开，先立两

端，后立中间部分。

②为了保证墙体的厚度正确，在两侧模板之间可用小方木撑头（小方木长度等于墙厚），防水混凝土墙要加有止水板的撑头。小方木要随着浇筑混凝土逐个取出。为了防止浇筑混凝土的墙身鼓胀，可用圆木或方木支撑牢固，如墙体不高，厚度不大，亦可在两侧模板上口钉上搭头木即可。

3）墙体浇筑

①先在底部均匀铺上约 50mm 厚与墙壁体混凝土成分相同的水泥砂浆，再浇筑混凝土并振捣密实，控制浇筑速度，一次浇筑高度约 300mm，依次循环至墙顶标高。

②浇筑混凝土应连续进行，如必须间歇，应在下层混凝土初凝前将上一层混凝土浇筑完。

③混凝土养护，应在浇筑完成后 12h 内浇水养护，养护时间不少于 7d。

④拆模混凝土强度大于 1.2MPa 时方可拆模，并及时对墙边角采取保护措施。

5. 压顶首次混凝土浇筑

浇筑第一次混凝土是为了预埋企口角钢的锚脚并安装固定企口角钢，混凝土内侧平墙体，宽度比压顶设计宽度小 50～80mm，高度比企口角钢底低 20～30mm，在角钢侧方面沿纵向@500 插 2 根锚脚，首次混凝土的外表面要求粗面，用粗模支护。

6. 企口角钢及扁钢埋件安装

企口角钢及沟壁扁钢安装前，需要对每一直段电缆沟的边墙砌体进行检查，方法是量取数处砌体边墙间的净空，取平均值，以确定电缆沟的纵向轴线，原则是尽量使沟壁抹灰层的厚度一致，且避免对边墙砌体进行剔凿。将纵向轴线放样标出之后再量出两边角钢的位置，先安装两边角钢，角钢安装要横平纵直两面侧等高，将角钢焊接固定在锚脚上。为避免两侧角钢之间的相对位置发生变化，通常每隔离 5m 左右用一根 ϕ16 以上的短钢筋点焊对撑固定。买回来的角钢端头一般都不规则，需作裁切，并要作热浸镀锌防腐处理。角钢规格按设计要求，设计无要求时，沟宽≥600mm 的电缆沟用∠50×5 的角钢，＜600mm 的电缆沟用∠40×4 的角钢，角钢在伸缩缝处要断开。

7. 焊接固定沟壁扁钢

先把扁钢放在钢平台上校直，然后依据锚脚的设计间距在扁钢中间钻孔（孔经比锚脚直径大，如锚脚为 ϕ6，则钻 ϕ10 圆孔即可，买回来的扁钢端头通常都不规则，将端部切掉），再运到现场安装，采用塞缝焊的办法，将扁钢与锚脚焊接在一起，注意控制扁钢的侧方面与企口角钢水平尖角保持在同一立方面。扁钢焊接固定之后，突出的锚脚钢筋头要用气割吹去并用砂轮机磨平。扁钢在伸缩缝处要断开，并用一 ϕ10 的圆钢弯成 Ω 形焊接连通，扁钢的连接用剖口焊。

8. 压顶二次支模

二次混凝土是压顶最后成型的混凝土。在边墙外侧单边支模，角钢底尖角侧缝隙用砂浆封堵。支模前先在边墙顶上做砂浆块，然后根据压顶宽度沿纵向弹线将模板边切出，以砂浆块来做模板底部的内撑，模板可用建筑夹板加工，也可以用公路模的槽钢。为提高混凝土侧面的光洁度，模板内侧需要涂脱模剂。

9. 压顶二次混凝土浇筑

二次混凝土用细骨料混凝土浇筑，由于压顶截面较小，混凝土捣实可用板条插捣。实践证明，模板边经过板条插捣之后，混凝土表面气泡明显减少。混凝土的顶面可用一条铝合金方通或经过刨直的小方木架在两侧角钢顶上刮平。混凝土顶面用木砂板收水，铁抹子收光（至少经过 2 次收光）。混凝土浇完之后，要加强养护，否则极易出现横向收缩裂缝这一通病。为提高压顶的抗裂性能，通常沿压顶纵向增加了 3ϕ6 构造筋。伸缩缝处的压顶必须断开，并且分界处要方正整齐。

10. 沟壁抹灰

（1）在进行抹灰前，先用清水湿润墙面，并清洗干净墙面的杂物，以保证抹灰层和墙体粘结，不产生空鼓。

（2）沟壁抹灰每隔 1200～1500mm 做好灰饼，用以控制沟壁抹灰面的平整度和垂直度。

（3）抹灰应分层进行，一般分二道成活，抹第二道后，随即用刮杠刮平，接着用钢批压光。电缆沟抹灰见右图。

（4）抹灰后 24h 内进行淋水养护，见图 1-110。

图 1-110　沟壁抹灰

11. 沟底找平

电缆沟积水为施工一大忌，找平前需先将高程控制点做好，以此为基准做找平砂浆，为保证排水顺畅，通常将沟底做成双坡，即做横向和纵向两向坡度，并且沿纵向坡底加做一条 50mm 宽的集中排水小沟或按设计要求。

12. 伸缩缝处理

用板条将伸缩缝内侧封堵，沿缝内灌密封膏。

13. 回填

沟外侧必须分层回填夯实，回填前沟两侧砖墙必须对撑，回填需两侧对称同步进行，分层夯实。回填前须将伸缩缝外侧封闭好，以免回填土堵塞缝。

14. 盖板安装

盖板混凝土达到 100％强度之后才能安装，安装前先将电缆沟企口角钢和盖板角钢框周边清理干净，然后用立氏德胶水将 3×30mm 的橡胶条粘附于盖板角钢框底面上，之后在沿沟纵向从一端向另一端安装盖板，余下最后一块或者转角处的空隙再现场量取实际尺寸，并依此加工异形盖板（也可支模现浇）。厂家购买盖板安装方法同上。

15. 质量验收

（1）砖砌沟道砌筑施工质量标准，括号内为优良标准

1）砌体砂浆饱满度：砌体水平灰缝的砂浆饱满度不得小于 80％；

2）砌体上下错缝：长度大于或等于 300mm 的通道每 200 延长米不超过 3 处；

3）沟道中心线位移：≤20（15）mm；

4）沟道顶面标高：0～−10（−8）mm；

5）沟道截面尺寸：±15（10）mm；

6）沟道壁厚：±5（3）mm；

7）沟内侧平整度：≤8（5）mm；

8）沟道底面坡度偏差：±10%的设计坡度。

（2）模板安装（沟道）质量标准，括号内为优良标准

1）沟道中心及端部位移：±10（8）mm；

2）沟道顶面标高偏差：0～－10（－8）mm；

3）沟道底面坡度偏差：±10%的设计坡度；

4）沟道截面尺寸偏差：±15（12）mm；

5）沟道壁厚偏差：＋3（2）～－5（－3）mm；

6）托架间距偏差：≤30（25）mm。

（3）钢筋安装（沟道）质量标准，括号内为优良标准

1）钢筋安装时，受力钢筋的品种、级别、规格和数量：必须符合设计要求；

2）接头位置和数量：宜设在受力较小处，同一纵向受力钢筋不宜设置两个或两个以上接头；接头末端至钢筋弯起点距离不应小于钢筋直径的10倍；

3）绑扎搭接接头：相邻纵向受力钢筋的绑扎搭接接头宜相互错开。绑扎搭接接头中钢筋的横向净距不应小于钢筋直径，且不应小于25mm。同一连接区段内，纵向受拉钢筋搭接接头面积百分率应符合设计要求及现行有关标准的规定。

4）钢筋长度偏差：±20（15）mm；

5）箍筋形式：应开口，开口处交叉布置；

6）钢筋弯起点位置偏差：±20（15）mm；

7）钢筋间距偏差：±20（15）mm；

8）保护层厚度偏差：±5（3）mm。

（4）混凝土结构外观及尺寸偏差（沟道）质量标准，括号内为优良标准

1）外观质量：不应有一般缺陷；

2）沟道中心线及端部位移：±20（15）mm；

3）沟道顶面标高偏差：0～－10（－8）mm；

4）沟道底面坡度偏差：±10%的设计坡度；

5）沟道截面尺寸偏差：±20（15）mm；

6）沟道壁厚偏差：±5mm；

7）沟壁顶部企口间净距偏差：＋15（10）～0mm；

8）沟道盖板搁置面平整度：≤5（3）mm。

1.4.2.2 案例

某220kV室外变电站设计规模为3×180MVA，220kV出线6回，110kV出线14回。站址位于丘陵地带，占地26568m²，站址区域呈东南向高西北向低，地形起伏较大，地面高程在56.7～73.7m之间（1985国家高和基准）。整个站区土石方自平衡，需将高处土石方开挖后运至低处回填，最大回填深度8m，共开挖土石方134129m³，其中石方47583m³。建筑物基础和设备基础均位于老土上，而电缆沟、室外排水等位于已经过碾压的回填土上。电缆沟施工完成后遭遇较长时间的暴雨，致使已砌筑的592m长的电缆沟出现多处下沉开裂。技术人员经过分析，认为用于回填的石方粒径过大，土壤经雨水冲刷后渗入石块之间的缝隙，造成土方下沉，导致电缆沟开裂。

要点：现场开采的石料直接用于回填时，其石料应进行破碎，其粒径符合要求后，方

可与土壤按比例进行拌合均匀。拌合后的土石方需按要求分层回填、分层碾压，直至达到设计要求的密实度。

1.5 变配电工程项目安装技术

1.5.1 电力变压器安装

1. 概述

电力变压器是电力系统的重要设备之一。变压器是利用电磁感应原理制成的一种静止的电气设备，它把某一电压等级的交流电能转换成频率相同的一种或几种电压等级的交流电能；即它能将电压由低变高或由高变低。

（1）电力变压器的分类

根据电力变压器用途、绕组形式、相数、冷却方式不同，分类也不同，但常见变压器分类如下：

1）按用途可分为：电力变压器（升压变压器、降压变压器、配电变压器等）、特种变压器（电炉变压器、整流变压器、电焊变压器等）、仪用互感器（电压互感器和电流互感器）和试验用的高压变压器。

2）按绕组数目可分为：双绕组变压器、三绕组变压器、自耦变压器等。

3）按相数可分为：单相变压器、三相变压器等。

4）按冷却方式可分为：油浸式自冷变压器、油浸风冷变压器、油浸式水冷变压器、强迫油循环风冷变压器、干式变压器等。

我国目前 110～500kV 高压、超高压变压器的绝缘介质仍以绝缘油为主，10～35kV 配箱式变压器城市目前广泛采用，而室内主要采用干式变压器。这里以 110～500kV 电压等级，频率为 50Hz 的油浸式变压器为例。

（2）电力变压器的总体组成（图 1-111）

图 1-111 电力变压器的总体示意图

电力变压器分类较多,结构比较复杂,但总体结构基本一致,主要部件功能构造如下:

1) 铁芯部件:为了提高磁路的磁导率和降低铁芯的内部涡流损耗。

2) 绕组部件:是变压器的电路部分。

3) 油箱:是油浸变压器的外壳,器身置于油箱的内部。

4) 变压器油:变压器油起冷却和绝缘作用。

5) 油枕:缩小油与空气的接触面积,延缓油吸潮和氧化的速度,可防止因油膨胀导致箱体产生受高压而产生爆炸。

6) 呼吸器:呼吸器减少进入变压器空气中的水分。

7) 防爆管:变压器的安全保护装置,防止油箱爆炸或变形。

8) 冷却装置部件:保证变压器散热良好,带走变压器产生的热量。

9) 测温装置部件:直接监视变压器油箱上层油温的。

(3) 电力变压器安装作业流程

施工前准备→本体就位检查→附件开箱检查及保管→套管及套管 TA 试验→(附件安装前校验检查)附件安装及器身检查试验→(注油前油务处理)抽真空及真空注油→热油循环(必要时)→整体密封试验→变压器试验。

2. 施工准备

包括技术资料、人员组织、机具的准备、施工材料的准备。

3. 变压器本体到达现场后应立即进行下述检查

(1) 检查本体外表是否变形、损伤及零件脱落等异常现象,会同厂家、监理公司、建设单位代表检查变压器运输冲击记录仪,记录仪应在变压器就位后方可拆下,冲击加速度应在 3g 以下,由各方代表签字确认并存档。

(2) 由于 220kV 及以上变压器为充干燥空气(氮气)运输,检查本体内的干燥空气(氮气)压力是否正压(0.01~0.03MPa),并做好记录。变压器就位后,每天专人检查一次并做好检查记录;如干燥空气(氮气)有泄漏,要迅速联系变压器的厂家代表解决。

(3) 就位时检查好基础水平及中心线应符合厂家及设计图纸要求,按设计图纸核对相序就位,并注意设计图纸所标示的基础中心线与本体中心线有无偏差。本体铭牌参数应与设计的型号、规格相符。

(4) 为防止雷击事故,就位后应及时进行不少于两点接地,接地应牢固可靠。

4. 附件开箱验收及保管

(1) 附件到达现场后,会同监理、业主代表及厂家代表进行开箱检查。对照装箱清单逐项清点,对在检查中发现的附件损坏及漏项,应做好开箱记录,必要时应拍相片备查,各方代表签字确认。

(2) 变压器本体、有载瓦斯继电器、压力释放阀及温度计等应在开箱后尽快送检。

(3) 将变压器 110~220kV 等级的套管竖立在临时支架上,临时支架必须稳固。对 500kV 的套管则不能竖立,而只能在安装之前用吊车吊起来做试验。对套管进行介损试验并测量套管电容;对套管升高座 CT 进行变比等常规试验,合格后待用。竖立起来的套管要有相应防潮措施,特别是橡胶型套管不能受潮,否则将影响试验结果。

5. 油务处理

（1）变压器绝缘油如果是桶盛装运输到货，据此现场需准备足够的大油罐（足够一台变压器用油）作为净油用。对使用的油罐要进行彻底的清洁及检查，如果是使用新的油罐，则必须彻底对油罐进行除锈，并涂刷上环氧红底漆，再涂 1032 绝缘漆，或 H52-33 环氧耐压油防锈漆，旧油罐彻底清除原积油，抹干净，再用新合格油冲洗。油罐应能密封，在滤油循环过程中，绝缘油不宜直接与外界大气接触，大油罐必须装上呼吸器。

（2）大储油罐摆放的场地应无积水，油罐底部需垫实，并检查储油罐顶部的封盖及阀门是否密封良好，并用塑料薄膜包好，防止雨水渗入储油罐内。

（3）油管道禁用镀锌管，可用不锈钢管或软管，用合格油冲洗干净，管接头用法兰连接时法兰间密封垫材料应为耐压油橡皮。软油管采用具有钢丝编织衬层的耐油氯丁胶管，能承受全真空，与钢管连接头采用专门的卡子卡固或用多重铁丝扎牢，阀门选用密封性能好的铸钢截止阀。管道系统要进行真空试验，经冲洗干净的管道要严格封闭防止污染。

（4）油处理系统以高真空滤油机为主体、油罐及其连接管道阀门组成，整个系统按能承受真空的要求装配。

（5）绝缘油的交接应提前约定日期进行原油交接。当原油运至现场进行交接时，变压器厂家或油供应商提供油的合格证明。交接时应检查油的数量是否足够，做好接收检验记录。

（6）真空滤油。用压力式滤油机将变压器油注入事先准备好的油罐，再用高真空滤油机进行热油循环处理。油的一般性能分析，可依据出厂资料，但各罐油内的油经热油循环处理后试验数据须满足以下技术指标并提交油的试验报告。注入的绝缘油标准见表 1-31。

绝缘油标准

表 1-31

电压等级（kV）	110	220	330	500	变压器油含水量（mg/L）	≤20	≤15	≤15	≤10
油电气强度（kV）	≥40	≥40	≥50	≥60	油的介损 tanδ（%）（90℃）	≤0.5	≤0.5	≤0.5	≤0.5
油中溶解气体色谱气分析（μl/L）	总烃：20；氢：10；乙炔：0				油中含气量%（体积分数）	500kV：≤1			
界面张力（25℃）mN/m	≥35				水溶性酸（pH 值）	>5.4			
酸值 mgKOH/g	≤0.03				闪点（闭口）℃	≥140（10 号、25 号油） ≥135（45 号油）			

6. 滤油

（1）先将桶装（运油车上）的油用滤油机抽到大油罐。原油静置 24 小时后取油样送检；变压器本体、有载的绝缘油及到达现场的绝缘油必须分别取样送检；结果合格则可将油直接注入本体；不合格则开始进行滤油。

（2）送检的每瓶油样必须注明工程名称、试验项目、取样地方等，试验项目一般有色谱、微水、耐压、介损、界面张力（25℃）、简化、含气量（为 500kV 等级项目）。安装前与安装后的试验项目略有不同。

（3）滤油采用单罐的方式进行。确保每罐油的油质都达到规程规定的标准。

（4）一般变压器油经过真空滤油机循环三次即能达到标准要求，静放规定时间后可取样试验，合格后将油密封保存好待用。

（5）绝缘油处理的过程中，油温适宜 50～55℃ 范围，不能超过 60℃。防止由于局部位置过热而使油质变坏。

（6）填写好滤油的记录，作为油务处理过程质量监督的依据及备查。

7. 变压器附件安装

（1）安装冷却装置

1）打开散热器上下油管及变压器本体上蝶阀密封板，清洗法兰表面，连接散热器短管。

2）将管口用清洁的尼龙薄膜包好；散热器在安装前要打开封板，把运输中防潮硅胶取出来，潜油泵的残油排净，取出防振弹簧，检查油泵、风扇转动情况是否可靠灵活，油流计触点动作正常，绝缘电阻应大于 $10M\Omega$，连接油泵时须按油流方向安装。

3）用吊车将上下油管、散热器吊起组装，最后安装加固拉板并调节散热器的平行与垂直度，吊装散热器时必须使用双钩起重法使之处于直立状态，然后吊到安装位置，对准位置后再装配，其上下连接法兰中心线偏差不应大于 5mm，垫圈要放正。

4）调整位置后先拧紧散热器与油泵相接处的螺栓，然后再拧紧散热器与变压器上部阀门相接处的螺栓。整个散热器固定牢固之后，方能取下吊车挂绳。

（2）套管升高座的安装

1）吊装升高座、套管安装时，必然使器身暴露在空气中，在作业时则需要向变压器油箱内吹入干燥空气。

2）将干燥空气发生装置连接到变压器油箱的上部或中部阀，吹入干燥空气。吹入的干燥空气的露点必须低于-40℃，并确认无水、锈斑及垃圾。

3）拆除本体油箱上面套管升高座连接的封盖，清理干净法兰表面及垫圈槽，用新的密封垫圈放入法兰上的垫圈槽内，并涂上密封油脂，注意密封垫放置的位置应正确，法兰中临时盖上干净的塑料布待用。

4）用吊车吊起套管升高座，拆下其下法兰的封盖并清洗法兰表面及内侧（升高座内的残油用油桶装起，避免洒落污染）。

5）然后慢慢把升高座吊装在本体法兰上，拿开塑料布，确认变压器本体的法兰与套管升高座上的法兰配合的标记，用手拧上螺丝，最后用力矩扳手均匀拧紧螺丝；紧螺丝的过程中用对角紧法。

6）安装过程应逐个进行，不要同时拆下两个或几个本体上升高座的封盖，以免干燥空气量不足，造成变压器器身受潮。

7）各个电流互感器的叠放顺序要符合设计要求，铭牌朝向油箱外侧，放气塞的位置应在升高座最高处。

（3）套管的安装

1）打开套管包装箱，检查套管瓷件有否损坏，并清洁瓷套表面。再用 1000V 摇表测量套管绝缘电阻，其阻值应大于 $1000M\Omega$。

2）同时拆除器身套管法兰盖，用干净白布清洁法兰表面，之后给套管上垫圈及垫圈槽涂上密封剂，确认套管油位表的方向，慢慢地用吊车把套管吊起放入升高座内，注意套管法兰与升高座法兰对接时要小心套管下部瓷套不要与套管升高座法兰相碰；安装时不要同时打开两个或几个封盖。

3）套管吊装完后的内部导线连接等工作由厂家的现场技术人员完成，施工单位协助。内部连接可选择在变压器内部检查时一同进行。

4）套管就位后油标和铭牌向外（应改为便于运行观察方向），紧固套管法兰螺栓时，应对称均匀紧固。根据变压器组装外形图，变高、变中及变低套管是倾斜角度的安装方式，吊装前要准备充分，可选择图1-112所示的吊装方法。

5）为不损坏套管，吊装时最好采用尼龙吊带，若采用钢丝绳时应包上保护材料；在链条葫芦碰及套管的地方包上保护材料。

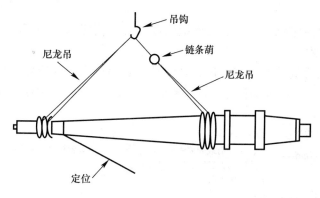

图1-112 套管吊装方法

（4）有载调压装置的安装

固定调压装置的传动盒，连接水平轴和传动管，操作机构后，手动操作机构调整有载调压的分接头，使两者的位置指示一致。转动部分应加上润滑脂。

（5）油枕的安装

根据出厂时的标记，安装及校正油枕托架，把连接本体上的油管固定好。在地面上放掉油枕里的残油，装上油位表，确认指针指示"0"位，并把油枕相关附件装好之后，吊到本体顶部与油管连接好，固定在油枕托架上。压力释放阀要在完成油泄漏试验后才装上。

（6）连管及其他配件安装

安装呼吸器和连通其油管，在安装温度表时，勿碰断其传导管，并注意不要损坏热感元件的毛细管，最后安装油温电阻元件、冷却器控制箱、爬梯及铭牌等。

8. 内部检查

（1）注意事项

1）天气不下雨，且大气湿度在75%以下。

2）工作人员必须穿戴专用工作服、鞋袜、帽，身上不得带入任何首饰、打火机等物品。带入油箱的工具应由专人负责保管登记，并用白布带拴住，挂在内检人员身上，工作完毕后要清点。

3）工作照明应用防爆式有罩的低压安全灯或干电池作业灯。

4）内部工作时，应从打开的人孔盖不断通入干燥空气，安装氧气分析表（厂家自带），保证内部含氧量不少于18%，人孔附近要有人保持与内部工作人员联系。

（2）检查项目

所有紧固件是否松动（引线要件、铜排联接处、夹件上梁、两端横梁、铁轭拉带、垫脚、开关支架等处螺丝和压钉等）。如有松动脱落，应当复位，拧紧。木螺丝应用手按顺时针方向拧紧检查；检查引线的夹持，捆绑、支撑和绝缘的包扎是否良好，如有移位、倾斜、松散等情况应当复位固定，重新包扎。

（3）内部接线后的检查

检查是否和连接图纸一样接线；内部引线与引线之间，及和其他结构件（油箱壁等）之间是否确保图纸指定尺寸以上的距离。

9. 抽真空注油

（1）抽真空

1）注油采用真空注油方式，能有效地除去器身和绝缘油中的气泡、水分，提高变压器（电抗器）的绝缘水平。

2）真空注油要在连接好所有本体、真空泵、集油箱之间的管路，检查无误后（确定真空泵油无杂质水分）方可按下图 1-113 所示打开阀①②③⑩，关闭阀④⑤⑥⑪。

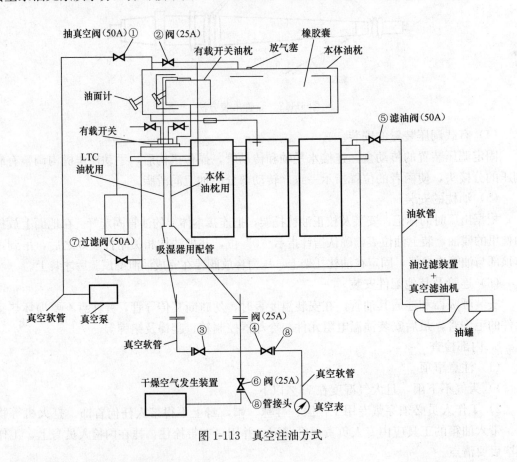

图 1-113　真空注油方式

3）开动真空泵进行抽真空，每抽 1 小时，察看并记录真空度，同时察看温度计当时的油箱内温度，并作记录。

4）真空度达到 133.3Pa 以下后，关闭真空泵，放置 1 小时，测定真空的泄漏量，泄漏量的标准为 30 分钟/13Pa 以下。

5）如果有泄漏时，停止抽真空，用干燥空气充入，破坏真空，然后寻找泄漏点。

（2）本体真空注油

1）打开阀(5)，主体内一边抽真空，一边开动滤油机进行注油。注油时应保持真空度在133Pa以下；油面达到适当位置后（按注油曲线高出10%左右），停止注油，继续抽真空15分钟以上。

2）停止抽真空，关闭抽真空阀(1)(2)，关闭真空泵，同时卸下真空表；开始开动干燥空气发生装置，缓慢地打开阀(6)，慢慢向变压器内充入干燥空气破坏真空，同时监视油面。如果此时油面下降太多，不符合注油曲线上的值则停止充入干燥空气，追加注油到符合要求为止。

3）充入干燥空气，压力加至0.01～0.015MPa，然后慢慢打开油枕的排气栓，直至所有变压器（电抗器）油流出后关闭排气栓，然后排出干燥空气，使压力为"0"；用附在吸湿器配管上的特殊手柄将吸湿器安装好。

（3）有载开关室的注油

净油机接在有载开关室配管进口阀上，按有载开关的注油曲线根据当时的油温注油至比规定油面多10%的地方。注油后，油的检查从开关室出口阀取油样测定油是否符合有关规定。

（4）真空注油注意事项

1）注入油的温度应高于器身温度，并且最低不得低于10℃，以防止水分的凝结。

2）注油的速度不宜大于100L/min，因为静电发生量大致按油流速三次方比例增加，以流速决定注油时间较合适。

3）雨、雾天气真空注油容易受潮，故不宜进行。

4）由于胶囊及气道隔膜机械强度承受不了真空注油的压差，容易损坏，真空注油时，储油箱应予以隔离，取下气道隔膜用铁板临时封闭。

5）注油时应从油箱下部油阀进油，以便于排除油箱内及附于器身上的残余气体。但是，加注补充油时应通过储油箱注入，防止气体积存于某处，影响绝缘性能降低。

6）注油完毕，不要忘记排气。应对油箱、套管、升高座、气体继电器、散热器及气道等处多次排气，直至排尽为止。

（5）热油循环

1）变压器通过上部和下部的滤油阀与滤油机连成封闭环形，油循环的方向从滤油机到变压器顶部，从变压器底部到滤油机。

2）关闭冷却器与本体之间的阀门，打开油箱与储油柜之间的蝶阀，将油从油箱底部抽出，经真空滤油机加热到50～80℃，再从油箱顶部回到油箱。每隔4h打开一组冷却器，进行热油循环。

3）油循环直到通过油量对应于油箱总油量的两倍以上的循环时间。净油设备的出口温度不应低于65±5℃，220kV级热油循环时间不少于48h，500kV级及以上热油循环时间不少于72h，当环境温度低于10℃时，应对油箱采取保温措施。

4）经热油循环处理后，若绝缘油不合格，则适当延长热油循环时间。

5）补油：通过储油柜上专用阀门进行补油，注至储油柜标准油位（根据油温度曲线）。

6）静置：500kV变压器停止热油循环后宜静放不少于72h（110kV不少于24h、220～

330kV 不少于 48h），变压器（电抗器）静放后，应打开气塞放气，并应同时启动潜油泵，以便冷却器中残余气体排尽。

7）500kV 变压器真空注油后必须进行热油循环。

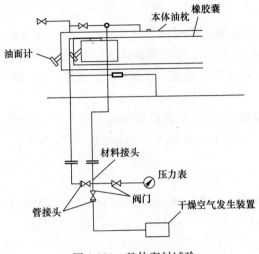

图 1-114　整体密封试验

（6）整体密封试验

如图 1-114 所示，开动干燥空气发生装置的阀，放出少量干燥空气，确认没有水及其他杂物然后开始充入干燥空气；加压至 0.01MPa，从气体继电器及油配管等的排气栓进行排气，继续加压至 0.03MPa；加压至 0.03MPa 过了 24 小时后检查封入的干燥空气压力是否有大幅度变化，分析并检查是否有漏油；试验结束后排出干燥空气。

10.接线及试验

（1）配线组装及配线连接

1）配线的固定：固定各种电缆，多根数电缆用合适的扎带扎紧布置于线槽内，同时为防止受油箱面温度的影响，配线时勿直接接触油箱面。

2）接向各附件端子箱的电缆穿通，穿通部要填上硅胶进行密封，钢铠装电缆要在穿通部外侧用金属固定件固定，勿使电缆上产生张力。

3）钢铠装接地：接线端子压接部分要打磨，使其可靠接地。

4）接线：配线后，用 500V 摇表测定各电缆和对地的绝缘电阻，确认在 2MΩ 以上。

（2）试验

电力变压器试验主要试验项目包括油色谱、绕组直流电阻、绝缘电阻及其吸收比绕组介质损耗因素、局部放电、绕组变形试验、油介质损耗因素、油击穿电压等。测量结果与出厂值进行对照，是否符合标准。

11.结束工作

变压器油经规定时间静置后，做加压稳定试验（保持氮气压力 0.3kg/cm² 大于 72 小时）。即可取油样进行各项油、气测试项目。并对变压器补漆、油位调整，清理现场。

12.质量控制措施及检验标准要点

（1）本体和附件

1）本体和组部件等各部位均无渗漏；

2）储油柜油位合适，油位表指示正确。

（2）套管

1）瓷套表面清洁无裂缝、损伤；

2）套管固定可靠、各螺栓受力均匀；

3）油位指示正常。油位表朝向应便于运行巡视；

4）电容套管末屏接地可靠；

5）引线连接可靠、对地和相间距离符合要求，各导电接触面应涂有电力复合脂。引线松紧适当，无明显过紧过松现象。

（3）升高座和套管型电流互感器

1）放气塞位置应在升高座最高处；

2）套管型电流互感器二次接线板及端子密封完好，无渗漏，清洁无氧化；

3）套管型电流互感器二次引线连接螺栓紧固、接线可靠、二次引线裸露部分不大于5mm；

4）套管型电流互感器二次备用绕组经短接后接地，检查二次极性的正确性，电压比与实际相符。

（4）气体继电器

1）检查气体继电器是否已解除运输用的固定，继电器应水平安装，其顶盖上标志的箭头应指向储油柜，其与连通管的连接应密封良好，连通管应有1%~1.5%的升高坡度；

2）集气盒内应充满变压器油，且密封良好；

3）气体继电器应具备防潮和防进水的功能，如不具备应加装防雨罩；

4）轻、重瓦斯接点动作正确，气体继电器按DL/T540校验合格，动作值符合整定要求；

5）气体继电器的电缆应采用耐油屏蔽电缆，电缆引线在继电器侧应有滴水弯，电缆孔应封堵完好；

6）观察窗的挡板应处于打开位置。

（5）压力释放阀

1）压力释放阀及导向装置的安装方向应正确；阀盖和升高座内应清洁，密封良好；

2）压力释放阀的接点动作可靠，信号正确，接点和回路绝缘良好；

3）压力释放阀的电缆引线在继电器侧应有滴水弯，电缆孔应封堵完好。

（6）有载分接开关

1）传动机构应固定牢靠，连接位置正确，且操作灵活，无卡涩现象；传动机构的摩擦部分涂有适合当地气候条件的润滑脂；

2）电气控制回路接线正确、螺栓紧固、绝缘良好；接触器动作正确、接触可靠；

3）远方操作、就地操作、紧急停止按钮、电气闭锁和机械闭锁正确可靠；

4）电机保护、步进保护、连动保护、相序保护、手动操作保护正确可靠；

5）切换装置的工作顺序应符合制造厂规定；正、反两个方向操作至分接开关动作时的圈数误差应符合制造厂规定；

6）在极限位置时，其机械闭锁与极限开关的电气联锁动作应正确；

7）操动机构档位指示、分接开关本体分接位置指示、监控系统上分接开关分接位置指示应一致；

8）压力释放阀（防爆膜）完好无损。如采用防爆膜，防爆膜上面应用明显的防护警示标示；如采用压力释放阀，应按变压器本体压力释放阀的相关要求；

9）油道畅通，油位指示正常，外部密封无渗油，进出油管标志明显。

（7）吸湿器

1）吸湿器与储油柜间的连接管的密封应良好，呼吸应畅通；

2）吸湿剂应干燥；油封油位应在油面线上或满足产品的技术要求。

（8）测温装置

1）温度计动作接点整定正确、动作可靠；

2）就地和远方温度计指示值应一致；

3）顶盖上的温度计座内应注满变压器油，密封良好；闲置的温度计座也应注满变压器油密封，不得进水；

4）记忆最高温度的指针应与指示实际温度的指针重叠。

（9）净油器

1）上下阀门均应在开启位置；

2）滤网材质和安装正确；

3）硅胶规格和装载量符合要求。

（10）本体、中性点和铁心接地

1）变压器本体油箱应在不同位置分别有两根引向不同地点的水平接地体。每根接地线的截面应满足设计的要求；

2）变压器本体油箱接地引线螺栓紧固，接触良好；

3）110kV 及以上绕组的每根中性点接地引下线的截面应满足设计的要求，并有两根分别引向不同地点的水平接地体；

4）铁心接地引出线（包括铁轭有单独引出的接地引线）的规格和与油箱间的绝缘应满足设计的要求，接地引出线可靠接地。引出线的设置位置有利于监测接地电流。

（11）控制箱（包括有载分接开关、冷却系统控制箱）

1）控制箱及内部电器的铭牌、型号、规格应符合设计要求，外壳、漆层、手柄、瓷件、胶木电器应无损伤、裂纹或变形；

2）控制回路接线应排列整齐、清晰、美观，绝缘良好无损伤。接线应采用铜质或有电镀金属防锈层的螺栓紧固，且应有防松装置，引线裸露部分不大于 5mm；连接导线截面符合设计要求、标志清晰；

3）控制箱及内部元件外壳、框架的接零或接地应符合设计要求，连接可靠；

4）内部断路器、接触器动作灵活无卡涩，触头接触紧密、可靠，无异常声音；

5）保护电动机用的热继电器或断路器的整定值应是电动机额定电流的 0.95～1.05 倍；

6）内部元件及转换开关各位置的命名应正确无误并符合设计要求；

7）控制箱密封良好，内外清洁无锈蚀，端子排清洁无异物，驱潮装置工作正常；

8）交直流应使用独立的电缆，回路分开。

（12）冷却装置

1）风扇电动机及叶片应安装牢固，并应转动灵活，无卡阻；试转时应无振动、过热；叶片应无扭曲变形或与风筒碰擦等情况，转向正确；电动机保护不误动，电源线应采用具有耐油性能的绝缘导线；

2）散热片表面油漆完好，无渗油现象；

3）管路中阀门操作灵活、开闭位置正确；阀门及法兰连接处密封良好无渗油现象；

4）油泵转向正确，转动时应无异常噪声、振动或过热现象，油泵保护不误动；密封良好，无渗油或进气现象（负压区严禁渗漏）。油流继电器指示正确，无抖动现象；

5）备用、辅助冷却器应按规定投入；

6）电源应按规定投入和自动切换，信号正确。

（13）其他

1）所有导气管外表无异常，各连接处密封良好；

2）变压器各部位均无残余气体；

3）二次电缆排列应整齐，绝缘良好；

4）储油柜、冷却装置、净油器等油系统上的油阀门应开闭正确，且开、关位置标色清晰，指示正确；

5）感温电缆应避开检修通道。安装牢固（安装固定电缆夹具应具有长期户外使用的性能）、位置正确；

6）变压器整体油漆均匀完好，相色正确；

7）进出油管标识清晰、正确；

8）紧固螺栓力矩应符合要求，并全部检查无杂物遗留；

9）胶囊充气用空气压缩机或氮气对储油柜内的胶囊进行充气，（此时储油柜顶部的放气阀应在打开位置）当储油柜顶部的放气阀溢油时，应停止对胶囊充气，拆除充气管路，安装呼吸器装好油封，补气工作完成；

10）引线连接可靠、对地和相间距离符合要求，各接触面应涂有电力复合脂。引线松紧适当，无明显过紧过松现象。螺栓与孔的配合符合规范，端子板应有防腐措施；

11）变压器的主要试验项目应满足有关标准和技术合同的要求；

12）油处理过程要有严格的监控措施并进行记录，做好防止油管路进水，防止异物进入本体的措施。

1.5.2 断路器安装

1.5.2.1 核心知识点

1. 概述

高压断路器是变电站主要的电力控制设备。当电力系统正常运行时，断路器能切断和接通线路和各种电器设备的空载和负载电流；当系统发生故障时，断路器和继电保护配合，能迅速切除故障电流，以防止扩大事故范围。

在 110～500kV 电压等级的变电站建设中，110～500kV 电压等级电力设备广泛的采用六氟化硫断路器，10～35kV 电压等级电力设备广泛的采用真空断路器。这里以 110～500kV 电压等级，频率为 50Hz 的支柱式和罐式 SF_6 安装技术为例。

高压断路器类型很多、结构比较复杂，但总体上来看包括下述几个部分：

（1）开断元件：包括动、静触头以及消弧装置等。

（2）支撑元件：用来支撑断路器的器身。

（3）底座：用来支撑和固定断路器。

（4）操动机构：用来操动断路器分、合闸。

（5）传动元件：将操动机构的分、合运动传动给导电杆和动触头。

（6）电气控制部分：实现断路器储能、操控、信号传输。

高压断路器安装作业流程：施工前准备→预埋螺栓安装→支架或底座安装→开关本体吊装→连杆等附件安装→充气→接线及试验。

2. 施工准备

包括资料准备、技术准备、施工现场准备、施工机具和实验仪器的准备、安装设备和材料的检验保管。

3. 预埋螺栓安装

把水泥基础预留孔清理干净，按图纸及支架尺寸划好中心线，然后用钢板做一个架子用于固定地脚螺栓，使其装上断路器支架刚好露出 3～5 扣，而后用混凝土灌浆，保养不少于 7 天。

4. 支架或底座安装

（1）分相断路器

将支架分别安装在预埋螺栓上，用水平仪通过调节地脚螺栓上的螺母使支架处于水平，底部螺栓全部拧紧，以待本体吊装；分相断路器机构箱按 A、B、C 相依次吊装在预埋基础上，用经纬仪校验后紧固地脚螺栓。

（2）三相联动断路器

三相联动断路器采用三极共用两个支架、一个横梁、一个操动机构，因此开关本体安装前必须先安装支架、横梁，并用螺栓、螺母和平垫紧固，然后测量调节，通过调节地脚螺栓上的螺母使横梁在横向和纵向都处于水平，紧固螺母并锁固。

5. 开关本体吊装

（1）分相断路器

将分相断路器吊起，用两条等长的强度足够的尼龙绳对称地捆在灭弧室瓷套上部、上法兰下边，尼龙绳另一端挂在吊钩上，以法兰焊接为支点用吊车将本体缓慢吊起，待本体直立后吊离包装箱，吊装时本体底部离地约 1 米的距离，由 2 人牵引扶持，平稳的固定在支架上，调整断路器的垂直度，然后同时固定支架螺栓。

分相断路器吊到机构箱顶部以后（本体 A、B、C 相序与机构 A、B、C 相对应），缓慢下落，让支柱拉杆从机构箱顶部中心孔穿入，最后使支柱充气接头处于联接座的中心孔缺口处，待支柱进入联接座上面的止口后拧紧法兰与机构箱顶部的连接螺栓。

（2）三相联动断路器

吊装时用吊绳栓在极柱顶部，先中间相再到另外两相的顺序吊装在支架的相应位置，吊装时应用木方等将其和其他极柱隔离。起吊时注意极柱的方向，一直保持到极柱垂直、缓慢起吊，当放下极柱在横梁或支架上时，注意 SF_6 管路以免碰损。每个极柱出厂时已被调到分闸位置，并预储能，因此该机构与 C 相传动室之间的连杆已调整好，严禁拆卸，合闸缓冲器也已调整好，严禁拆卸。

6. 连杆等附件安装

三相联动断路器的连杆及管道等附件安装必须在厂家现场代表的指导下进行，若无厂家代表的同意，施工人员不得擅自进行工作连杆的连接，拉杆的安装工作在筒内进行。下面分别介绍 C 相与 B 相间的拉杆、操作机构与 A 相间的拉杆连接步骤：

（1）C 相与 B 相间的拉杆连接步骤

1）向机构方向转动 B 相传动臂，以便拉杆可以放入 C 相联结器和 B 相联结器之间。

2）将弹簧垫圈放在拉杆两端的螺母上，将拉杆两端的螺纹，分左右旋同时旋入联结器。

84

3）旋转拉杆使其长度缩短直至 C 相传动臂，使 C 相传动臂带动分闸弹簧连杆移动 1mm，并检查拉杆的螺纹已经到达检查孔。

（2）操作机构与 A 相间的拉杆连接步骤

1）检查操作机构的操作杆没有锁在合闸位置，操纵杆可以自由地向分闸位置移动，如果操作杆被锁在合闸位置，锁舌被弹簧保持在合闸位置，可用一螺丝刀挤压锁舌，使其通过滚轴。

2）将操作机构的操作杆向合闸方向移动，将拉杆装在 A 相联结与机构操作杆之间。

3）将拉杆同时旋入操作机构的操作杆（左旋螺纹）和 A 相联结器（右旋螺纹）。旋转拉杆缩短 A 相联结器和机构操作杆之间的距离（机构操纵杆首先移动到其分闸位置，然后带动断路器各极柱向合闸位置移动）。继续转动拉杆直至 A 相极柱到达其分闸位置，此时，在 A 相传动臂上的检查孔和在 A 相传动箱外壁上的检查孔，这两个孔的圆心前后应在一条直线上。用一个直径 6mm 的检查杆，它应很容易地插入这两个孔中（注意：将弹簧垫装在拉杆两端的螺母上）。调整拉杆要旋转 A 相与 B 相之间的拉杆，使 B 相传动臂的检查孔和 B 相传动箱外壁上的检查孔这两个孔的圆心前后对齐，用直径 6mm 检查杆校对。旋转 B 相与 C 相之间的拉杆，使 C 相传动臂的检查孔和 C 相传动箱外壁上的检查孔，这两个孔的圆心前后对齐，用直径 6mm 检查杆校对。

（3）其他附件安装

1）断路器 SF_6 气体管道连接

三相气管都先将气管的锁母拧到各相逆止阀螺纹的凹槽处，这样气管即可以密封好，而且断路器各相的逆止阀也没有打开，断路器内的 SF_6 气体不会被释放，将各相气管的锁母全部紧到位；当所有的断路器极柱气管全部按以上方式连接后，用 SF_6 气体充放气装置，将气管抽真空。将密度计的电缆用捆扎带固定在 A 相、B 相之间的气管上。将无指示型密度继电器装在断路器充气阀的逆止阀上；有指示型密度继电器在充气后安装。

2）操作机构箱安装

操作机构箱的安装应在开箱后检查标识牌上操作机构和极柱的编号是否对应，必须核对正确，以防混装。

7. 充气

打开密度继电器充气接头的盖板，将充气接头与气管连接，将断路器充气至高于额定气压（0.02～0.03）Mpa 的指针数。

8. 接线及试验

（1）电气接线

严格按照施工图和《二次电缆作业指导书》完成电气接线。

（2）试验

断路器试验包括检漏、微量水测量、绝缘电阻、回路电阻、直流电阻、电容器试验、分、合闸时间、速度、同期试验、气体密度继电器、压力表及压力动作阀的校验、耐压试验等。测量结果与出厂值进行对照，是否符合标准。其中微水测定应在断路器充气 48h 后进行，与灭弧室相通的气室、不与灭弧室相通的气室的微水符合要求；分、合闸线圈的绝缘电阻不应低于 10MΩ；耐压试验按出厂试验电压的 80% 进行。

9. 质量控制措施及检验标准要点

（1）断路器基础中心距离、高度误差不应大于 10mm，地脚螺栓中心距离误差不大于 2mm，各支柱中心线间应垂直，误差小于 5mm，相间中心距离误差小于 5mm。

（2）断路器应固定牢固，支架与基础间垫铁不能超过三片，总厚度应小于 10mm。

（3）断路器各零部件的安装应按编号和规定的顺序组装，不可混装。

（4）绝缘部件表面应无裂缝、无剥落或破损，瓷套表面光滑无裂纹、缺损，套管与法兰的粘合应牢固，油漆完整，相色标志正确，接地良好。

（5）组装用的螺栓、螺母等金属部件不应有生锈现象，安装时所有螺栓必须按要求达到力矩紧固值，密封应良好，密封圈无变形、老化。

（6）断路器调整后的各项动作参数应符合产品的技术规定。断路器与操作机构联动正常，无卡阻现象，分、合闸指示正确，操作计数器正确，辅助开关动作正确、可靠，六氟化硫气体压力、泄漏率和含水量应符合规定，压力表报警、闭锁值符合设计要求。

1.5.2.2 案例

某变电站需安装六组六氟化硫断路器，每组三个独立基础，基础上口尺寸为 1000（长）×1000（宽）mm，基础四个角预留螺栓孔，螺栓孔尺寸为 100（长）×100（宽）×600（深）mm，螺栓孔距基础边 80mm。施工人员将基础施工结束，拆除模板并清理现场后回家过春节。春节后复工，发现六组断路器 18 个基础 72 个螺栓孔边出现程度的开裂。经技术人员分析，断路器预留螺栓孔施工完成后未进行覆盖，螺栓孔距基础边较薄，春节期间温度较低，雨水进入孔内结冰膨胀，导致螺栓孔边基础开裂。

要点：基础混凝土应根据季节和气候采取相应的养护和防护措施，冬期施工时应采取防冻措施。杯口基础冬期施工完成后应将表面覆盖，以防雨水进入杯口导致结冰膨胀冻坏基础。

1.5.3 隔离开关安装

1. 概述

隔离开关是变电站利用其检修带电隔离、倒闸操作的重要高压开关之一。隔离开关没有灭弧装置，不能开断负荷电流和短路电流。隔离开关在电力网络中其主要用途有：隔离电源、倒母线操作、接通和切断小电流的电路。

根据隔离开关装设地点、电压等级、极数和构造进行分类：

（1）按装设地点分为：户内式和户外式两种。

（2）按结构可分为：油、真空、六氟化硫、压气型等。

（3）按极数可分为：单极和三极两种。

（4）按支柱数目可分为：单柱式、双柱式、三柱式三种。

（5）按闸刀动作方式可分为：闸刀式、旋转式、插入式三种。

（6）按所配操动机构可分为：手动、电动、气动、液压四种。

这里介绍适用于 110~500kV 电压等级、频率为 50Hz 的垂直断口隔离开关、水平断口隔离开关安装作业。

隔离开关主要由下述几个部分组成：

（1）支持底座：起支持固定作用。

（2）导电部分：传导电路中的电流。

（3）绝缘子：将带电部分和接地部分绝缘开来。

（4）传动机构：将运动传给触头，以完成闸刀的分、合闸动作。

（5）操作机构：通过手动、电动、气动、液压向隔离开关的动作提供能源。

隔离开关安装作业流程：施工前准备→设备支架安装→设备开箱及附件清点→单相安装→操作机构箱安装→连杆及组件安装→隔离开关调整→静触头安装→接线及试验→隔离开关再次调整。

2. 施工准备

（1）技术准备：按规程、生产厂家安装说明书、图纸、设计要求及施工措施对施工人员进行技术交底，交底要有针对性。

（2）人员组织：技术负责人、安装负责人、安全质量负责人和技术工人。

（3）机具的准备：按施工要求准备机具，并对其性能及状态进行检查和维护。

（4）施工材料准备：槽钢、钢板、螺栓等。

3. 设备支架安装

把水泥基础预留孔清理干净，将设备支架吊入基础孔内，用仪器或线坠调整支架垂直度，使其误差不超过 8mm。

4. 设备开箱及附件清点

设备开箱会同监理、业主及厂家代表根据装箱清单清点设备的各组件、附件、备件及技术资料是否齐全，检查设备外观是否有缺损，发现的缺件及缺陷应做好记录并通知厂家处理。

5. 单相安装

（1）垂直断口隔离开关安装，先将底座装配用螺栓固定在基础上，固定时应注意放置好斜垫圈，且将带铭牌的底座装配放在中间相，将主闸刀用吊机吊起，然后用人工扶起上节支柱瓷瓶和旋转瓷瓶，用螺栓固定，组装完上节瓷瓶后再将下节瓷瓶扶起组装，全部组装完毕后吊装在底座装配平面上，用螺栓紧固。

（2）双柱式水平断口隔离开关则分相吊装至安装位置。

（3）六柱水平断口隔离开关瓷瓶分别吊装到各相底座的两端，并用螺栓固定；将三柱导电杆装配的瓷瓶分别吊装到各相底座的中间位置，并用螺栓固定。吊装时注意底座下方三极联动拐臂中心线应与底座中心线成大约 35°夹角，当开始分闸时，拐臂中心线应向底座中心线靠拢。

6. 操作机构箱安装

（1）按设计图纸将操作机构安装在固定高度，并固定在主极（中间极）的镀锌钢管上。

（2）将操作机构放在一个适当高的架子上，从主极隔离开关旋转瓷瓶下方的主轴，使得主轴中心与操作机构输出轴中心对中；同时用水平尺测量并调整操作机构各个面的水平度或垂直度，然后用适当长的槽钢将机构箱与抱箍焊接（或用螺丝固定）。

7. 连杆及组件安装

（1）将三相联动隔离开关拐臂用圆头键装在中极，并用螺栓顶紧；将拐臂用月形键装在两边极，并用卡板挡住。将调角联轴器插入机构输出轴上，并使调角联轴器的中心与拐臂的中心对中；将接头用圆头键联接到拐臂中，将主闸刀放到合闸位置，用手柄将机构顺时针摇到终点位置，再反方向摇4圈，将镀锌钢管一端插入到接头中焊牢，另一端插入调角联轴器装配上端垂直焊牢。

（2）横连杆安装时将主刀置于分闸或合闸位置，并将拐臂调到正确位置，然后截取适当长的钢管焊接到拐臂装配上。在焊接横连杆时须注意两条横连杆在同一直线上，如不在同一直线上时调整接头装配在拐臂长孔中的位置。

（3）分相操作隔离开关则不需要安装连杆。

8. 隔离开关调整

（1）垂直断口（母线型）隔离开关调整两部分运动复合而成的，即折叠运动、夹紧运动及分合闸调整（隔离开关原理如图1-115所示）。

1）折叠运动

由CJ型电动机构驱动旋转瓷瓶（1）作水平运动，与旋转瓷瓶相连的一对伞齿轮（2）带动平面双四连杆（3）运动，从而使下导电管（6）顺时针转动合闸，逆时针转动分闸；由于连板（4）与下导电管（6）的铰接点不同，从而使与连板（4）上端铰接的操作杆（5）相对于下导电管作轴向位移，而操作杆（5）的上端与齿条（8）的移动便推动齿轮（9）转动，从而使与齿轮（9）固连的上导电管（13）相对于下导电管（6）作伸直（合闸）或折叠（分闸）运动；另外，在操作杆（5）轴向位移的同时，平衡弹簧（7）按预定的要求储能或释能，最大限度地平衡刀闸的重力矩，以利于刀闸的运动。

2）夹紧运动

隔离开关由分闸位置向合闸方向运动的过程中，并在接近合闸位置（快要伸直）时，滚轮（11）开始与齿轮箱（10）上的斜面接触，并沿着斜面继续运动。于是，与滚轮（11）相联的顶杆（14）便克服复位弹簧（15）的反作用力向前推移，同时动触头座（19）内的对称式滑块增力机构把顶杆（14）的推移运动转换成触指（18）的相对钳夹运动。当静触杆（16）被夹住后，滚轮（11）继续沿斜面上移，直至完全合闸，此时夹紧弹簧（12）的力已作用在顶杆（14）上。在这个过程中，由于顶杆（14）获得一个稳定的推力，从而使触指（18）对静触杆（16）保持一个可靠不变的夹紧力。当开关开始分闸时，滚轮（11）沿斜面向外运动，直到脱离斜面。此时，在复位弹簧（15）的作用下，顶杆（14）带动触指张开呈"V"形。

3）分合闸调整

隔离开关要求主刀在合闸位置时，主闸刀装配上的双连杆在"死点位置"距限位螺钉2mm（图1-116），主刀合闸处于合闸位置时上、下导电管应基本处于铅垂位置，允许CA操作机构分、合闸时下杠（也叫脱扣），根据产品说明书，刀闸三相同期、接地开关合闸后插入深度、合后最小断口距离应符合产品说明书要求值。

① 刀闸合闸时不能压单边，走"之"字。（压单边：刀闸合闸即将到位时静触头的静触杆不在触指的中心位置；走"之"字：刀闸合闸即将到位时静触头的静触杆先向一边触指靠近，继续合闸，静触杆又向另一边触指靠近，如此反复一次以上就为走"之"字。）

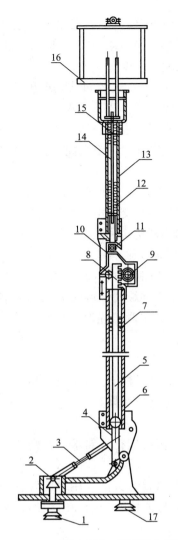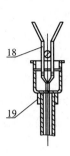

图 1-115　GW 型主闸刀结构原理图

1—旋转瓷瓶；2—相啮合的伞齿轮；3—平面双四连杆；4—连板；5—操作杆；6—下导电管；
7—平衡弹簧；8—齿条；9—齿轮；10—齿轮箱；11—滚轮；12—夹紧弹簧；13—上导电管；
14—顶杆；15—复位弹簧；16—静触杆；17—支持瓷瓶；18—触指；19—动触头座

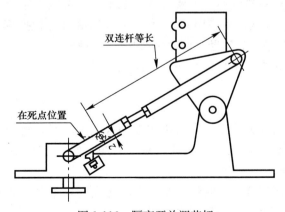

图 1-116　隔离开关调节杆

② 用手柄摇 CA 操作机构进行分、合闸操作，并观察主闸刀的动作情况，当出现下面情况时，调整方法如下：机构已运动到位，而主闸刀却不到位，说明机构的输出角度不够，应调整 CA 机构内行程开关，以增大输出角度。

（2）如 GW4、GW5、GW14、GW34 双柱式水平回转单端口，GW11、GW12、GW21 双柱水平伸缩式（如图 3-2），GW7、GW26、GW33 三柱式水平回转双端口，GW25 双柱水平中央开断式，GW28 单臂折叠插入式，GW27 水平与轴向旋转复合，GW36 梅花触指插入式隔离开关的调整方式多样，但都大同小异，大体分单极调整、分合闸调整。

1）隔离开关各极独立分装，每极主要由底座、绝缘支柱闸刀、接地闸刀等组成。各极之间用拉杆进行传动，三极隔离开关共用一台交流电动操作机构。三极联动时底座分为主极底座和边极底座两种，主极底座除四连杆机构和联锁装置外，其余与边极相同。主闸刀与旋转瓷瓶成"T"型固定，放置瓷瓶安装在轴承座上。主极（中间极）通过连杆机构与 CAXX 机构的主轴联接；边极是通过连杆在各自底座的下方与主极相连接。当操作机构主轴顺时针旋转 90°时，主闸刀变在水平方向顺时针旋转 70°±3°，使动触头插入触指中去从而实现合闸，当主轴逆时针旋转 90°时，主闸刀逆时针旋转 70°±3°，从而实现分闸。（如图 1-116）。

2）单极调整

① 用手旋转中间瓷瓶合闸，检查动触头的波凸是否对应触指的凹槽中间位置，如不是通过调节导电杆支架上的螺母来调整导电杆的整体高度，使动触头的波凸在对应触指的凹槽中间位置。

② 使之合闸到底，测量动触头的插入深度应符合要求，否则调节导电杆在托板中的插入深度或调整瓷瓶的铅垂度。

③ 检查这一相两端触头合闸的同期性（检查方法：用手旋转中间瓷瓶，当一端的动触头刚与触指接触时，测量另一端动触头与欲接触触指面的距离，该尺寸应符合要求），否则调整每一瓷瓶的铅垂度。

④ 旋转导电杆以调节动触头与触指面的平行度，使每根触指的前后共四点与动触头都能够保持良好的接触。

⑤ 全部调好后，合闸到底，调节定位螺栓的长度，使其靠近防雨罩。

⑥ 注意事项：瓷瓶调整时不一定要将其调成垂直，可适当结合插入深度及合闸的同期性等技术要求而定；调整好后应用 0.05 塞尺检查动触头与触指接触是否良好，若可塞入塞尺应寻找原因，若是产品问题，应尽快通知厂家调整。

⑦ 检查合闸后触头的备用行程，如不在此范围且触头的插入深度满足要求，则通知厂家调整。

3）分合闸调整

① 用手柄操动隔离开关并观察，若机构摇到分闸位置时，每个断口的有效距离应符合要求，到合闸位置时，两静触头与导电杆成一直线，如不能达到以上要求，则调整调角联轴器以调整起始角度。

② 调整时须注意调到分、合闸位时机构内丝母在丝杠上位置相对称（即分闸到位时摇 n 圈就下杠，合闸到位时亦要摇 n 圈就下杠）。

③ 若此时机构的脱扣问题仍未解决，则须打开机构箱将丝母在叉杆焊装的位置往里面进一点以增大机构的输出角度。（如图 1-117 减速箱装配）。

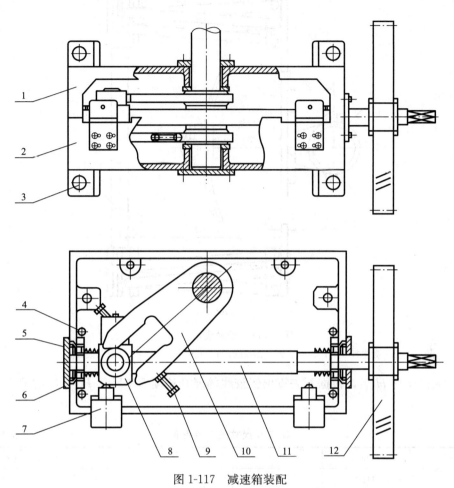

图 1-117　减速箱装配
1—上减速箱；2—下减速箱；3—安装孔；4—连接螺栓；5—触承；6—螺形弹簧；7—行程开关；8—丝母；
9—限位螺栓；10—叉杆弹簧；11—丝杠；12—大齿轮

④ 用手柄进行隔离开关的分合闸操作，观察其三极分、合闸情况，如果三极合闸都没到位，则可适当延长主极底座上方的连杆长度；如果主极到位，而边极滞后，则可调节极间连杆长度，使之也合闸到位。三极都能合闸位后，再通过调节分闸限位螺栓的长度，来调整三极合闸的同期性，使之符合要求。

4）调整完成后，再次全面检查一次开关的各项参数：触头的插入深度，备用行程，三极合闸同期性，触头与触指的接触情况，分闸角度及分闸时断口距离。如均达到生产厂家技术说明书要求后将限位装置调好，并把螺丝打紧。

9. 静触头安装

以 GW 型垂直断口（母线型）隔离开关为例说明。

（1）将隔离开关置于合闸位置，确定静触头的高度（图 1-118 中的 H）＝管母中心到刀闸防雨罩的距离－210；该尺寸的确定可在任意一极刀闸上测量，余下的所有刀闸按此数值计算。

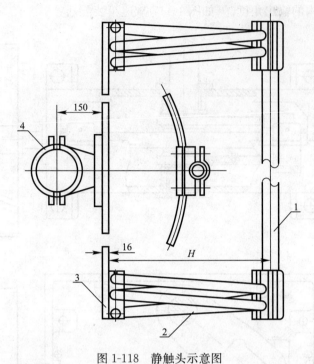

图 1-118 静触头示意图

1—导电杆装配；2—XX钢芯铝绞线；3—上夹头装配；4—母线夹板装配

（2）测得尺寸 H 后，根据下表算出铝绞线的展开长度 L，尺寸 H 与 L 的关系参考表 1-32。

H 与 L 尺寸关系参考表　　　　　　　　　　　表 1-32

H	600	700	800	900	1000
L	4120	4780	5360	6040	6580

10. 接线及试验

（1）电气接线

严格按照施工图和《屏柜安装及二次接线安装作业指导书》完成电气接线。

（2）试验

隔离开关试验包括测量绝缘电阻、回路电阻、耐压试验及操动机构试验等。

11. 隔离开关再次调整

（1）将组装好的静触头装在管母上，再将主闸刀合闸，调整静触头与主闸刀的相对位置，使静触头的静触杆与防雨罩的距离符合要求，动触片的八个触点均应与静触杆可靠接触，且刀闸在合闸的过程中不出现走之字的现象即可。

（2）垂直断口（母线型）隔离开关压单边情况出现的随机性较大。当出现走之字的情况时，应放松下导电管与上导电管连接的螺栓，用手锤轻敲以旋转一下上导电管，使触指夹紧运动的方向与静触杆垂直。

（3）接上临时电源进行垂直断口（母线型）隔离开关电动调整。

12. 质量控制措施及检验标准要点

（1）电压等级≥110kV，隔离开关相间距离误差小于 20mm；电压等级＜110kV，隔离开关相间距离误差小于 10mm；相间连杆应在同一水平线上。

（2）接线端子及载流部分清洁，且接触良好，触头镀银层无脱落。

（3）隔离开关所有转动部分应涂以适合当地气候的复合脂，设备接线端子应涂以薄层电力复合脂。

（4）均压环和屏蔽环应安装牢固、平正（如果有）。

（5）以 0.05mm×10mm 的塞尺检查，对于线接触应塞不进去；对于面接触，在接触面宽度为 50mm 及以下时，不应超过 4mm；在接触面宽度为 60mm 及以上时，不应超过 6mm。

（6）安装时所有螺栓必须按要求达到力矩紧固值。

（7）操动机构、传动装置、辅助开关及闭锁装置应安装牢固，动作灵活可靠；位置指示正确，无渗漏；合闸是三相不同期值应符合产品的技术规定。

（8）隔离开关绝缘电阻、回路电阻等常规实验必须合格。

（9）油漆应完整，相色标志正确，接地良好。

1.5.4 负荷开关安装

1. 概述

负荷开关是一种功能介于高压断路器和高压隔离开关之间的电器，负荷开关常与高压熔断器串联配合使用；用于控制电力变压器；可作为环网供电或终端，起着电能的分配、控制和保护的作用。负荷开关具有简单的灭弧装置，因为能通断一定的负荷电流和过负荷电流。但是它不能断开短路电流，所以它一般与高压熔断器串联使用，借助熔断器来进行短路保护。

根据不同的灭弧方法、安装地点不同，负荷开关分为：

（1）按安装地点的不同：可分为户内式和户外式。

（2）按灭弧方法的不同：可分为固体产气式、压气式、油浸式、真空式和 SF_6 式。

负荷开关目前主要用于 10kV 及以下配电网络中，适用于三相交流 10kV、50HZ 的电力系统中，或与成套配电设备及环网开关柜、组合式变电站等配套使用，广泛用于域网建设改造工程、工矿企业、高层建筑和公共设施等。

负荷开关类型很多，总体上来看包括下述几个部分：绝缘躯壳开关本体、各自的弹簧槽动机构、熔断器触头座和熔断器动作撞击脱扣系统组成。

负荷开关安装作业流程：施工前准备→负荷开关吊装→安装开关→校正开关→装接导线→安装接地→安装操作杆→试验。

2. 施工准备

包括工作人员准备、资料准备、仪器及工器具的准备、安装设备和材料准备。

3. 负荷开关吊装

（1）将开关吊点用钢丝套连接，控制夹角为 120°左右，并装好开关上的设备线夹，杆上挂滑车组及穿好绳套，在杆上用卷尺量好安装位置做好标记，一端由地面工栓绳套用卸扣固定于钢丝套上。

（2）开关上系上控制拉绳 1～2 根，另一端放至地面在拉住，互相配合，慢慢吊起，杆上操作应防止被开关撞到身体及脚扣和挂住安全带，一般采取 1 人在就位点上方，一人下方的站位方法。

4. 安装开关

起吊到位后拉绳稳固，可缠绕电杆 3～4 圈。在杆上将开关与地面拉控制绳人员配合校正开关贴近电杆，拧开螺栓将抱箍套上电杆拧螺栓，同时协调好安装位置尽量平、正及注意静触点在送电侧方向。

5. 校正开关

用控制绳、小榔头、肩部校正扭斜后，拧紧。

6. 装、接导线

在杆上拆开导线，装瓷横担，并用扎线固定导线，然后量取好至开关设备线夹距离，注意弧度应自然、美观，电气间隙是否足够等问题。

7. 安装接地

安装开关接地线 3 处（弯度与开关 20mm），后沿电杆紧贴引下并每隔 1～1.5m 用铝线绑扎固定。

8. 安装操作杆

将操作杆吊上连接开关，装抱箍及联络杆段，吊上操作机构安装于一定高度 2.5m 以上，并试操作分、合 3～4 次。

9. 试验

负荷开关试验包括测量绝缘电阻、测量高压限流熔丝管熔丝的直流电阻、测量负荷开关导电回路的电阻、交流耐压试验、检查操动机构线圈的最低动作电压、操动机构的试验。测量结果与出厂值进行对照，是否符合标准。

10. 质量控制措施及检验标准要点

（1）开关装好后应使接线连接良好、美观、自然，开关高度合适，静触头方向正确。

（2）螺栓应紧固，试操作应灵活无异常，分、合指示清晰。

（3）接地连接接触应良好、平整、无扭斜，电气间隙应符合要求相与相间 30cm，相和电杆、构件 20cm。

1.5.5 熔断器安装

1. 概述

熔断器是一种安装在电路中，保证电路安全运行的电器元件。熔断器是一种简单而有效的保护电器。在电路中主要起短路保护作用，使用时，熔体串接于被保护的电路中，当电路发生短路故障时，熔体被瞬时熔断而分断电路，起到保护作用。熔断器结构简单，使用方便，广泛用于电力系统、各种电工设备和家用电器中作为保护器件。

熔断器可分为以下几类：

（1）根据使用电压可分为高压熔断器和低压熔断器。

（2）根据保护对象可分为保护变压器用和一般电气设备用的熔断器、保护电压互感器的熔断器、保护电力电容器的熔断器、保护半导体元件的熔断器、保护电动机的熔断器和保护家用电器的熔断器等。

（3）根据结构可分为敞开式、半封闭式、管式和喷射式熔断器。

这里以 3~35kV 电压等级，频率为 50Hz 的跌落式熔断器安装技术为例。熔断器主要由以下部分组成：

（1）金属熔体（熔丝）：正常工作时起导通电路的作用，在故障情况下熔体将首先熔化，从而切断电路实现对其他设备的保护。

（2）触头：用于安装和拆卸熔体，常采用触点的形式。

（3）灭弧装置（熔管）：用于放置熔体，限制熔体电弧的燃烧范围，并可灭弧。一般熔管填充石英砂，用于冷却和熄灭电弧。

（4）绝缘底座：用于实现各导电部分的绝缘和固定。

熔断器安装作业流程：安装准备→安装熔断器→试验。

2. 安装准备

（1）取弯板及 U 型螺丝组装熔断器（注意方向）及拆下熔管，旋下顶帽，取下垫片。

（2）取熔丝穿入熔管加垫片旋顶帽，下端头螺栓将熔丝绕过螺栓压在垫片下拧紧，将余线剪断或穿入熔管，同时装好另 2 个熔管。

（3）在熔断器上、下桩头安装好铜铝接线夹，注意规格与搭接引线相匹配。

3. 熔断器安装

（1）吊起熔断器，装在五孔拉铁上，并校正无扭斜。

（2）将支线导线弯一定弧度量取长度剪断余线，用钢丝刷刷净导线，涂上凡士林接入熔断器下桩头接线夹并拧紧，中相应装横担做活头。

（3）将已备上引线（一般与上引线同规格）用钢丝刷刷净导线，涂上凡士林及异型线夹吊上，在干线上选择合适位置（考虑跳线电气间隙），弯折 90°，长约 300~400mm 等距卡上 3 只异型线夹。导线端头侧露头 10~20mm。同理依次做另 2 根。

（4）吊上熔管并合上，检查接触情况引线弧度、电气间隙、螺栓紧固度、瓷横担是否紧固、有无搭接在同一相上等情况。

4. 试验

本试验方法针对额定电压 3~63kV，频率为 50Hz 的交流电力系统中使用的户内或户外熔断器，试验项目包括绝缘试验、温升试验、弧前时间—电流特性试验、直流电阻测量。测量结果与出厂值进行对照，看是否符合标准。

5. 质量控制措施及检验标准要点

（1）熔断器各部分零件完整，应安装牢固螺栓紧固，接线应美观、自然，操作应灵活、接触紧密。

（2）熔断器方向应直正、排列整齐、高低一致、熔管倾斜角为 15~30°、瓷件应良好、熔管不应有吸潮膨胀或弯曲现象、间距不小于 500mm。

（3）熔断器铸件不应有裂纹、沙眼，转动光滑灵活。

（4）电气间隙应符合要求，相与相为 300mm，相与电杆、构件等为 200mm。

（5）熔断器安装应正确、可靠、分合良好，无杂物。

1.5.6 互感器安装

1. 概述

互感器是变电站主要的电力控制设备。这里以 110~500kV 电压等级，频率为 50Hz

的支柱式和罐式 SF_6 安装技术为例。

(1) 互感器的用途

互感器是特种变压器之一，广泛应用于电力工业部门的测量和继电保护中。其作用主要有：①将高压、大电流变为便于测量的低压（100V）、小电流（5A），以便实现测量仪表、保护设备及自动控制设备的标准化、小型化。②可使仪表等与高压绝缘，解除高电压给仪表和工作人员带来的威胁。

(2) 互感器的分类

互感器分为电压互感器和电流互感器两大类。

1) 电流互感器的分类

① 电流互感器按用途可分为两类：一是测量电流、功率和电能用的测量用互感器；二是继电保护和自动控制用的保护控制用互感器。

② 根据一次绕组匝数可分为单匝式和多匝式。

③ 根据安装地点可分为户内式和户外式。

④ 根据绝缘方式可分为干式、浇注式、油浸式等。

⑤ 根据电流互感器工作原理可分为电磁式、光电式、磁光式、无线电式电流互感器。

2) 电压互感器的分类

① 按用途分类：测量用电压互感器和保护用电压互感器，又可分为单相电压互感器和三相电压互感器。

② 根据安装地点分类：户内型电压互感器和户外型电压互感器。

③ 根据电压变换原理分类：电容式电压互感器、光电式电压互感器、电磁式电压互感器。

④ 根据结构不同分类：单级式电压互感器、串级式电压互感器。

(3) 互感器的总体组成

尽管互感器类型很多、结构比较复杂，总体上来看包括下述几个部分：铁芯、绕组、二次绕组出线端、次绕组出线端、套管绝缘子、外壳。

(4) 互感器安装作业流程

施工前准备→基础安装检查→设备开箱检查→设备吊装及调整→验收。

2. 施工准备

包括人员准备、技术准备、施工材料、施工机具和实验仪器的准备、安装设备和材料的检验保管。

3. 基础安装检查

(1) 根据设备到货的实际尺寸，核对土建基础是否符合要求，包括位置、尺寸等，底架横向中心线误差不大于 10mm，纵向中心线偏差相间中心偏差不大于 5mm。

(2) 设备底座基础安装时，要对基础进行水平调整及对中，可用水平尺调整，用粉线和卷尺测量误差，以确保安装位置符合要求，要求水平误差≤2mm，中心误差≤5mm。

4. 设备开箱检查

(1) 与生产厂家、监理及业主代表一起进行设备开箱，并记录检查情况；开箱时小心谨慎，避免损坏设备。

(2) 开箱后检查瓷件外观应光洁无裂纹、密封应完好，附件应齐全，无锈蚀或机械损伤现象。

（3）互感器的变比分接头的位置和极性应符合规定；二次接线板应完整，引线端子应连接牢固，绝缘良好，标志清晰；油浸式互感器需检查油位指示器、瓷套法兰连接处、放油阀均无渗油现象。

（4）避雷器各节的连接应紧密；金属接触的表面应清除氧化层、污垢及异物，保护清洁。检查均压环有无变形、裂纹、毛刺。

5. 设备吊装及调整

（1）安装前的检查

1）设备检查：互感器的变比分接头的位置和极性应符合规定；二次接线板应完整，引线端子应连接牢固，绝缘良好，标志清晰；油浸式互感器需检查油位指示器、瓷套法兰连接处、放油阀均无渗油现象。

2）工机具检查：吊装所用绳索、钢丝绳、卡扣等要进行抽查，并经拉力试验合格，有伤痕及不合格的严禁使用，更不能以小代大。

（2）设备吊装

1）起吊工作必须由有起重工资质的人负责指挥并设专人监护。

2）吊装设备时，绑绳位置要适当；严禁设备倾斜时而将设备吊起。

3）吊装重物离地面 100mm 左右时，应暂停起吊，检查吊手是否平衡，绳索是否牢固。

4）严禁任何人在吊车吊臂下逗留或通过。

5）安装时应认真参考厂家说明书，采用合适的起吊方法，施工中注意避免碰撞，安装后保证垂直度在合格范围之内，同排设备保证在同一轴线，整齐美观，螺丝紧固均匀，按设计要求进行接地连接。

6）安装后的检查，所有螺丝紧固情况，应紧固良好。

7）互感器安装面应水平，并列安装的应排列整齐，同一互感器的极性方向应一致。

8）互感器安装完毕后，油漆应完整，相色标志应正确。

9）设备及支柱接地应符合要求、规范。

10）SF$_6$式互感器完成吊装后由厂家进行充气，充气完成后需检查气体压力是否符合要求。

6. 接线及试验

（1）电气接线

严格按照施工图和《二次电缆作业指导书》完成电气接线。

（2）试验

互感器试验项目包括绕组的绝缘电阻、绕组连同套管对外壳的交流耐压试验、测量介质损失、直流电阻、空载电流、励磁特性和铁芯夹紧螺栓绝缘电阻、绝缘油的试验及油中微水量测量、检查变比、接线组别和引出线极性、局部放电试验。测量结果与出厂值进行对照，是否符合标准。

7. 质量控制措施及检验标准要点

（1）互感器在运输、保管期间应防止受潮、倾倒或遭受机械损伤；互感器的运输和放置应按产品技术要求执行。

（2）互感器整体起吊时，吊索应固定在规定的吊环上，不得利用瓷裙起吊，并不得碰伤瓷套。

（3）互感器到达现场后，应作下列外观检查：

1）互感器外观应完整，附件应齐全，无锈蚀或机械损伤。

2）油浸式互感器油位应正常，密封应良好，无渗油现象。

3）电容式电压互感器的电磁装置和谐振阻尼器的封铅应完好。

（4）互感器的变比分接头的位置和极性应符合规定。

（5）二次接线板应完整，引线端子应连接牢固，绝缘良好，标志清晰。

（6）油位指示器、瓷套法兰连接处、放油阀均应无渗油现象。

（7）隔膜式储油柜的隔膜和金属膨胀器应完整无损，顶盖螺栓紧固。

（8）油浸式互感器安装面应水平；并列安装的应排列整齐，同一组互感器的极性方向应一致。

（9）电容式电压互感器必须根据产品成套供应的组件编号进行安装，不得互换。各组件连接处的接触面，应除去氧化层，并涂以电力复合脂；阻尼器装于室外时，应有防雨措施。

（10）具有均压环的互感器，均压环应安装牢固、水平，且方向正确。具有保护间隙的，应按制造厂规定调好距离。

1.5.7 电力电缆

1. 概述

电力电缆是电能传输的载体，其种类繁多。这里主要介绍 35kV 及以下电压等级电力电缆的敷设、电缆支架制作及安装、电缆埋管、电缆头制作安装作业。

（1）电缆的类型及应用

电力电缆的品种规格繁多，应用范围广泛。

1）LV 型、VV 型：不能受机械外力作用，适用于室内、隧道和管道内敷设。

2）VLV22 型、VV22 型：能承受机械外力作用，但是不能承受大的拉力，可以敷设在地下。

3）VLV32 型、VV32 型：能承受机械外力作用，并且可以承受相当大的拉力，可以敷设在高层建筑的电缆竖井内，并且适用于潮湿场所。

4）YFLV 型、YJV 型：主要是高压电力电缆，随着下标的变化说明适用场所。

高压电力电缆除了电缆本体，尚有制作电缆终端和中间接头所需要的电缆附件。

（2）电缆安装作业流程

施工前准备→熟悉施工现场做好工机具材料等准备→电缆支架制作、电缆管配制预埋→电缆支架、桥架安装→电缆敷设→电缆头制作。

2. 施工准备

包括资料准备、技术准备、施工现场准备、人员准备、施工机具和实验仪器的准备、安装设备和材料的检验保管：

（1）查看现场的电缆支架安装前建筑专业应具备的条件。

（2）查看土建专业的预埋件符合设计，安置牢固。

（3）查看现场的电缆沟抹面工作已结束，建筑垃圾已清理干净，电缆沟排水畅通。

（4）检查成盘电缆到货后外观是否完好，出厂资料是否齐全，用1000V绝缘电阻表测试电缆芯之间及对屏蔽层和铠装层的绝缘电阻，电阻值应符合规定要求，试验完毕必须放电。

3. 电缆支架制作安装、电缆管配制预埋

（1）电缆支架制作、电缆管制作

1）按设计要求尺寸下料；电缆支架用钢材必须先经平直方可下料，下料应使用型材切割机，不得用电、火焊切割。切口卷边、毛刺应打磨掉。下料后的钢材如有明显变形，则应再次进行校平直。组焊时，应采用样板台组焊，以提高工效和保证质量。立柱与横撑连接处应用满焊缝，焊缝应均匀。焊接后，应及时清除焊渣和药皮。电缆管按现场电气设备就位后的实际地点进行弯制，加工好的支架、电缆管按设计要求进行防腐处理。

2）铅合金桥架及玻璃钢支架由厂家制作供货。

（2）电缆支架、桥架安装

1）电缆支架应安装牢固，横平竖直；托架支吊架的固定方式应按设计要求进行。各支架的同层横档应在同一水平面上，其高低差不应大于5mm，托架支吊架沿桥架走向左右的偏差不应大于10mm。

2）在有坡度的电缆沟内或建筑物上安装的电缆支架，应与电缆沟或建筑物相同的坡度。

3）组装后的钢结构竖井，其垂直偏差不大于其长度的2‰；支架横撑的水平误差不应大于其宽度的2‰；竖井的对角线的偏差不应大于其对角线长度5‰；

4）对于采用铅合金或玻璃钢的支架，安装步骤相同，在固定及连接时采用螺栓连接。

5）竖井内的安装：

① 当采用角钢进行安装时，先将设计开列的槽钢焊接于预埋件上作为支柱，然后在支柱上焊接竖井支架，支架焊接应牢固，并做到横平竖直，垂直和水平误差应符合规程规范要求。

② 当采用桥架进行安装时，先进行预组装，对照桥架的固定眼孔位置在基础上锚孔，移开桥架，安装膨胀螺栓，再进行桥架组装，校正水平、垂直度符合规范要求后，紧固螺栓。

（3）电缆支架、桥架接地

1）电缆支架之间应用扁钢或铜导线连接。

2）电缆支架、桥架的起始端和终点端应与变电站主地网可靠连接。

3）电缆桥架连接部位采用两端镀锡铜鼻子的铜导线连接。

4）与接地网或接地干线连接的材料，其规格应符合设计要求。

（4）电缆保护管的预埋

1）根据图纸及电气设备的机构箱、端子箱的实际情况确定电缆管的位置及尺寸，以及弯制电缆管和加长电缆管，电缆管埋入地下后，可用U形卡子固定在花角铁上或用钢管打桩焊接固定，为了不妨碍主体设备的拆卸，电缆管不宜敷设到待接设备的端子箱、机构箱、设备接线箱的跟前；需加用一段金属软管或者阻燃塑料管进行过度。管口离设备电缆接线箱的距离为300～400mm。电缆管、金属软管及接头安装完成后由技术员负责自检。

2）电缆管预埋敷设或安装完后暂时不进行穿电缆等下一步工作，临时进行封口。

4. 电缆敷设

（1）敷设前检查电缆型号、电压等级、规格、长度应与敷设清单相符，外观检查电缆应无损坏。

（2）电缆敷设时应必须按区域进行，原则上先敷设长电缆，后敷设短电缆，先敷设同规格较多的电缆，后敷设规格较少的电缆。尽量敷设完一条电缆沟，再转向另一条电缆沟，在电缆支架敷设电缆时，布满一层，再布满另一层。

（3）按照电缆清册逐根敷设，敷设时按实际路径计算每根电缆长度，合理安排每盘电缆的敷设条数。

（4）敷设完一根电缆，应马上在电缆两端及电缆竖井位置挂上临时电缆标签。

（5）电缆明敷设时，至少应加以固定的部位如下：垂直敷设，电缆与每个支架接触处应固定；水平敷设时，在电缆的首末端及接头的两侧应采用电缆绑扎带进行固定，此外电缆拐弯处及电缆水平距离过长时，在适当处亦应固定一、二处。

（6）电缆敷设时应排列整齐，不宜交叉，电缆沟转弯、电缆层井口处电缆弯曲弧度一致、顺畅自然。

（7）光缆、通信电缆、尾纤应按照有关规定穿设 PVC 保护管或线槽。

（8）电缆在各层桥架布置应符合高、低压，控制电缆分层敷设，并按从上至下高压、低压、控制电缆原则敷设，不得将电力电缆及控制电缆混在一起。

（9）机械敷设电缆的速度不宜超过 15m/min，牵引的强度不大于 7kg/mm²，电缆转弯处的侧压力不大于 3kN/m²。

（10）金属保护管不宜有中间口，如有中间口应用阻燃软管连接，不用软管接头，保护管端用塑料带或自粘胶带包裹固定。金属保护管至设备或接线盒之间用阻燃软管连接，两头用相应的接头连接。

（11）高压电缆敷设过程中为防止损伤电缆绝缘，不应使电缆过度弯曲，注意电缆弯曲的半径，防止电缆弯曲半径过小损坏电缆。电缆拐弯处的最小弯曲半径应满足规范要求，对于交联聚乙烯绝缘电力电缆其最小弯曲半径单芯为直径的 20 倍，多芯为直径的 15 倍。

（12）高压电缆敷设时，在电缆终端和接头处应留有一定的备用长度，电缆接头处应相互错开，电缆敷设整齐不宜交叉，单芯的三相电缆宜放置"品"字型，并用相色缠绕在电缆两端的明显位置。

（13）电缆敷设应做到横看成线，纵看成行，引出方向一致，余度一致，相互间距离一致，避免交叉压叠，达到整齐美观。

（14）高压电缆固定间距符合规范要求，单芯电缆或分相后各相终端的固定不应形成闭合的铁磁回路，固定处应加装符合规范要求的衬垫。

（15）电缆敷设完后，应及时制作电缆终端，如不能及时制作电缆终端，必须采取措施进行密封，防止潮湿。

（16）电缆敷设完固定后，应恢复电缆盖板或填土，电缆穿墙或地板时，电缆敷设后，在其出口处必须用耐火材料严密封。

5. 电缆头制作安装

（1）高压电缆头的制作须严格按照材料说明书要求进行，要注意电缆线芯对地距离应不小于125mm；电缆头的制作过程应一次完成，以免受潮。

（2）高压电缆头接地应将钢铠和铜屏蔽分开接地，并做出标识，单芯电缆在一端接地即可，但为了方便试验及其他原因，另一端接地线亦要引出。

（3）在剥除电缆外护套时，屏蔽层应留有相应长度，以便与屏蔽接地引出线进行连接。各层间进行阶梯剥除。

6. 质量控制措施及检验标准要点

（1）电缆支架作业

1）电缆支架的层间允许最小距离，当设计无规定时，可采用表1-33的规定。但层间净距离不应小于两倍电缆外径加10mm，10kV及以上的高压电缆不应小于2倍电缆外径加50mm。

电缆支架的层间允许最小距离值（mm）　　　　　表1-33

电缆类型和敷设特征		支 架	桥 架
控制电缆		120	200
电力电缆	10kV及以下（除6～10kV交联聚乙烯绝缘外）	150～200	250
	6～10kV交联聚乙烯绝缘	200～250	300
	35kV单芯		
	35kV三芯	300	350
电缆敷设于槽盒内		$h+80$	$h+100$

注：h 表示槽盒外壳高度。

2）电缆支架应安装牢固，横平竖直，托架支吊架的固定方式应按设计要求进行。各支架的同层横档应在同一水平面上，其高低偏差不应大于5mm。在有坡度的电缆沟内或建筑物上安装的电缆支架，应有与电缆沟或建筑物相同的坡度。电缆支架最上层及最下层至沟顶、楼板或沟底，地面的距离，当无设计规定时，不宜小于表1-34的数值。

电缆支架最上层及最下层至沟顶、楼板或沟底、地面的距离（mm）　　　　　表1-34

敷设方式	电缆沟道及夹层	电缆沟	员架	桥架
最上层至沟顶或楼板	300～350	150～200	150～200	350～450
最上层至沟底或地面	100～150	50～100	—	100～150

3）电缆支架无明显扭曲、下料误差应在5mm范围内、切口应无卷边、毛刺；电缆支架、桥架、槽盒全长均应有良好的接地。

（2）电缆保护管作业

1）电缆穿管敷设时每一根只穿一根电缆（土建预埋管除外），管的内径不小于电缆外径的1.5倍，管的埋深不应小于0.1m，各保护管应可靠接地，电缆敷设完毕后管的两端应进行封堵。

2）金属电缆管连接应牢固，密封应良好，两管口应对准。接缝应严密，不得有地下水和泥浆渗入。

3）电缆管应有不小于0.1%的排水坡度。

（3）电缆敷设及电缆头制作

1）电缆敷设时不应损坏电缆沟、电缆管、电缆竖井的防水层。电缆在终端头与接头附近宜留有备用长度。

2）电缆各支点间的距离应符合设计规定，当设计无规定时，不应大于表1-35中所列数值。

电缆各支持点间的距离（mm）　　　　　　表1-35

电缆种类		电缆敷设方式	
		水平	垂直
电力电缆	全塑型	400	1000
	除全塑型外的中低压电缆	800	1500
	35kV及以上高压电缆	1500	2000
控制电缆		800	1000

3）电缆敷设的最小弯曲半径应符合表1-36的规定。

电缆最小弯曲半径　　　　　　表1-36

电缆型式			多芯	单芯
控制电缆			10D	
橡皮绝缘电力电缆	无铅包、钢铠护套		10D	
	裸铅包护套		15D	
	钢铠护套		20D	
聚氯乙烯绝缘电力电缆			10D	
交联聚乙烯绝缘电力电缆			15D	20D
油浸纸绝缘电力电缆	铅包		30D	
	铅包	有铠装	15D	20D
		无铠装	20D	
自容式充油（铅包）电缆			20D	

注：表中D为电缆外径。

4）电缆敷设时不应出现交叉，不同单元的电缆应尽量分开，分别在各自的电缆沟内敷设，电缆在支架上由上至下的敷设顺序为：从高压至低压的电力电缆，从强电至弱电的控制电缆、信号电缆和通信电缆，电缆的弯曲半径不小于其外径的10倍。

5）户外电缆沟进入主控室和配电室、高压室的入口处以及电缆沟穿越站区均作防火封堵，电缆通过的孔洞用防火堵料封堵。

6）电缆敷设完毕后，应对动力电缆进行耐压试验，测得绝缘电阻合格后，方能接线。

7）电缆规格应符合设计规定，排列整齐，无机械损伤，标志牌应装设齐全，正确、清晰。电缆的固定、弯曲半径、有关距离和单芯动力电缆的金属护层的接线，相序排列应符合要求。

8）在下列地方应将电缆加以固定：

①垂直敷设或超过45°倾斜敷设的电缆在每个支架上，桥架上每隔2m处。

②水平敷设的电缆，在电缆首末两端及转弯、电缆接头的两端处，当对电缆间距有要求时，每隔5m至10m处。

③ 单根电缆的固定应符合设计要求。

④ 保护层有绝缘要求的电缆，在固定处应加绝缘衬垫。

9）电力电缆接地线应采用铜绞线或镀锡铜编织带，其截面面积不应小于表 1-37 中的规定。

电缆终端接地线截面　　　　　　　　　　　　　　　表 1-37

电缆截面（mm²）	接地线截面（mm²）
120 及以下	16
150 及以上	25

1.5.8 避雷器安装

1. 概述

（1）避雷器的用途

避雷器是用来防止雷电产生的大气过电压（雷电波）沿线路侵入变电站或其他建筑物，危害被保护设备电器绝缘的。避雷器与被保护设备并联，当线路上出现危及被保护设备绝缘的过电压时，避雷器对地放电，从而保护了设备绝缘。

（2）避雷器的形式

避雷器的形式主要有阀型避雷器和管型避雷器：

1）阀型避雷器：高压阀型避雷器或低压阀型避雷器，都由火花间隙和阀型电阻片组成，装在密封的瓷套管内。当线路上出现过电压时，火花间隙击穿，阀片能使雷电流畅通的泄向大地；过电压一消失，线路上恢复工频电压时，阀片呈现很大的电阻，迅速恢复火花间隙的绝缘，并切断工频续流，使线路恢复正常运行。变电站内一般都采用阀型避雷器。

2）管型避雷器：管型避雷器由产气管、内部间隙、外部间隙三部分组成。当线路上出现过电压，管型避雷器的内部和外部间隙击穿，强大的雷电流通过接地装置入地。但是随之而来的供电系统的工频续流其值也很大，雷电流和工频续流在管子内部间隙产生强烈的电弧，使管内壁的材料燃烧，产生大量的灭弧气体，由于管子容积很小，这些气体的压力很大，因而从管口喷出强烈的灭弧气体，在电流经过零值时电流熄灭，恢复系统的正常运行。管型避雷器一般只用于输电线路上。

这里以 110～500kV 电压等级，频率为 50Hz 避雷器及支柱绝缘子安装作业为例。

（3）避雷器安装作业流程

施工前准备→基础安装检查→设备开箱检查→设备安装及调整→交接试验。

2. 施工准备

包括资料准备、技术准备、人员组织、施工机具和实验仪器的准备、安装设备和材料的检验保管：

（1）技术准备：按规程、厂家安装说明书、图纸、设计要求及施工措施对施工人员进行技术交底，交底要有针对性；

（2）人员组织：技术负责人、安装负责人、安全质量负责人和技术工人；

（3）机具的准备：按施工要求准备机具并对其性能及状态进行检查和维护；

（4）施工材料准备：金具、槽钢、钢板、螺栓等。

3. 设备基础安装及检查

（1）根据设备到货的实际尺寸，核对土建基础是否符合要求，包括位置、尺寸等，底架横向中心线误差不大于10mm，纵向中心线偏差相间中心偏差不大于5mm。

（2）设备底座基础安装时，要对基础进行水平调整及对中，可用水平尺调整，用粉线和卷尺测量误差，以确保安装位置符合要求，要求水平误差≤2mm，中心误差≤5mm。

4. 设备开箱检查

（1）与厂家、监理及业主代表一起进行设备开箱，并记录检查情况；开箱时小心谨慎，避免损坏设备。

（2）开箱后检查瓷件外观应光洁无裂纹、密封应完好，附件应齐全，无锈蚀或机械损伤现象。

（3）避雷器各节的连接应紧密；金属接触的表面应清除氧化层、污垢及异物，保护清洁。检查均压环是否变形、裂纹、毛刺。

5. 避雷器的安装

（1）认真参考厂家说明书，采用合适的起吊方法，施工中注意避免碰撞，严禁设备倾斜时将设备吊起。

（2）三相中心应在同一直线上，铭牌应位于易观察的同一侧。

（3）避雷器应按厂家规定垂直安装，必要时可在法兰面间垫金属片予以校正。避雷器接触表面应擦拭干净，除去氧化膜及油漆，并涂一层电力复合脂。

（4）对不可互换的多节基本元件组成的避雷器，应严格按出厂编号、顺序进行叠装，避免不同避雷器的各节元件相互混淆和同一避雷器的各节元件的位置颠倒、错乱。

（5）均压环应水平安装，不得倾斜，三相中心孔应保持一致。

（6）放电计数器应密封良好，安装位置应与避雷器一致，以便于观察。计数器应密封良好，动作可靠，三相安装位置一致。计数器指示三相统一，引线连接可靠。

（7）避雷器的引线与母线、导线的接头，截面积不得小于规定值，并要求上下引线连接牢固，不得松动。

（8）安装后保证垂直度符合要求，同排设备保证在同一轴线，整齐美观，螺栓紧固均匀，按设计要求进行接地连接，相色标志应正确。

6. 支柱绝缘子安装

（1）绝缘子底座水平误差≤3mm，母线直线段内各支柱绝缘子中心线误差、叠装支柱绝缘子垂直误差≤2mm。

（2）固定支柱绝缘子的螺栓齐全，紧固。

（3）接地线排列方向一致，与地网连接牢固，导通良好。

7. 质量控制措施及检验标准

（1）设备在运输、保管期间应防止倾倒或遭受机械损伤；运输和放置应按产品技术要求执行。

（2）设备整体起吊时，吊索应固定在规定的吊环上。

（3）设备到达现场后，应作下列外观检查：外观应完整，附件应齐全，无锈蚀或机械损伤。

（4）各组件连接处的接触面，应除去氧化层，并涂以电力复合脂。

（5）均压环应安装牢固、水平，不得出现歪斜，且方向正确。具有保护间隙的，应按制造厂规定调好距离。

（6）引线端子、接地端子以及密封结构金属件上不应出现不正常变色和熔孔。

（7）放电计数器不应存在破损或内部有积水现象。

1.5.9 封闭式组合电器安装

1. 概述

近年来 SF_6 封闭式组合电器在电力系统中得到广泛应用。SF_6 封闭式组合电器国际上称为"气体绝缘开关设备"（Gas Insulated Switchgear），简称 GIS。它将一座变电站中除主变压器以外的一次设备，包括断路器、隔离开关、接地开关、电压互感器、电流互感器、避雷器、母线、电缆终端、进出线套管等，经优化设计有机地组合成一个整体。随着社会经济的发展和人们生活水平的提高，近年来居民用电和工业用电呈现大幅度增长。为了节约用地，净化环境，进一步提高供电可靠性，GIS 得到了广泛的应用。这里以 110～500kV 电压等级，频率为 50Hz SF_6 全封闭组合电器的安装作业为例。

（1）封闭式组合电器的结构特点

与传统敞开式电器相比，封闭式组合电器有以下显著特点：

1）紧凑、占地面积小，占用空间少，重量轻。采用了绝缘性能卓越的六氟化硫气体做绝缘和灭弧介质，大幅度缩小了变电站的体积，实现小型化。

2）可靠性高。由于带电部分全部密封于惰性 SF_6 气体中，大大提高了可靠性，另外也增强了抗震性能。

3）安全性好。带电部分密封于接地的金属壳体内，因而没有触电危险。SF_6 气体为不燃烧气体，所以无火灾危险。GIS 还能够良好的杜绝对外部的不利影响。因带电部门以金属壳体封闭，对电磁和静电实现屏蔽，噪音小，抗无线电干扰能力强。

4）安装周期短。由于实现小型化，可在工厂内进行整机装配和试验合格后，以单元或间隔的形式运达现场。因此可缩短现场安装工期。

5）维护方便。GIS 结构布局合理，灭弧系统先进，产品的使用寿命大大提高，因此检修周期长，维修工作量小；而由于其小型化，更接近地面，日常维护十分方便。

（2）封闭式组合电器安装作业流程（图 1-119）

2. 施工准备

包括资料准备、技术准备、施工现场准备、人员组织、施工机具和实验仪器的准备、安装设备和材料的检验保管。

（1）技术准备：按规程、厂家安装说明书、图纸、设计要求及施工措施对施工人员进行技术交底，交底要有针对性；

（2）人员组织：技术负责人、安装负责人、安全质量负责人和技术工人；

（3）机具的准备：按施工要求准备机具并对其性能及状态进行检查和维护；

（4）施工材料准备：酒精、无尘纸巾、农用薄膜、丙酮等。

3. 组合电器设备安装

（1）以母管的中心为基准，标出各间隔的中心线。

（2）整个间隔为 1 件设备，每件的重量约在 6～9t 之间，设备就位时比较困难，用室

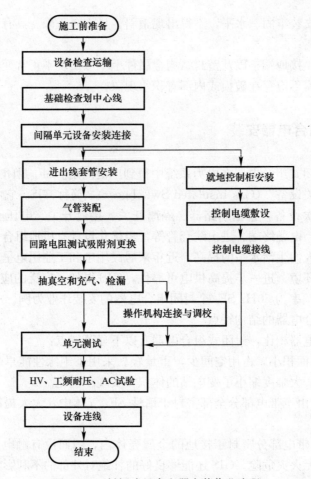

图 1-119　封闭式组合电器安装作业流程

内天车吊装时，要选择好吊点，尼龙吊套、吊装角度要符合要求，避免设备倾斜，吊装过程中要设专人指挥，防止振动过大损伤设备及地面。

（3）对照厂家资料中的产品标志，开箱后将各组件的号码标在相应位置及图纸上，然后根据号码将各组件一一对应就位，就位安装时用线垂、水平尺找准中心和调好水平。

（4）就位前首先确定中心单元，并将其运至预定位置，找正后将基础点焊固定，然后以此为基准进行拼装，两侧单元向中心单元平移对接。每个间隔之间应保持有 1m 距离为母线对口的施工作准备。

（5）母线的安装连接：

1）将要延伸的母管放置距已固定好的母管大约 2000mm 的位置，按厂家图示位置松开制动螺栓，分别将两个对接法兰封盖打开，检查对接面应光滑，没有划痕、凹凸点、铸造砂眼等缺陷；检查支持绝缘子和盆式绝缘子应无裂纹、无闪烙痕迹、内腔无粉尘、无焊渣，导体和内壁应平整且无尖端、无毛刺。

2）将导体完全地插入管内的接口，并保持导体的水平。将涂有硅胶的 O 形密封环压入密封法兰的密封槽，对接法兰之间的密封垫在对接前必须全部更换。

3）对接时使用两组以上的手搬葫芦，固定在整个组合电器单元的首尾两端，在专人指挥下同时用力，使整个单元平行滑动。当两个接口相距约 50mm 时，使用两支与结合螺栓直径相同的导向杆贯穿两个对接法兰的相对应的两组螺孔，该两组螺孔必须位于法兰面任一直径的两端，然后慢慢扳动葫芦，使两个单元逐步靠近，并随时检查两根导向杆是否伸缩自如，否则必须重新找平或找正。

4) 对接成功后，先将法兰圆周上的螺栓全部插入，再按对角方向逐一拧紧，特别注意每条螺栓不要一次拧紧，而是按对角旋转进行。

5) 安装母线筒时，应先吊起母线筒的一端，再将另一端垫平，使之平移对接，两组母线的汇合处装有伸缩节，其具体安装要求及调整方法符合厂家规定。

6) 母管与出线套管连接前，应先进行套管永久支撑构架的安装。由于户外灰尘大，接口前，接头部分的孔应用胶纸封好，驳接时才撕掉。户外湿度较大，应注意防潮。

7) 驳接母管时，应一边接母管，一边设置临时支撑或永久性支撑构架，以免因自身重力引起母管变形。

8) 母管内膛作业时，必须由专门指定人员完成，作业时必须戴好帽子、口罩、穿无扣连体工作服，所用工具须记录，工作完毕后再清点，防止遗留在膛内。

9) 连接插件的触头中心应对准插口，不得卡阻，插入深度应符合规定。

10) 内膛作业完毕封闭前，用吸尘器进行清理，以防头发、灰尘等细小杂物留在膛内。

11) 每完成一次性对接工作，都必须随时测量对接后的接触电阻值，如不合格必须返工，并随时检查对接后的相位是否正确。

(6) 气体的密封：

1) 检查 O 形密封槽和法兰表面有无刻痕、凹印、污物等，在涂密封胶前，用溶剂将其清洗干净，并充分干燥。所用溶剂应满足以下要求：环氧树脂用无水乙醇清洗，金属件用稀释剂清洗。

2) 使用的密封胶应能防水、防腐的 KE-44RTV-W 或 KE-45RTV-W 型，使用前应先在接管口开一小斜口，然后将接管口连接到密封胶管上。

3) 在密封槽底靠外侧的角上涂一层密封胶，靠气体内侧不能涂有密封胶，应注意密封胶不得与其他任何型号的溶剂混合使用。

4) 均匀抹平密封胶面，使槽底靠外部的角上都布满密封胶。

5) 检查专用 O 形密封胶垫是否有损伤与污物，用无水乙醇清洗干净，然后将它放入槽内靠近外部的区域。

6) 在 O 形密封胶垫与密封槽靠外侧顶部的接触处涂一层密封胶，用手将胶面均匀抹平，将多余的胶抹到槽的外法兰面上。

7) 在 O 形密封胶垫至外部边缘的法兰面上均匀涂一层约 1mm 厚的密封胶，注意法兰的连接必须在涂胶后的 1 小时内完成。连接后应将多余的清理干净。

8) 确认元件内部没有任何异物即可进行驳接。

9) 电压互感器的安装需在 HV、AC 试验后进行；避雷器安装需在工频耐压后进行。

10) 对照安装图进行地刀操作机构的连接，通过调节连杆，使得制动间隙在容许的范围内（2-8mm）。

11) 在断路器单元、母管全部装好后，即可开始抽真空、充气。抽真空与充气应按厂家提供的程序进行。

（7）密封室抽真空程序：

1）抽真空前，检查所有气室防爆膜应无损坏；所有打开气室内的吸附剂必须更换。

2）打开 GIS 气体密封室的进气阀门盖子。

3）把软皮管接头连接到进气阀门上。

4）起动真空泵，并打开管路的阀门。

5）抽真空过程中每隔 10min 观察一次真空表的读数，指针是否持续下降。如指针持续下降，表明有泄漏点，必须及时处理。监视真空表读数达到 133.3Pa 时，继续抽真空 30 分钟，停 4 个小时不低于 133.3Pa，再抽 2 个小时后可充气。

6）关闭 GIS 密封室的进气阀门，停止真空泵。

7）拆除软皮管。

（8）SF_6 气体充注程序：

1）检查证实 GIS 密封室的进气阀门是否关闭。

2）打开 GIS 气体密封室的进气阀门盖子。

3）连接安全阀门及接头到 GIS 进气阀门上。

4）把接头、SF_6 气体调节装置、尼龙软管连接到气体钢瓶上。

5）打开 SF_6 气体钢瓶阀门，然后慢慢地按顺时针方向转动调节装置手柄，使 SF_6 气体把软管里的空气赶出。

6）把尼龙软管连接到安全阀门上。

7）打开 GIS 室进气阀门，并调整 SF_6 气体调节装置的手柄，对 GIS 室进行充气。

8）获得准确压力后，关闭 SF_6 气体钢瓶阀门，关闭 GIS 室阀门，并拆除尼龙软管。

9）除厂家有特别说明外，SF_6 气体密封舱都应先抽真空后充 SF_6 气体，抽真空过程中如真空泵突然停止，应立即关闭有关阀门，并检查确定真空泵是否回流至胶管或 SF_6 气体密封室。

（9）充气完成 8h 后，可采用局部包扎法进行气体检漏。用透明塑料布和胶带将组合电器所有的对接口（包括密度继电器、充气口、刀闸轴封、地线封盖、电力电缆接头等）包扎严密。包扎 24h 后进行定量检测，SF_6 气体泄漏量应符合要求。

（10）部件螺栓的连接应按厂家提供的力矩值进行紧固；在抽真空前必须把设备基础槽钢跟预埋件焊接牢靠。

（11）待调整好各支架的中心、位置、高度后，可对照厂家图进行地脚螺丝的安装与设备接地的工作。

（12）在组件安装过程中，可同时进行就地控制箱就位，电缆的敷设、接线、设备的调试等工作。

4. 质量控制措施及检验标准

（1）组合电器的安装是将元件按照一定的工序规律进行组装，工作程序比较简单、方便，但是安装工艺要求非常精细，对作业环境要求较高。所以在安装过程中要注意保持环境的清洁与干燥，各司其职，服从施工负责人的统一安排，悉心接受现场厂家代表的指导，以保证工作进度和质量。

（2）间隔间槽基础最大允许水平误差为±3mm，槽钢基础全长最大误差不超过±5mm。

（3）瓷件无裂纹，绝缘件无受潮、变形、剥落及破损。

（4）组合电器元件的接线端子，插接件及载流部分光洁、无锈蚀。

（5）各分隔气室气体的压力值和含水量应符合产品技术规定。

（6）各紧固螺栓齐全，无松动，支架及接地引线无损伤锈蚀。

（7）表计经检验合格，防爆膜完好。

（8）母线与线筒内壁平整无毛刺。盆式绝缘子清洁、完好，连接插件的触头中心对准插口，无卡阻、插入深度符合技术规定。

（9）装配工作应在无风沙、雨雪，空气相对湿度小于 80% 的条件下进行使用的清洁剂、密封胶和擦拭材料符合产品技术规定。

（10）密封槽面清洁，无划伤痕迹，涂密封脂时，不得使其流入密封垫（圈）内侧而与 SF_6 气体接触。

（11）设备接线端子的接触表面平整、清洁、无氧化膜，连接时涂以薄层电力复合脂。镀银部分不得挫磨，载流部分表面无凹陷毛刺，连接螺栓齐全、紧固。

（12）SF_6 气体充注前，充气设备及管路洁净、无水分、油污，管路连接无渗漏。SF_6 气体满足以下技术条件：

气体（N_2+O_2）	$\leqslant 0.05\%$
四氟化碳	$\leqslant 0.05\%$
水分	$\leqslant 8PPM$
酸度（以 HF 计）	$\leqslant 0.3PPM$
可水解氟化物（以 HF 计）	$\leqslant 1.0PPM$
矿物油	$\leqslant 10PPM$
纯度	$\geqslant 99.8\%$
生物毒性试验	无毒

1.6 电力工程专业有关法规、标准和规范

1.6.1 110～500kV 架空送电线路施工及验收规范（GB 50233—2005）

1.6.1.1 总则

本规范适用于 110～500kV 交流或直流架空送电线路新建、改建、扩建工程的施工与验收。

架空送电线路工程必须按照批准的设计文件和经有关方面会审的设计施工图施工。当需要变更设计时，应经设计单位同意。

架空送电线路工程测量及检查用的仪器、仪表、量具等，必须经过检定，并在有效使用期内。

1.6.1.2 原材料及器材的检验

（1）架空送电线路工程使用的原材料及器材必须符合下列规定：

1）有该批产品出厂质量检验合格证书；

2）有符合国家现行标准的各项质量检验资料；

3）对砂石等无质量检验资料的原材料，应抽样并经有检验资格的单位检验，合格后方可采用；

4）对产品检验结果有疑义时，应重新抽样，并经有资格的检验单位检验，合格后方可采用。

（2）当采用新型原材料及器材时，必须经试验并通过有关部门的技术鉴定，证明能满足设计和规范要求，方准使用。

（3）原材料及器材有下列情况之一时，必须重做检验：

1）保管期限超过规定者；

2）因保管不良有变质可能者；

3）未按标准规定取样或试样不具代表性者。

（4）预应力钢筋混凝土构件不得有纵向及横向裂缝；普通钢筋混凝土预制构件，放置地平面检查时不得有纵向裂缝，横向裂缝的宽度不得超过 0.05mm；

1.6.1.3 测量

测量仪器和量具使用前必须进行检查。经纬仪最小角度读数不应大于 $1'$。

分坑测量前必须依据设计提供的数据复核设计给定的杆塔位中心桩，并以此作为测量的基准。

分坑时，应根据杆塔位中心桩的位置钉出必要的、作为施工及质量控制的辅助桩，其测量精度应能满足施工精度的要求。施工中保留不住的杆塔位中心桩，必须钉立可靠的辅助桩并对其位置作记录，以便恢复该中心桩。

非城市规划范围内架空送电线路架线后的安全距离，必须满足国家现行标准《110～500kV 架空送电线路设计技术规程》DL/T 5092 的规定。

位处城市的架空送电线路，导线与地面、导线与街道行道树等的最小垂直距离必须满足现行国家标准《城市电力规划规范》GB 50293 的规定。

1.6.1.4 土石方工程

（1）铁塔基础施工基面的开挖应以设计图纸为准，按不同地质条件规定开挖边坡。基面开挖后应平整不应积水，边坡不应坍塌。

（2）杆塔基础的坑深应以设计施工基面为基准。当设计施工基面为零时，杆塔基础坑深应以设计中心桩处自然地面标高为基准。

（3）杆塔基础（不含掏挖基础和岩石基础）坑深允许偏差为＋100mm，－50mm，坑底应平整。同基基础坑在允许偏差范围内按最深基坑操平。

（4）杆塔基础坑深与设计坑深偏差大于＋100mm 时。应按以下规定处理：

1）铁塔现浇基础坑，其超深部分应铺石灌浆；

2）混凝土电杆基础、铁塔预制基础、铁塔金属基础等，其超深在＋100～＋300mm 时，应采用填土或砂、石夯实处理，每层厚度不宜超过 100mm。

（5）杆塔基础坑及拉线基础坑回填，一般应分层夯实，每回填 300mm 厚度夯实一次。坑口的地面上应筑防沉层，防沉层的上部边宽不得小于坑口边宽。工程移交时坑口回填土不应低于地面。

1.6.1.5 基础工程

（1）一般规定

1）基础混凝土中掺入外加剂时应符合下列规定：

① 基础混凝土中严禁掺入氯盐。

② 基础混凝土中掺入外加剂应符合现行国家标准《混凝土外加剂应用技术规范》GB 50119 的规定。

2）基础钢筋焊接应符合国家现行标准《钢筋焊接及验收规范》JGJ 18 的规定。

（2）现场浇筑基础

1）混凝土浇筑过程中应严格控制水灰比。每班日或每个基础腿应检查两次及以上坍落度。

2）混凝土配比材料用量每班日或每基基础应至少检查两次，以保证配合比符合施工技术设计规定。

3）试块应在现场从浇筑中的混凝土取样制作，其养护条件应与基础基本相同。

4）试块制作数量应符合下列规定：

① 转角、耐张、终端、换位塔及直线转角塔基础每基应取一组；

② 一般直线塔基础，同一施工队每 5 基或不满 5 基应取一组，单基或连续浇筑混凝土量超过 100m³ 时亦应取一组；

③ 按大跨越设计的直线塔基础及拉线基础，每腿应取一组，但当基础混凝土量不超过同工程中大转角或终端塔基础时，则应每基取一组；

④ 当原材料变化、配合比变更时应另外制作；

⑤ 当需要作其他强度鉴定时，外加试块的组数由各工程自定。

5）现场浇筑混凝土强度应以试块强度为依据。试块强度应符合设计要求。

（3）钻孔灌注桩基础

1）钢筋骨架安装前应设置定位钢环、混凝土垫块以保证保护层厚度。安装钢筋骨架时应避免碰撞孔壁，符合要求后应立即固定。

2）水下灌注的混凝土必须具有良好的和易性，坍落度一般采用 180～220mm。混凝土配合比应经过试验确定。

3）导管内的隔水球位置应临近水面，首次灌注时导管内的混凝土应能保证将隔水球从导管内顺利排出并将导管埋入混凝土中 0.8～1.2m。

4）导管底端应保持埋入混凝土 1.5～2m，严禁把导管底端提出混凝土面。

5）水下混凝土的灌注应连续进行，不得中断。

6）灌注桩基础混凝土强度检验应以试块为依据。试块的制作应每根桩取一组，承台及连梁应每基取一组。

（4）混凝土电杆基础及预制基础

1）混凝土电杆底盘的安装后，其圆槽面应与电杆轴线垂直，找正后应填土夯实至底盘表面。

2）混凝土电杆卡盘安装位置与方向应符合图纸规定，其深度允许偏差不应超过 ±50mm，卡盘抱箍的螺母应紧固，卡盘弧面与电杆接触处应紧密。

3）拉线盘的埋设方向，沿拉线方向的左、右偏差不应超过拉线盘中心至相对应电杆中心水平距离的 1%；沿拉线安装方向，其前后允许位移值：当拉线安装后其对地夹角值与设计值之差不应超过 1°。

4）装配式预制基础的底座与立柱连接的螺栓、铁件及找平用的垫铁，当采用浇灌水泥砂浆时，应与现场浇筑基础同样养护，回填土前应将接缝处以热沥青或其他有效的防水涂料涂刷。

5）立柱顶部与塔脚板连接部分须用砂浆抹面垫平时，其砂浆或细骨料混凝土强度不应低于立柱混凝土强度，厚度不应小于 20mm，并应按规定进行养护。

（5）岩石基础

1）岩石基础施工时，应根据设计资料逐基核查覆盖土层厚度及岩石质量，当实际情况与设计不符时，应由设计单位提出处理方案。

2）岩石基础锚筋或地脚螺栓的埋入深度不得小于设计值，安装后应有临时固定措施。

3）浇灌混凝土或砂浆时，应分层浇捣密实，并应按现场浇筑基础混凝土的规定进行养护。

4）对浇灌混凝土或砂浆的强度检验应以试块为依据，试块的制作应每基取一组。

（6）冬期施工

1）当连续 5d、室外平均气温低于 5℃时，混凝土基础工程应采取冬期施工措施，并应及时采取气温突然下降的防冻措施。

2）冬期钢筋焊接，宜在室内进行，当必须在室外焊接时，其最低气温不宜低于 −20℃。焊后的接头严禁立即碰到冰雪。

3）配制冬期施工的混凝土，应优先选用硅酸盐水泥或普通硅酸盐水泥。水泥强度等级不应低于 42.5，浇筑 C15 强度等级混凝土时，最小水泥用量不宜少于 $300kg/m^3$，水灰比不应大于 0.6。

4）冬期拌制混凝土时应优先采用加热水的方法，水及骨料的加热温度不得超过最高温度的规定。混凝土拌合物的入模温度不得低于 5℃。

5）冬期施工不得在已冻结的基坑底面浇筑混凝土，已开挖的基坑底面应有防冻措施。

6）拌制混凝土的最短时间应符合最短时间的规定。

7）冬期混凝土养护宜选用覆盖法、暖棚法、蒸汽法或负温养护法。当采用暖棚法养护混凝土时，混凝土养护温度不应低于 5℃，并应保持混凝土表面湿润。

1.6.1.6　杆塔工程

（1）一般规定

杆塔组立必须有完整的施工技术设计。组立过程中，应采取不导致部件变形或损坏的措施。

（2）铁塔

1）铁塔基础符合下列规定时始可组立铁塔：

① 经中间检查验收合格；

② 分解组立铁塔时，混凝土的抗压强度应达到设计强度的 70%；

③ 整体立塔时，混凝土的抗压强度应达到设计强度的 100%；当立塔操作采取有效防止基础承受水平推力的措施时，混凝土的抗压强度允许不低于设计强度的 70%。

2）铁塔组立后，各相邻节点间主材弯曲度不得超过 1/750。

（3）混凝土电杆

1）混凝土电杆（指离心环形混凝土电杆）及预制构件在装卸及运输中严禁互相碰撞、急剧坠落和不正确的支吊，以防止混凝土产生裂缝和其他损伤。

2）预应力混凝土电杆及构件不得有纵向、横向裂缝。普通钢筋混凝土电杆及细长构件不得有纵向裂缝；横向裂缝宽度不应超过 0.1mm。

3）钢圈连接的混凝土电杆，宜采用电弧焊接。电杆焊接后，放置地平面检查时，其分段及整根电杆的弯曲均不应超过其对应长度的 2‰。超过时应割断调直，重新焊接。

4）钢圈焊接接头焊完后应及时将表面铁锈、焊渣及氧化层清理干净，并按设计规定进行防锈处理。

5）混凝土电杆上端应封堵。设计无特殊要求时，下端不封堵，放水孔应打通。

6）以抱箍连接的叉梁，其上端抱箍组装尺寸的允许偏差应为±50mm。分段组合叉梁，组装后应正直，不应有明显的鼓肚、弯曲。横隔梁的组装尺寸允许偏差应为±50mm。

（4）钢管电杆

1）电杆在装卸及运输中，杆端应有保护措施。运至桩位的杆段及构件不应有明显的凹坑、扭曲等变形。

2）杆段间若为套接连接时，其套接长度不得小于设计套接长度。

3）钢管电杆连接后，其分段及整根电杆的弯曲均不应超过其对应长度的 2‰。

4）架线后，直线电杆的倾斜应不超过杆高的 5‰，转角杆组立前宜向受力侧预倾斜，预倾斜值由设计确定。

（5）拉线

1）杆塔的拉线应在监视下对称调整，防止过紧或受力不均而使杆塔产生倾斜或局部弯曲。

2）对一般杆塔的拉线应进行调整且要求拉线收紧即可。对设计有初应力规定的拉线应按设计要求的初应力允许范围且观察杆塔倾斜不超过允许值的情况下进行安装与调整。

3）架线后应对全部拉线进行复查和调整，拉线安装后应符合下列规定：

① 拉线与拉线棒应呈一直线；

② X 型拉线的交叉点处应留足够的空隙，避免相互磨碰；

③ 拉线的对地夹角允许偏差应为 1°；

④ NUT 型线夹带螺母后的螺杆必须露出螺纹，并应留有不小于 1/2 螺杆的可调螺纹长度，以供运行中调整；NUT 线夹安装后应将双螺母拧紧并应装设防盗罩；

⑤ 组合拉线的各根拉线应受力均衡。

1.6.1.7 架线工程

（1）放线的一般规定

1）放线前应有完整有效的架线（包括放线、紧线及附件安装等）施工技术文件。

2）跨越电力线、弱电线路、铁路、公路、索道及通航河流时，必须有完整可靠的跨越施工技术措施。导线或架空地线在跨越档内接头应符合设计规定。

3）导线放线滑车轮槽底部的轮径，展放镀锌钢绞线架空地线时，其滑车轮槽底部的轮径与所放钢绞线直径之比不宜小于 15。

（2）张力放线

1）电压等级为 330kV 及以上线路工程的导线展放必须采用张力放线；

2）良导体架空地线及 220kV 线路的导线展放也应采用张力放线。110kV 线路工程的导线展放宜采用张力放线。

3）张力展放导线用的多轮滑车的轮槽宽应能顺利通过接续管及其护套。轮槽应采用挂胶或其他韧性材料。滑轮的磨阻系数不应大于 1.015。

4）张力机放线主卷筒槽底直径 $D \geqslant 40d - 100mm$（d-导线直径），张力机尾线轴架的制动力与反转力应与张力机匹配。

5）张力放线区段的长度不宜超过 20 个放线滑轮的线路长度，当难以满足规定时，必须采取有效的防止导线在展放中受压损伤及接续管出口处导线损伤的特殊施工措施。

6）一般情况下牵引场应顺线路布置。张力场不宜转向布置，特殊情况下须转向布置时，转向滑车的位置及角度应满足张力架线的要求。

7）张力放线、紧线及附件安装时，应防止导线损伤，在容易产生损伤处应采取有效的防止措施。达到严重损伤时，应将损伤部分全部锯掉，用接续管将导线重新连接。

（3）连接

1）不同金属、不同规格、不同绞制方向的导线或架空地线，严禁在一个耐张段内连接。

2）当导线或架空地线采用液压或爆压连接时，操作人员必须经过培训及考试合格、持有操作许可证。连接完成并自检合格后，应在压接管上打上操作人员的钢印。

3）导线或架空地线，必须使用合格的电力金具配套接续管及耐张线夹进行连接。连接后的握着强度，应在架线施工前进行试件试验。试件不得少于 3 组（允许接续管与耐张线夹合为一组试件）。其试验握着强度对液压及爆压都不得小于导线或架空地线设计使用拉断力的 95%。

4）对小截面导线采用螺栓式耐张线夹及钳压管连接时，其试件应分别制作。螺栓式耐张线夹的握着强度不得小于导线设计使用拉断力的 90%。钳压管直线连接的握着强度，不得小于导线设计使用拉断力的 95%。架空地线的连接强度应与导线相对应。

5）切割导线铝股时严禁伤及钢芯。

6）爆压管爆后外观有下列情形之一者，应割断重接：

① 管口外线材明显烧伤，断股；

② 管体穿孔、裂缝；

③ 弯曲度不得大于 2%，有明显弯曲时应校直；

④ 校直后的接续管如有裂纹，应割断重接；

⑤ 裸露的钢管压后应涂防锈漆。

（4）紧线

1）紧线施工前应根据施工荷载验算耐张、转角型杆塔强度，必要时应装设临时拉线或进行补强。采用直线杆塔紧线时，应采用设计允许的杆塔做紧线临锚杆塔。

2）观测弧垂时的实测温度应能代表导线或架空地线的温度，温度应在观测档内实测。

3）跨越通航河流的大跨越档弧垂允许偏差不应大于 ±1%，其正偏差不应超过 1m。

4）跨越通航河流大跨越档的相间弧垂最大允许偏差应为 500mm。

5）相分裂导线同相子导线的弧垂应力求一致，不安装间隔棒的垂直双分裂导线，同相子导线间的弧垂允许偏差为 +100mm。

6）架线后应测量导线对被跨越物的净空距离，计入导线蠕变伸长换算到最大弧垂时必须符合设计规定。

114

（5）附件安装

1）采用张力放线时，其耐张绝缘子串的挂线宜采用高空断线、平衡挂线法施工。

2）为了防止导线或架空地线因风振而受损伤，弧垂合格后应及时安装附件。附件（包括间隔棒）安装时间不应超过 5d。

3）附件安装时应采取防止工器具碰撞有机复合绝缘子伞套的措施，在安装中严禁踩踏有机复合绝缘子上下导线。

4）悬垂线夹安装后，绝缘子串应垂直地平面，个别情况其顺线路方向与垂直位置的偏移角不应超过 5°，且最大偏移值不应超过 200mm。

5）绝缘子串、导线及架空地线上的各种金具上的螺栓、穿钉及弹簧销子，除有固定的穿向外，其余穿向应统一。

6）各种类型的铝质绞线，在与金具的线夹夹紧时，除并沟线夹及使用预绞丝护线条外，安装时应在铝股外缠绕铝包带。

7）安装于导线或架空地线上的防振锤及阻尼线应与地面垂直，设计有特殊要求时应按设计要求安装。其安装距离偏差不应大于±30mm。

8）分裂导线间隔棒的结构面应与导线垂直，安装时应测量次档距。杆塔两侧第一个间隔棒的安装距离偏差不应大于端次档距的±1.5%，其余不应大于次档距的±3%。各相间隔棒安装位置应相互一致。

9）绝缘架空地线放电间隙的安装距离偏差，不应大于±2mm。

10）柔性引流线应呈近似悬链线状自然下垂，其对杆塔及拉线等的电气间隙必须符合设计规定。使用压接引流线时其中间不得有接头。刚性引流线的安装应符合设计要求。

（6）光缆架设

1）光缆架线施工必须采用张力放线方法。

2）选择放线区段长度应与光缆长度相适应。

3）张力放线机主卷筒槽底直径不应小于光缆直径的 70 倍，且不得小于 1m。

4）放线滑轮槽底直径不应小于光缆直径的 40 倍，且不得小于 500mm。滑轮槽应采用挂胶或其他韧性材料。滑轮的磨阻系数不应大于 1.015。

5）牵张场的位置应保证进出线仰角不宜大于 25°，其水平偏角应小于 7°。

6）放线滑车在放线过程中，其包络角不得大于 60°。

7）张力牵引过程中，初始速度应控制在 5m/min 以内。正常运转后牵引速度不宜超过 60m/min。

8）牵张设备必须可靠接地。牵引过程中导引绳和光纤复合架空地线必须挂接地滑车。

9）紧完线后，光缆在滑车中的停留时间不宜超过 48h。附件安装后，当不能立即接头时，光纤端头应做密封处理。

1.6.1.8 接地工程

（1）接地装置应按设计图敷设，受地质地形条件限制时可作局部修改。

（2）敷设水平接地体，遇倾斜地形宜沿等高线敷设；两接地体间的平行距离不应小于 5m。

（3）垂直接地体应垂直打入，并防止晃动。

（4）接地体连接，除设计规定的断开点可用螺栓连接外，其余应用焊接或液压、爆压方式连接。

（5）接地引下线与杆塔的连接应接触良好，并应便于断开测量接地电阻。当引下线直接从架空地线引下时，引下线应紧靠杆身，并应每隔一定距离与杆身固定。

（6）测量接地电阻可采用接地摇表。所测得的接地电阻值不应大于设计规定值。

1.6.1.9 工程验收与移交

（1）工程验收应按隐蔽工程验收、中间验收和竣工验收的规定项目、内容进行。本规范相关条文的规定，是工程验收的依据。

（2）中间验收按基础工程、杆塔组立、架线工程、接地工程进行。分部工程完成后实施验收，也可分批进行。

（3）线路工程未经竣工验收及试验判定合格，不得投入运行。

（4）完成各项验收、试验、档案移交，且试运行成功，施工、监理、设计、建设及运行各方签署竣工验收签证书后，即为竣工移交。

1.6.2　电力安全工作规程（电力线路部分）（GB 26859—2011）

1.6.2.1　范围

本标准规定了电力生产单位和在电力生产场所工作人员的基本电气安全要求。本标准适用于具有 66kV 及以上电压等级设施的发电企业所有运用中的电气设备及其相关场所；具有 35kV 及以上电压等级设施的输电、变电和配电企业所有运用中的电气设备及其相关场所；具有 220kV 及以上电压等级设施的用电单位运用中的电气设备及其相关场所。

1.6.2.2　安全组织措施

（1）一般要求

安全组织措施作为保证安全的制度措施之一，包括工作票、工作的许可、监护、间断和终结等。工作票签发人、工作负责人（监护人）、工作许可人、专责监护人和工作班成员在整个作业流程中应履行各自的安全职责。

工作票是准许在线路及配电设备上工作的书面安全要求之一，可包含编号、工作地点、工作内容、计划工作时间、工作许可时间、工作终结时间、停电范围和安全措施，以及工作票签发人、工作许可人、工作负责人和工作班成员等内容。

（2）现场勘察

现场勘察应查看现场检修（施工）作业范围内设施情况，现场作业条件、环境，应停电的设备、保留或邻近的带电部位等。

根据现场勘察结果，对危险性、复杂性和困难程度较大的作业项目，应制订组织措施、技术措施和安全措施。

（3）工作票种类

需要线路或配电设备全部停电或部分停电的工作，填用电力线路第一种工作票。

带电线路杆塔上与带电导线符合最小安全距离规定的工作以及运行中的配电设备上的工作，填用电力线路第二种工作票。

事故紧急抢修工作使用紧急抢修单或工作票。非连续进行的事故修复工作应使用工作票。

工作票一份交工作负责人，另一份交工作票签发人或工作许可人。

一个工作负责人不应同时执行两张及以上工作票。

电力线路第一种工作票、电力线路第二种工作票和电力线路带电作业工作票的有效时间，以批准的检修计划工作时间为限，延期应办理手续。

（4）工作许可

填用电力线路第一种工作票的工作，工作负责人应在得到全部工作许可人的许可后，方可开始工作。

填用电力线路第二种工作票时，不必履行工作许可手续。

带电作业工作负责人在带电作业工作开始前，应与设备运行维护单位或值班调度员联系并履行有关许可手续。

许可工作可采用下列命令方式：

1）电话下达；

2）当面下达；

3）派人送达。

工作许可人应在线路可能受电的各方面都拉闸停电、装设好接地线后，方可发出线路停电检修的许可工作命令。

不应约时停、送电。

（5）工作监护

工作负责人、专责监护人应始终在工作现场，对工作班成员进行监护。线路停电工作时，工作负责人在工作班成员确无触电等危险的情况下，可一起参加工作。

（6）工作间断

工作间断时，工作地点的全部接地线可保留不变。若工作班需暂时离开工作地点，应采取安全措施。恢复工作前，应检查接地线等各项安全措施的完整性。

（7）工作终结和恢复送电

完工后，工作负责人应检查线路检修地段的状况，确认杆塔、导线、绝缘子串及其他辅助设备上没有遗留的个人保安线、工具、材料等，确认全部工作人员已从杆塔上撤下后，再下令拆除工作地段所装设的接地线。接地线拆除后，不应再登杆工作。

工作终结后，工作负责人应及时报告工作许可人，报告方式如下：

1）当面报告；

2）电话报告。

工作许可人在接到所有工作负责人的工作终结报告，并确认全部工作已完毕，所有工作人员已从线路上撤离，接地线已全部拆除，核对无误后，方可下令拆除各侧安全措施，恢复送电。

1.6.2.3 安全技术措施

（1）一般要求

在线路和配电设备上工作，应有停电、验电、装设接地线及个人保安线、悬挂标示牌和装设遮栏（围栏）等保证安全的技术措施。

（2）停电

停电设备的各端应有明显的断开点，或应有能反映设备运行状态的电气和机械等指示，不应在只经断路器断开电源的设备上工作。

对停电设备的操作机构或部件，应采取下列措施：

1）可直接在地面操作的断路器、隔离开关的操作机构应加锁；

2）不能直接在地面操作的断路器、隔离开关应在操作部位悬挂标示牌；

3）跌落式熔断器熔管应摘下或在操作部位悬挂标示牌。

（3）验电

高压直流线路和330kV及以上的交流线路，可使用带金属部分的绝缘棒或专用的绝缘绳逐渐接触导线，根据有无放电声和火花的验电方法，判断线路是否有电，验电时应戴绝缘手套。

在恶劣气象条件时，对户外配电设备及其他无法直接验电的设备，可采用间接验电。

对同杆塔架设的多层、同一横担多回线路验电时，应先验低压、后验高压，先验下层、后验上层，先验近侧、后验远侧。

验电时人体与被验电设备的距离应符合安全距离要求。

（4）装设接地线、个人保安线

装设接地线不宜单人进行。人体不应碰触未接地的导线。

装设接地线、个人保安线时，应先装接地端，后装导线端。拆除接地线的顺序与此相反。

线路停电作业装设接地线应遵守下列规定：

1）工作地段各端以及可能送电到检修线路工作地段的分支线都应装设接地线；

2）直流接地极线路，作业点两端应装设接地线；

3）配合停电的线路可只在工作地点附近装设一处接地线。

工作中，需要断开耐张杆塔引线（连接线）或拉开断路器、隔离开关时，应先在其两侧装设接地线。

同杆塔架设的多回线路上装设接地线时，应先装低压、后装高压，先装下层、后装上层，先装近侧、后装远侧。拆除时次序相反。

工作地段有邻近、平行、交叉跨越及同杆塔线路，需要接触或接近停电线路的导线工作时，应装设接地线或使用个人保安线。

个人保安线应在接触或接近导线前装设，作业结束，人体脱离导线后拆除。

不应用个人保安线代替接地线。

（5）悬挂标示牌和装设遮栏

在一经合闸即可送电到工作地点的断路器、隔离开关及跌落式熔断器的操作处，均应悬挂"禁止合闸，线路有人工作！"的标示牌。

35kV及以下设备可用与带电部分直接接触的绝缘隔板代替临时遮栏。

在城区、人口密集区、通行道路上或交通道口施工时，工作场所周围应装设遮栏，并在相应部位装设交通警示牌。

1.6.2.4 线路运行与维护

（1）电气操作方式、操作票填写

电气操作有就地操作和遥控操作两种方式。

操作票是线路和配电设备操作前，填写操作内容和顺序的规范化票式。可包含编号、操作任务、操作顺序、操作时间，以及操作人或监护人签名等。

操作票由操作人员填用，每张票填写一个操作任务。

（2）操作的基本要求

停电操作应按照"断路器—负荷侧隔离开关—电源侧隔离开关"的顺序依次进行，送电合闸操作按相反的顺序进行。不应带负荷拉合隔离开关。

雷电天气时，不宜进行电气操作，不应就地电气操作。

操作机械传动的断路器或隔离开关时，应戴绝缘手套。没有机械传动的断路器、隔离开关和跌落式熔断器，应使用绝缘棒进行操作。

发生人身触电时，应立即断开有关设备的电源。

（3）测量

解开或恢复配电变压器和避雷器的接地引线时，应戴绝缘手套。不应直接接触与地电位断开的接地引线。

用钳形电流表测量线路或配电变压器低压侧的电流时，不应触及其他带电部分。

测量设备绝缘电阻，应将被测量设备各侧断开，验明无电压，确认设备上无人，方可进行。

测量带电线路导线的垂直距离（导线弛度、交叉跨越距离），可用测量仪或使用绝缘测量工具。不应使用皮尺、普通绳索、线尺等非绝缘工具。

1.6.2.5 邻近带电导线的工作

（1）在带电线路杆塔上的工作

工作人员活动范围及其所携带的工具、材料等，与带电导线最小距离应符合安全距离的规定。

风力大于 5 级时应停止工作。

（2）同杆塔多回线路中部分线路停电的工作

同杆塔多回线路中部分线路或直流线路中单极线路停电检修，以及同杆塔架设的10kV 及以下线路带电时，当满足规定的安全距离且采取安全措施的情况下，只能进行下层线路的登杆塔检修工作。

风力大于 5 级时，不应在同杆塔多回线路中进行部分线路检修工作及直流单极线路检修工作。

在杆塔上工作时，不应进入带电侧的横担，或在该侧横担上放置任何物件。

1.6.2.6 线路作业

（1）一般要求

垂直交叉作业时，应采取防止落物伤人的措施。

带电设备和线路附近使用的作业机具应接地。

任何人从事高处作业，进入有硫碰、高处落物等危险的生产场所，均应戴安全帽。

（2）高处作业

高处作业应使用安全带，安全带应采用高挂低用的方式，不应系挂在移动或不牢固的物件上。转移作业位置时不应失去安全带保护。

高处作业应使用工具袋，较大的工具应予固定。上下传递物件应用绳索拴牢传递，不应上下抛掷。

在线路作业中使用梯子时，应采取防滑措施并设专人扶持。

（3）坑洞开挖

基坑内作业时，应防止物体回落坑内，并采取临边防护措施。

在土质松软处挖坑，应采取加挡板、撑木等防止塌方的措施。不应由下部掏挖土层。

在可能存在有毒有害气体的场所挖坑时，应采取防毒措施。

居民区及交通道路附近开挖的基坑，应设坑盖或可靠遮栏，加挂警示牌，夜间可设置普示光源。

(4) 杆塔上作业

攀登前，应检查杆根、基础和拉线牢固，检查脚扣、安全带、脚钉、爬梯等登高工具、设施完整牢固。上横担工作前，应检查横担联结牢固，检查时安全带应系在主杆或牢固的构件上。

新立杆塔在杆基未完全牢固或做好拉线前，不应攀登。

不应利用绳索、拉线上下杆塔或顺杆下滑。

在导线、地线上作业时应采取防止坠落的后备保护措施。在相分裂导线上工作，安全带可挂在一根子导线上，后备保护绳应挂在整组相导线上。

(5) 杆塔施工

立、撤杆塔过程中基坑内不应有人工作。立杆及修整杆坑时，应采取防止杆身倾斜、滚动的措施。

使用抱杆立、撤杆时，抱杆下部应固定牢固，顶部应设临时拉线控制，临时拉线应均匀调节。

整体立、撤杆塔前应检查各受力和联结部位全部合格方可起吊。立、撤杆塔过程中，吊件垂直下方、受力钢丝绳的内角侧不应有人。

在带电设备附近进行立撤杆时，杆塔、拉线、临时拉线与带电设备的安全距离应符合规定，且有防止立、撤杆过程中拉线跳动和杆塔倾斜接近带电导线的措施。

临时拉线应在永久拉线全部安装完毕并承力后方可拆除，拆除检修杆塔受力构件时，应事先采取补强措施。杆塔上有人工作时，不应调整或拆除拉线。

(6) 放线、紧线与撤线

放线、紧线与撤线作业时，工作人员不应站或跨在以下位置：

1) 已受力的牵引绳上；

2) 导线的内角侧；

3) 展放的导（地）线；

4) 钢丝绳圈内；

5) 牵引绳或架空线的垂直下方。

不应采用突然剪断导（地）线的方法松线。

放线、撤线或紧线时，应采取措施防止导（地）线由于摆（跳）动或其他原因而与带电导线间的距离不符合安全规定。

同杆塔架设的多回线路或交叉档内，下层线路带电时，上层线路不应进行放、撤导（地）线的工作。上层线路带电时，下层线路放、撤导（地）线应保持规定的安全距离，采取防止导（地）线产生跳动或过牵引而与带电导线接近至危险范围的措施。

(7) 起重与运输

在起吊、牵引过程中，受力钢丝绳的周围、上下方、内角侧，以及起吊物和吊臂的下面，不应有人逗留和通过。

在电力设备附近进行起重作业时，起重机械臂架、吊具、辅具、钢丝绳及吊物等与架空输电线及其他带电体的最小安全距离应符合规定要求。

1.6.2.7 配电设备上的工作

（1）一般要求

在高压配电室、箱式变电站、配电变压器台架上的停电工作，应先拉开低压侧刀闸，后拉开高压侧隔离开关或跌落式熔断器，再在停电的高、低压引线上验电、接地。

采用高压双电源供电和有自备电源的用电单位，高压接入点应设有明显断开点。

高压配电设备验电时，应戴绝缘手套。

（2）架空绝缘导线作业

架空绝缘导线不应视为绝缘设备，不应直接接触或接近。

不应穿越未停电接地的绝缘导线进行工作。

（3）装表接电

装表接电作业宜在停电下进行。带电装表接电时，应戴手套，防止机械伤害和电弧灼伤。

配电箱、电表箱应可靠接地。工作人员在接触配电箱、电表箱前，应检查接地装置良好，并用验电笔确认箱体无电后，方可接触。

（4）低压不停电作业

低压不停电作业时，工作人员应穿绝缘鞋、全棉长袖工作服、戴手套、安全帽和护目眼镜，站在干燥的绝缘物上进行。

低压不停电工作，应使用有绝缘柄的工具。

高低压线路同杆塔架设，在低压带电线路上工作时，应先检查与高压线的距离，采取防止误碰带电高压设备的措施。

上杆前，应先分清相线、零线，选好工作位置。断开导线时，应先断开相线，后断开零线。搭接导线时，顺序应相反。人体不应同时接触两根线头。

1.6.2.8 带电作业

风力大于 5 级，或湿度大于 80% 时，不宜进行带电作业。

带电作业应设专责监护人。复杂作业时，应增设监护人。

带电作业有下列情况之一者，应停用重合闸或直流再启动装置，并不应强送电：

1）中性点有效接地系统中可能引起单相接地的作业；

2）中性点非有效接地系统中可能引起相间短路的作业；

3）直流线路中可能引起单极接地或极间短路的作业；

4）不应约时停用或恢复重合闸及直流再启动装置。

1.6.2.9 电力电缆工作

（1）一般要求

沟槽开挖应采取防止土层塌方的措施。

电缆隧道、电缆井内应有充足的照明，并有防火、防水、通风的措施。

进入电缆井、电缆隧道前，应用通风机排除浊气，再用气体检测仪检查井内或隧道内的易燃易爆及有毒气体的含量。

在 10kV 跌落式熔断器与电缆头之间，宜加装过渡连接装置，工作时应与跌落式熔断器上桩头带电部分保持安全距离。在 10kV 跌落式熔断器上桩头带电时，未采取绝缘隔离措施前，不应在跌落式熔断器下桩头新装、调换电缆尾线或吊装、搭接电缆终端头。

（2）电缆试验安全措施

电缆试验时，应防止人员误入试验场所。电缆两端不在同一地点时，另一端应采取防范措施。

电缆试验结束，应在被试电缆上加装临时接地线，待电缆尾线接通后方可拆除。

1.6.3 电力安全工作规程（变电部分）（国家电网安监〔2009〕664 号）

1.6.3.1 总则

（1）作业现场的生产条件和安全设施等应符合有关标准规范的要求，工作人员的劳动防护用品应合格、齐备。

（2）经常有人工作的场所及施工车辆上宜配备急救箱，存放急救用品，并应指定专人经常检查、补充或更换。

（3）各类作业人员应接受相应的安全生产教育和岗位技能培训，经考试合格上岗。

（4）作业人员对本规程应每年考试一次。因故间断电气工作连续 3 个月以上者，应重新学习本规程，并经考试合格后，方能恢复工作。

（5）外单位承担或外来人员参与公司系统电气工作的工作人员应熟悉本规程、并经考试合格，经设备运行管理单位认可，方可参加工作。

（6）任何人发现有违反本规程的情况，应立即制止，经纠正后才能恢复作业。各类作业人员有权拒绝违章指挥和强令冒险作业；在发现直接危及人身、电网和设备安全的紧急情况时，有权停止作业或者在采取可能的紧急措施后撤离作业场所，并立即报告。

1.6.3.2 高压设备工作的基本要求

（1）换流站不允许单人值班或单人操作。

（2）无论高压设备是否带电，工作人员不得单独移开或越过遮栏进行工作；若有必要移开遮栏时，应有监护人在场，并符合表 1-38 的安全距离。

设备不停电时的安全距离　　　　　　　　　　　　　　　　　表 1-38

电压等级（kV）	安全距离（m）	电压等级（kV）	安全距离（m）
10 及以下（13.8）	0.70	750	7.20[①]
20、35	1.00	1000	8.70
63（66）、110	1.50	±50 及以下	1.50
220	3.00	±500	6.00
330	4.00	±660	8.40
500	5.00	±800	9.30

注：表中未列电压等级按高一档电压等级安全距离。
① 750kV 数据是按海拔 2000m 校正的，其他等级数据按海拔 1000m 校正。

（3）10、20、35kV 户外（内）配电装置的裸露部分在跨越人行过道或作业区时，若导电部分对地高度分别小于 2.7（2.5）、2.8（2.5）、2.9m（2.6m），该裸露部分两侧和底部应装设护网。

（4）户外 10kV 及以上高压配电装置场所的行车通道上，应根据表 1-39 设置行车安全限高标志。

车辆（包括装载物）外廓至无遮栏带电部分之间的安全距离　　　　表 1-39

电压等级（kV）	安全距离（m）	电压等级（kV）	安全距离（m）
10	0.95	500	4.55
20	1.05	750	6.70
35	1.15	1000	8.25
63（66）	1.40	±50 及以下	1.65
110	1.65（1.75）	±500	5.60
220	2.55	±660	8.00
330	3.25	±800	9.00

注：1. 括号内数字为 110kV 中性点不接地系统所使用。
　　2. 750kV 数据是按海拔 2000m 校正的，其他等级数据按海拔 1000m 校正。

（5）待用间隔（母线连接排、引线已接上母线的备用间隔）应有名称、编号，并列入调度管辖范围。其隔离开关（刀闸）操作手柄、网门应加锁。

（6）在手车开关拉出后，应观察隔离挡板是否可靠封闭。封闭式组合电器引出电缆备用孔或母线的终端备用孔应用专用器具封闭。

（7）雷雨天气，需要巡视室外高压设备时，应穿绝缘靴，并不准靠近避雷器和避雷针。

（8）高压设备发生接地时，室内不准接近故障点 4m 以内，室外不准接近故障点 8m 以内。进入上述范围人员应穿绝缘靴，接触设备的外壳和构架时，应戴绝缘手套。

（9）倒闸操作应根据值班调度员或运行值班负责人的指令受令人复诵无误后执行。发布指令应准确、清晰，使用规范的调度术语和设备双重名称，即设备名称和编号。发令人和受令人应先互报单位和姓名，发布指令的全过程（包括对方复诵指令）和听取指令的报告时双方都要录音并做好记录。操作人员（包括监护人）应了解操作目的和操作顺序。对指令有疑问时应向发令人询问清楚无误后执行。

（10）每张操作票只能填写一个操作任务。

（11）高压电气设备都应安装完善的防误操作闭锁装置。防误操作闭锁装置不得随意退出运行，停用防误操作闭锁装置应经本单位分管生产的行政副职或总工程师批准；短时间退出防误操作闭锁装置时，应经变电站站长或发电厂当值班长批准，并应按程序尽快投入。

（12）停电拉闸操作应按照断路器（开关）—负荷侧隔离开关（刀闸）—电源侧隔离开关（刀闸）的顺序依次进行，送电合闸操作应按与上述相反的顺序进行。禁止带负荷拉合隔离开关（刀闸）。

（13）开始操作前，应先在模拟图（或微机防误装置、微机监控装置）上进行核对性模拟预演，无误后，再进行操作。

（14）监护操作时，操作人在操作过程中不准有任何未经监护人同意的操作行为。

（15）操作中发生疑问时，应立即停止操作并向发令人报告。待发令人再行许可后，方可进行操作。不准擅自更改操作票，不准随意解除闭锁装置。解锁工具（钥匙）应封存保管，所有操作人员和检修人员禁止擅自使用解锁工具（钥匙）。若遇特殊情况需解锁操作，应经运行管理部门防误操作装置专责人到现场核实无误并签字后，由运行人员报告当值调度员，方能使用解锁工具（钥匙）。单人操作、检修人员在倒闸操作过程中禁止解锁。如需解锁，应待增派运行人员到现场，履行上述手续后处理。解锁工具（钥匙）使用后应及时封存。

（16）下列各项工作可以不用操作票：

1）事故应急处理。

2）拉合断路器（开关）的单一操作。

上述操作在完成后应做好记录，事故应急处理应保存原始记录。

（17）同一变电站的操作票应事先连续编号，计算机生成的操作票应在正式出票前连续编号，操作票按编号顺序使用。操作票应保存一年。

1.6.3.3 保证安全的组织措施

（1）在电气设备上的工作，应填用工作票或事故应急抢修单，其方式有以下6种：

1）填用变电站（发电厂）第一种工作票。

2）填用电力电缆第一种工作票。

3）填用变电站（发电厂）第二种工作票。

4）填用电力电缆第二种工作票。

5）填用变电站（发电厂）带电作业工作票。

6）填用变电站（发电厂）事故应急抢修单。

（2）一张工作票中，工作票签发人、工作负责人和工作许可人三者不得互相兼任。

（3）一个工作负责人不能同时执行多张工作票，工作票上所列的工作地点，以一个电气连接部分为限。

1）所谓一个电气连接部分是指：电气装置中，可以用隔离开关同其他电气装置分开的部分。

2）直流双极停用，换流变压器及所有高压直流设备均可视为一个电气连接部分。

3）直流单极运行，停用极的换流变压器、阀厅、直流场设备、水冷系统可视为一个电气连接部分。双极公共区域为运行设备。

（4）若以下设备同时停、送电，可使用同一张工作票：

1）属于同一电压、位于同一平面场所，工作中不会触及带电导体的几个电气连接部分。

2）一台变压器停电检修，其断路器也配合检修。

3）全站停电。

（5）需要变更工作班成员时，应经工作负责人同意，在对新的作业人员进行安全交底手续后，方可进行工作。非特殊情况不得变更工作负责人，如确需变更工作负责人应由工作票签发人同意并通知工作许可人，工作许可人将变动情况记录在工作票上。工作负责人允许变更一次。原、现工作负责人应对工作任务和安全措施进行交接。

（6）工作票签发人：

1）工作必要性和安全性。

2）工作票上所填安全措施是否正确完备。

3）所派工作负责人和工作班人员是否适当和充足。

（7）工作负责人（监护人）：

1）正确安全地组织工作。

2）负责检查工作票所列安全措施是否正确完备，是否符合现场实际条件，必要时予以补充。

3）工作前对工作班成员进行危险点告知，交代安全措施和技术措施，并确认每一个工作班成员都已知晓。

4）严格执行工作票所列安全措施。

5）督促、监护工作班成员遵守本规程，正确使用劳动防护用品和执行现场安全措施。

6）工作班成员精神状态是否良好，变动是否合适。

（8）专责监护人：

1）明确被监护人员和监护范围。

2）工作前对被监护人员交代安全措施，告知危险点和安全注意事项。

3）监督被监护人员遵守本规程和现场安全措施，及时纠正不安全行为。

（9）在同一电气连接部分用同一工作票依次在几个工作地点转移工作时，全部安全措施由运行人员在开工前一次做完，不需再办理转移手续。但工作负责人在转移工作地点时，应向工作人员交代带电范围、安全措施和注意事项。

（10）全部工作完毕后，工作班应清扫、整理现场。工作负责人应先周密地检查，待全体工作人员撤离工作地点后，再向运行人员交代所修项目、发现的问题、试验结果和存在问题等，并与运行人员共同检查设备状况、状态，有无遗留物件，是否清洁等，然后在工作票上填明工作结束时间。经双方签名后，表示工作终结。

待工作票上的临时遮栏已拆除，标示牌已取下，已恢复常设遮栏，未拆除的接地线、未拉开的接地刀闸（装置）等设备运行方式已汇报调度，工作票方告终结。

1.6.3.4 保证安全的技术措施

（1）在电气设备上工作，保证安全的技术措施。

1）停电。

2）验电。

3）接地。

4）悬挂标示牌和装设遮栏（围栏）。

上述措施由运行人员或有权执行操作的人员执行。

（2）工作地点，应停电的设备，包括检修的设备、与工作人员在进行工作中正常活动范围的距离小于表1-40规定的设备。

工作人员工作中正常活动范围与设备带电部分的安全距离 表1-40

电压等级（kV）	安全距离（m）	电压等级（kV）	安全距离（m）
10及以下（13.8）	0.35	750	8.00①
20、35	0.60	1000	9.50
63（66）、110	1.50	±50及以下	1.50
220	3.00	±500	6.80
330	4.00	±660	9.00
500	5.00	±800	10.10

注：表中未列电压按高一档电压等级的安全距离。

① 750kV数据是按海拔2000m校正的，其他等级数据按海拔1000m校正。

（3）验电时，应使用相应电压等级、合格的接触式验电器，在装设接地线或合接地刀闸（装置）处对各相分别验电。验电前，应先在有电设备上进行试验，确证验电器良好；无法在有电设备上进行试验时可用工频高压发生器等确证验电器良好。

（4）高压验电应戴绝缘手套。验电器的伸缩式绝缘棒长度应拉足，验电时手应握在手柄处不得超过护环，人体应与验电设备保持表 1-38 中规定的距离。雨雪天气时不得进行室外直接验电。

（5）装设接地线应先接接地端，后接导体端，接地线应接触良好，连接应可靠。拆接地线的顺序与此相反。装、拆接地线均应使用绝缘棒和戴绝缘手套。人体不得碰触接地线或未接地的导线，以防止触电。带接地线拆设备接头时，应采取防止接地线脱落的措施。

1.6.3.5 线路作业时变电站和发电厂的安全措施

线路的停、送电均应按照值班调度员或线路工作许可人的指令执行。禁止约时停、送电。

1.6.3.6 带电作业

（1）在海拔 1000m 以上（750kV 为海拔 2000m 以上）带电作业时，应根据作业区不同海拔高度，修正各类空气与固体绝缘的安全距离和长度、绝缘子片数等，并编制带电作业现场安全规程，经本单位分管生产领导（总工程师）批准后执行。

（2）进行地电位带电作业时，人身与带电体间的安全距离不得小于表 1-41 的规定。35kV 及以下的带电设备，不能满足表 1-41 规定的最小安全距离时，应采取可靠的绝缘隔离措施。

带电作业时人身与带电体间的安全距离　　　　　　　　表 1-41

电压等级（kV）	10	35	63（66）	110	330	500	750	±500	±660	±800
距离（m）	0.4	0.6	0.7	1.0	2.2	3.4（3.2）	5.2（5.6）	3.4	—	6.8

注：1. 表中数据是根据线路带电作业安全要求提出的。
2. 220kV 带电作业安全距离因受设备限制达不到 1.8m 时，经单位领导（总工程师）批准，并采取必要的措施后，可采用括号内 1.6m 的数值。
3. 海拔 500m 以下，500kV 取 3.2m，但不适用 500kV 紧凑型线路。海拔在 500～1000m 时，500kV 取 3.4m 值。
4. 5.2m 为海拔 1000m 以下值，5.6m 为海拔 2000m 以下的距离。
5. 此为单回输电线路数据，括号中数据 6.0m 为边相，6.8m 为中相。

（3）绝缘操作杆、绝缘承力工具和绝缘绳索的有效绝缘长度不得小于表 1-42 的规定。

绝缘工具最小绝缘长度　　　　　　　　表 1-42

电压等级（kV）	有效绝缘长度（m）	
	绝缘操作杆	绝缘承力工具、绝缘绳索
10	0.7	0.4
35	0.9	0.6
63（66）	1.0	0.7
110	1.3	1.0
220	2.1	1.8
330	3.1	2.8
500	4.0	3.7

电压等级（kV）	有效绝缘长度（m）	
	绝缘操作杆	绝缘承力工具、绝缘绳索
750	—	5.3
1000		6.8
±500	3.5	3.2
±660	—	—
±800	—	6.6

（4）带电作业不得使用非绝缘绳索（如棉纱绳、白棕绳、钢丝绳）。

（5）等电位作业人员在电位转移前，应得到工作负责人的许可。转移电位时，人体裸露部分与带电体的距离不应小于表 1-43 的规定。

等电位作业转移电位时人体裸露部分与带电体的最小距离　　表 1-43

电压等级（kV）	35、63（66）	110、220	330、550	±500
距离（m）	0.2	0.3	0.4	0.4

（6）在连续档距的导、地线上挂梯（或飞车）时，其导、地线的截面不得小于：钢芯铝绞线和铝合金绞线 120mm²；钢绞线 50mm²（等同 OPGW 光缆和配套的 LGJ-70/40 导线）。

（7）带电断、接空载线路时，作业人员应戴护目镜，并应采取消弧措施。消弧工具的断流能力应与被断、接的空载线路电压等级及电容电流相适应。如使用消弧绳，则其断、接的空载线路的长度不应大于表 1-44 规定，且作业人员与断开点应保持 4m 以上的距离。

使用消弧断、接空载线路的最大长度　　表 1-44

电压等级（kV）	10	35	63（66）	110	220
长度（km）	50	30	20	10	3

注：线路长度包括分支在内，但不包括电缆线路。

（8）带电水冲洗作业前应掌握绝缘子的脏污情况，当盐密值大于表 1-45 最大临界盐密值的规定，一般不宜进行水冲洗，否则，应增大水电阻率来补救。避雷器及密封不良的设备不宜进行带电水冲洗。

带电水冲洗临界盐密值（仅适用于 220kV 及以下）[①]　　表 1-45

爬电比距[②]（mm/kV）	发电厂及变电站支柱绝缘子或密闭瓷套管							
	14.8～16（普通型）				21～31（防污型）			
临界盐密值（mg/cm²）	0.02	0.04	0.08	0.12	0.08	0.12	0.16	0.2
水电阻率（Ω·cm²）	1500	3000	10000	5000 及以上	1500	3000	10000	50000 及以上
爬电比距[②]（mm/kV）	线路悬式绝缘子							
	14.8～16（普通型）				21～31（防污型）			
临界盐密值（mg/cm²）	0.05	0.07	0.12	0.15	0.12	0.15	0.2	0.22
水电阻率（Ω·cm²）	1500	3000	10000	50000 及以上	1500	3000	10000	50000 及以上

① 330kV 及以上等级的临界盐密值尚不成熟，暂不列入。

② 爬电比距指电力设备外绝缘的爬电距离与设备最高工作电压之比。

（9）在 330kV、±400kV 及以上电压等级的线路杆塔上及变电站构架上作业，应采取防静电感应措施，例如穿静电感应防护服、导电鞋等（220kV 线路杆塔上作业时宜穿导电鞋）。

（10）绝缘架空地线应视为带电体。在绝缘架空地线附近作业时，作业人员与绝缘架空地线之间的距离不应小于 0.4m。如需在绝缘架空地线上作业应用接地线将其可靠接地或采用等电位方式进行。

（11）用绝缘绳索传递大件金属物品（包括工具、材料等）时，杆塔或地面上作业人员应将金属物品接地后再接触，以防电击。

（12）保护间隙的距离应按表 1-46 的规定进行整定。

保护间隔整定值 表 1-46

电压等级（kV）	220	330	500	750	1000
间隔距离（m）	0.7~0.8	1.0~1.1	1.3	2.3	3.6

注：330kV 及以下保护间隔提供的数据是圆弧形，500kV 及以上保护间隔提供的数据是球形。

（13）带电作业工具使用前，仔细检查确认没有损坏、受潮、变形、失灵，否则禁止使用。并使用 2500V 及以上绝缘电阻表或绝缘检测仪进行分段绝缘检测（电极宽 2cm，极间宽 2cm），阻值应不低于 700MΩ。操作绝缘工具时应戴清洁、干燥的手套。

（14）带电作业工具应定期进行电气试验及机械试验，其试验周期为：

电气试验：预防性试验每年一次，检查性试验每年一次，两次试验间隔半年。

机械试验：绝缘工具每年一次，金属工具两年一次。

1.6.3.7 发电机、同期调相机和高压电动机的检修、维护工作

（1）发电厂主要机组（锅炉、汽机、燃机、发电机、水轮机、水泵水轮机）停用检修，只需第一天办理开工手续，以后每天开工时，应由工作负责人检查现场，核对安全措施。检修期间工作票始终由工作负责人保存在工作地点。

在同一机组的几个电动机上依次工作时，可填用一张工作票。

（2）做好防止被其带动的机械（如水泵、空气压缩机、引风机等）引起电动机转动的措施，并在阀门（风门）上悬挂"禁止合闸，有人工作！"的标示牌。

（3）工作尚未全部终结，而需送电试验电动机或启动装置时，应收回全部工作票并通知有关机械部分检修人员后，方可送电。

1.6.3.8 在六氟化硫（SF$_6$）电气设备上的工作

装有 SF$_6$ 设备的配电装置室和 SF$_6$ 气体实验室，应装设强力通风装置，风口应设置在室内底部，排风口不应朝向居民住宅或行人。

1.6.3.9 在停电的低压配电装置和低压导线上的工作

低压配电盘、配电箱和电源干线上的工作，应填用变电站（发电厂）第二种工作票。

在低压电动机和在不可能触及高压设备、二次系统的照明回路上工作可不填用工作票，但应做好相应记录，该工作至少由两人进行。

1.6.3.10 二次系统上的工作

（1）下列情况应填用变电站（发电厂）第一种工作票：

1）在高压室遮栏内或与导电部分小于表 1.6-1 规定的安全距离进行继电保护、安全

自动装置和仪表等及其二次回路的检查试验时，需将高压设备停电者。

2）在高压设备继电保护、安全自动装置和仪表、自动化监控系统等及其二次回路上工作需将高压设备停电或做安全措施者。

3）通信系统同继电保护、安全自动装置等复用通道（包括载波、微波、光纤通道等）的检修、联动试验需将高压设备停电或做安全措施者。

4）在经继电保护出口跳闸的发电机组热工保护、水车保护及其相关回路上工作需将高压设备停电或做安全措施者。

（2）下列情况应填用变电站（发电厂）第二种工作票：

1）继电保护装置、安全自动装置、自动化监控系统在运行中改变装置原有定值时不影响一次设备正常运行的工作。

2）对于连接电流互感器或电压互感器二次绕组并装在屏柜上的继电保护、安全自动装置上的工作，可以不停用所保护的高压设备或不需做安全措施者。

3）在继电保护、安全自动装置、自动化监控系统等及其二次回路，以及在通信复用通道设备上检修及试验工作，可以不停用高压设备或不需做安全措施者。

4）在经继电保护出口的发电机组热工保护、水车保护及其相关回路上工作，可以不停用高压设备的或不需做安全措施者。

（3）监护人由技术水平较高及有经验的人担任，执行人、恢复人由工作班成员担任，按二次工作安全措施票的顺序进行。

上述工作至少由两人进行。

1.6.3.11 电气试验

（1）高压试验应填用变电站（发电厂）第一种工作票。在高压试验室（包括户外高压试验场）进行试验时，按 DL 560—1995《电业安全工作规程（高压试验室部分）》的规定执行。

在同一电气连接部分，高压试验工作票发出时，应先将已发出的检修工作票收回，禁止再发出第二张工作票。如果试验过程中，需要检修配合，应将检修人员填写在高压试验工作票中。

在一个电气连接部分同时有检修和试验时，可填用一张工作票，但在试验前应得到检修工作负责人的许可。

如加压部分与检修部分之间的断开点，按试验电压有足够的安全距离，并在另一侧有接地短路线时，可在断开点的一侧进行试验，另一侧可继续工作。但此时在断开点应挂有"止步，高压危险！"的标示牌，并设专人监护。

（2）高压试验工作不得少于两人。试验负责人应由有经验的人员担任，开始试验前，试验负责人应向全体试验人员详细布置试验中的安全注意事项，交代邻近间隔的带电部位，以及其他安全注意事项。

（3）试验结束时，试验人员应拆除自装的接地短路线，并对被试设备进行检查，恢复试验前的状态，经试验负责人复查后，进行现场清理。

1.6.3.12 电力电缆工作

（1）工作前应详细核对电缆标志牌的名称与工作票所写的相符，安全措施正确可靠后，方可开始工作。

（2）填用电力电缆第一种工作票的工作应经调度的许可，填用电力电缆第二种工作票的工作可不经调度的许可。若进入变、配电站、发电厂工作，都应经当值运行人员许可。

（3）电力电缆设备的标志牌要与电网系统图、电缆走向图和电缆资料的名称一致。

1.6.3.13　一般安全措施

（1）任何人进入生产现场（办公室、控制室、值班室和检修班组室除外），应正确佩戴安全帽。

（2）所有电气设备的金属外壳均应有良好的接地装置。使用中不准将接地装置拆除或对其进行任何工作。

（3）手持电动工器具如有绝缘损坏、电源线护套破裂、保护线脱落、插头插座裂开或有损于安全的机械损伤等故障时，应立即进行修理，在未修复前，不得继续使用。

（4）遇有电气设备着火时，应立即将有关设备的电源切断，然后进行救火。消防器材的配备、使用、维护，消防通道的配置等应遵守 DL 5027—1993《电力设备典型消防规程》的规定。

（5）工作场所的照明，应该保证足够的亮度。现场的临时照明线路应相对固定，并经常检查、维修。照明灯具的悬挂高度应不低于 2.5m，并不得任意挪动；低于 2.5m 时应设保护罩。

（6）气瓶搬运应使用专门的抬架或手推车。

（7）用汽车运输气瓶时，气瓶不准顺车厢纵向放置，应横向放置并可靠固定。气瓶押运人员应坐在司机驾驶室内，不准坐在车厢内。

（8）禁止把氧气瓶及乙炔气瓶放在一起运送，也不准与易燃物品或装有可燃气体的容器一起运送。

（9）氧气瓶内的压力降到 0.2MPa（兆帕），不准再使用。用过的瓶上应写明"空瓶"。

（10）使用中的氧气瓶和乙炔气瓶应垂直放置并固定起来，氧气瓶和乙炔气瓶的距离不得小于 5m，气瓶的放置地点不准靠近热源，应距明火 10m 以外。

（11）一级动火工作票由申请动火部门（车间、分公司、工区）的动火工作票签发人签发，本部门（车间、分公司、工区）安监负责人，消防管理负责人审核、本部门（车间、分公司、工区）分管生产的领导或技术负责人（总工程师）批准，必要时还应报当地公安消防部门批准。

（12）动火工作票所列人员的基本条件：

一、二级动火工作票签发人应是经本单位（动火单位或设备运行管理单位）考试合格并经本单位分管生产的领导或总工程师批准并书面公布的有关部门负责人、技术负责人或有关班组班长、技术员。

动火工作负责人应是具备检修工作负责人资格并经本单位考试合格的人员。

动火执行人应具备有关部门颁发的合格证。

（13）动火工作票各级审批人员和签发人：

1）工作的必要性。

2）工作的安全性。

130

3）工作票上所填安全措施是否正确完备。

（14）一级动火时，动火部门分管生产的领导或技术负责入（总工程师）、消防（专职）人员应始终在现场监护。

（15）二级动火时，动火部门应指定人员，并和消防（专职）人员或指定的义务消防员始终在现场监护。

（16）一、二级动火工作在次日动火前应重新检查防火安全措施，并测定可燃气体、易燃液体的可燃气体含量，合格方可重新动火。

（17）一级动火工作的过程中，应每隔 2～4h 测定一次现场可燃气体、易燃液体的可燃气体含量是否合格，当发现不合格或异常升高时应立即停止动火，在未查明原因或排除险情前不准动火。

（18）动火工作完毕后，动火执行人、消防监护人、动火工作负责人和运行许可人应检查现场有无残留火种，是否清洁等。确认无问题后，在动火工作票上填明动火工作结束时间，经四方签名后（若动火工作与运行无关，则三方签名即可），盖上"已终结"印章，动火工作方告终结。

（19）动火工作票保存 1 年。

1.6.3.14 起重与运输

（1）遇有 6 级以上的大风时，禁止露天进行起重工作。当风力达到 5 级以上时，受风面积较大的物体不宜起吊。

（2）遇有大雾、照明不足、指挥人员看不清各工作地点或起重机操作人员未获得有效指挥时，不准进行起重工作。

（3）吊物上不许站人，禁止作业人员利用吊钩来上升或下降。

（4）作业时，起重机臂架、吊具、辅具、钢丝绳及吊物等与架空输电线及其他带电体的最小安全距离不得小于表 1-47 的安全距离，应停电进行。

与带电体的最小安全距离   表 1-47

电压（kV）	<1	1～10	35～63	110	220	330	500
最小安全距离（m）	1.5	3.0					

（5）使用前应检查各部分是否完好。油压式千斤顶的安全栓有损坏、螺旋式千斤顶或齿条式千斤顶的螺纹或齿条的磨损量达 20% 时，禁止使用。

（6）合成纤维吊装带应按出厂数据使用，无数据时禁止使用。使用中应避免与尖锐棱角接触，如无法避免应装设必要的护套。

（7）吊装带用于不同承重方式时，应严格按照标签给予定值使用。

（8）发现外部护套破损显露出内芯时，应立即停止使用。

1.6.3.15 高处作业

（1）凡在坠落高度基准面 2m 及以上的高处进行的作业，都应视作高处作业。

（2）硬质梯子的横档应嵌在支柱上，梯阶的距离不应大于 40cm，并在距梯顶 1m 处设限高标志。使用单梯工作时，梯与地面的斜角度约为 60°。

梯子不宜绑接使用。人字梯应有限制开度的措施。

人在梯子上时，禁止移动梯子。

1.6.4 案例分析

1.6.4.1 220kV××变电站技改项目施工中人身伤亡事故

2010年8月19日8时30分，某供电公司所属的集体企业在××220kV变电站改造工程消缺工作中，更换10kVⅠ段母线电压互感器时，发生触电事故，2人当场死亡、1人严重烧伤，伤者经医院抢救无效于8月27日13时死亡，构成较大人身伤亡事故。

（1）事故背景

1）工程概况

220kV××站技术改造是2009年某省电力公司大型技改项目，工程主要内容为全站综合自动化改造，其中包含更换10kV高压柜及其他部分一次设备。其中10kVⅠ段母线设备是铠装移开式金属封闭开关设备，型号：KYN28A-12；制造厂家：泰豪科技股份有限公司；生产日期：2010年5月；投运日期：2010年6月7日。

10kVⅠ段高压柜于2010年5月21日开始施工（当时10kVⅠ段电压互感器高压柜安装也是此班组施工），施工单位于2010年5月27日向生产技术部提交了10kVⅠ段高压柜的竣工报告。5月28日，生技部组织变电运行分公司、变电检修试验分公司、电力调度中心相关人员对×变电站10kVⅠ段电压互感器进行了验收，当时发现电压互感器未按招标文件要求提供二次补偿绕组，后告知厂家，厂家答应重新发货（带二次补偿绕组电压互感器）。由于该缺陷暂不影响运行，考虑到10kVⅠ段母线带有重要负荷，6月7日18时37分10kVⅠ段母线电压互感器投入运行。

在厂家发送带二次补偿绕组的电压互感器到货后，××电公司8月17日安排由技改施工单位8月19日对电压互感器进行更换。

2）事故前运行方式

该220kV变电站1号、2号主变并列运行；1号主变高、中压侧中性点直接接地；2号主变高压侧、中压侧中性点间隙接地；1号、2号主变档位在6档；1号、2号主变差动、瓦斯、零序、过流、风冷全停均投跳闸。

220kV系统：220kVⅠ、Ⅱ母并列运行。

110kV系统：110kVⅠ、Ⅱ母并列运行；旁母冷备用。

10kV系统：10kVⅠ、Ⅱ段母线并列运行、10kV金龙一线913开关、1号站用变919开关、1号主变10kV侧901开关在Ⅰ段母线运行；10kV金龙二线934开关、2号站用变914开关在Ⅱ母运行，2号主变10kV侧902开关备用。

3）事故经过

8月18日20时，该220kV变电站收到施工单位检修班的一份变电第一种电子工作票，工作内容为"10kVⅠ段电压互感器更换"，工作票编号为"××变201008015"，工作负责人为徐××，工作票签发人为彭××。

8月19日7时10分，变电站值班员汪××接到地调洪××关于10kVⅠ段母线电压互感器由运行转检修的指令，操作人徐×，监护人何××，填写并执行"××201008015号"操作票，于7时23分完成操作，将10kVⅠ段母线电压互感器由运行转检修。

变电站运行人员未认真审核工作票上所列安全措施内容，只按照工作票所填要求，拉出10kVⅠ段母线设备间隔9511小车至检修位置，断开电压互感器二次空开，在Ⅰ段母线电压互感器柜悬挂"在此工作"标示牌，在左右相邻柜门前后各挂红布幔和"止步，高压危险"警示牌，现场没有实施接地措施。由于电压互感器位置在 9511 柜后，必须由检修人员卸下柜后档板才能进行验电，变电站运行人员（工作许可人）何××与工作负责人徐××等人一同到现场只对 10kV I 段电压互感器进行了验电，验明电压互感器确无电压之后，7 时 50 分，工作许可人何××许可了工作。工作负责人徐××带领工作班成员何××、袁××、汪××、石××四人，进入 10kV 高压室 I 段电压互感器间隔进行工作，工作分工是何××、石××在工作负责人徐××的监护下完成电压互感器更换工作，袁××、汪××在 10kV 高压室外整理设备包装箱。

8 时 30 分，10kV 高压室一声巨响，浓烟喷出，控制室消防系统报警，1 号主变低压后备保护动作，分段 931 开关跳闸，10kV 侧 901 开关跳闸。值班人员马上前往 10kV 高压室查看情况，高压室 I 段电压互感器柜处现场有明火并伴有巨大浓烟，何××浑身着火跑出高压室，在高压室外整理包装箱的袁××、汪××帮助其灭火，变电站值班长邓××立即指挥本值员工苏××、胡××、韩×灭火，但由于室内温度太高、浓烟太大无法进入高压室进行灭火。

8 时 35 分，变电站人员拨打 120、119 求救，并电话报告××供电公司领导。

8 时 40 分左右，现场施工人员和运行人员再次冲入高压室内进行灭火和救人，发现徐××和石××在 10kV I 段母线电压互感器柜内被电击死亡。

8 时 45 分左右，××供电公司领导及安监、生技等相关人员到达现场进行现场处置，施工单位领导及变电工程分公司领导也前往现场进行处理。

8 时 50 分左右，120 救护车到达现场，把烧伤的何××送往医院抢救，后转入医院进行救治，诊断烧伤面积接近 100%，深度三级，于 8 月 27 日 13 时医治无效死亡。

（2）事故原因及责任分析

1）设备生产厂家未与需方沟通擅自更改设计，提供的设备实际一次接线与技术协议和设计图纸不一致，是导致事故的直接原因和主要原因。

根据设计要求，10kV 母线电压互感器和避雷器均装设在 10kV 母线设备间隔中，上述设备的一次接线应接在母线设备间隔小车之后。而厂家在实际接线中，仅将 10kV 母线电压互感器接在母线设备间隔小车之后，将 10kV 避雷器直接连接在 10kV 母线上。在实际接线变更后，厂家未将变更情况告之设计、施工、运行单位，导致拉开 10kV 母线电压互感器 9511 小车后，10kV 避雷器仍然带电。

由于电压互感器与避雷器共同安装在 10kV I 段母线设备柜内，检修人员在工作过程中，触碰到带电的避雷器上部接线桩头，造成人员触电伤亡，是造成本次事故的直接原因和主要原因。

2）××供电公司安全责任制落实不到位，技术管理不到位，技改工程组织管理不细、管理流程走过场，设计单位工作不实，运行管理不严格，新设备交接验收不规范等问题是造成本次事故的重要原因。

① 生产技术管理粗放、责任制不落实，对技改项目管理不严，对设计、施工、监理单位存在的问题未及时发现和提出整改要求。运行管理不严格，验收把关不严，在组织对 10kV I 段母线设备的竣工验收过程中，未能及时发现 10kV 母线电压互感器柜内一次接线与设计不符的错误。

② 电气一次主接线图编制、审核把关不严，工作流程管控缺失，不到现场进行核实，

仅凭施工设计图为依据编制电气一次主接线，致使现场运行主接线图与10kV母线电压互感器柜内的避雷器一次接线不一致，为事故的发生留下重大隐患。

③ 本项目设计工作把关不严，与供货方设计交底不细，主动与供货方沟通不够。

④ 安全管理工作不实，安全教育和技能培训缺乏针对性，效果低下。这次事故暴露出"电气两票"实施中的"三种人"对《国家电网公司电力安全工作规程》（以下简称：《安规》）和《电气两票管理规定》不熟悉，从而违反规程和执行不到位，没有起到阻止事故发生的作用。

××供电公司作为技改工程建设单位，项目管理不到位、责任制不落实，生产技术管理粗放、技改工程交接验收把关不严，生产准备不充分、运行管理不细致、设备及运行接线图图实核查不细，现场安全管控不到位，对事故负直接管理责任。

3）施工单位组织和现场安全管理、技术管理不到位，《安规》和《省电力公司电气两票管理规定》执行缺位，现场作业过程中危险点分析和控制弱化，安全意识不强是导致事故的直接原因。

① 现场工作负责人徐××作为开关设备安装工作负责人，直接参加了设备的交接验收和安装，对电压互感器柜内避雷器接线应清楚，但安全意识淡薄，现场作业过程中危险点分析和控制弱化；现场勘查不仔细，未发现同处一室的避雷器带电，对现场未采取明显的接地措施视而不见，违反了《安规（变电部分）》第3.2.10.2条；作为现场工作的组织和监护者，其直接参与工作班工作，冒险组织作业，工作失职，违反了《安规（变电部分）》第3.4.3条。工作班成员石××、何××，作为直接作业人，未发现同处一室的避雷器带电，相互关心和自我保护意识不强，监督《安规》和现场安全措施的实施不到位，违反了《安规（变电部分）》第3.2.10.5条。

② 现场施工方案简单，标准化作业指导书针对性不强；设备安装工作人员在开关柜安装过程中未能及时发现设备外壳上标示的接线图与施工设计图不一致，在现场到货验收及三级自检过程中，也未能发现10kV母线电压互感器柜内一次接线的错误。此次工作的工作票签发人彭××安全责任心差，工作履责不到位，对现场勘查不够仔细，未发现主接线图与现场实际不相符，导致所签发的工作票中，对同处一室的避雷器未停电，接地措施不到位，违反了《安规（变电部分）》第3.2.10.1条；执行电气两票管理规定缺位，规定中明确指出"在35kV及以下高压开关柜内工作，必须详细检查柜内有无带电部位，必要时工作票签发人应会同运行人员进行现场查勘，如无可靠隔离措施，应扩大停电范围"，是造成本次事故的直接原因。

4）220kV变电站运行维护工作不到位，《安规》等规章制度执行不严，现场验电范围不全面，未补充实施接地安全措施，是造成本次事故的又一直接原因。

220kV变电站管理不严，安全生产执行缺位，变电站运行人员责任心不强，设备巡视检查不认真，维护工作不到位，未能及时发现厂家高压开关柜上接线图与变电站电气一次主接线图不符的问题。工作许可人何××《安规》学习、执行不力，现场安全意识淡薄，对设备停电后的验电工作不到位，验电范围不全面，未能验明电压互感器柜内的避雷器带电，且未补充实施接地安全措施，违反了《安规（变电部分）》第3.2.10.3条及《电气两票管理规定》中"在35kV及以下有高压保险的母线电压互感器、避雷器上同时工作，应在电压互感器、避雷器的桩头引线上分别装设接地线一组"要求，是造成本次事故的直接原因。

5）监理单位未能认真履行工程监理职责，在组织对开关柜现场验收及安装施工过程中，监督把关不严，未能发现电压互感器设备接线错误等安全隐患是造成本次事故的次要原因。

（3）事故暴露的主要问题

事故暴露出内部安全生产还存在诸多薄弱环节和管理漏洞，从领导层、管理层到作业层在安全管理和技术管理上还存在诸多问题。

1）领导层安全责任制不落实，安全管理深度不够，抓安全工作不实，对安全生产调查分析研究不够，存在高高在上，工作浮躁现象。

2）管理层管理粗放，安全管理广度和力度不够，安全管理要求和标准层层折扣，安全管理与生产实际脱节，管理违章时有发生。

3）作业层方面，部分员工安全意识淡薄，《安规》、"两票三制"等安全生产刚性规章制度执行不力，作业人员行为不规范，现场作业中松散随意、冒险蛮干、习惯性违章等顽疾依然存在。

4）现场"三措一案"编制粗糙，针对性不强，联合会审把关不严，项目部履责缺位，现场标准化作业工作未得到认真执行。

5）现场技术管理不到位，到岗到位履责走过场，交接验收环节把关不严，图纸编制、审核流程管控缺失，生产技术部门履责不到位。

6）现场安全防护措施不完善，安全技术措施落实不到位，现场危险点分析和预控工作开展不实，致使现场作业人员对危险源造成的后果估计不足，缺乏应对措施。

7）安全隐患排查治理工作开展不深入、不扎实、不全面，职能部门职责不清，履责缺位，治理整改工作不闭环，走过场。

8）部分作业人员、管理人员素质不高，安全意识不强，技术水平低下，缺乏起码的危险辨识能力和自我保护能力，安全培训开展不够，现场业务技能、安全技能培训针对性不强，自我保护能力差。

（4）预防事故重复发生的措施

1）恪尽职守，尽职尽责，集中精力，切实抓好安全工作，确保各级安全生产责任落实到位。增强执行国家电网公司安全规章制度、落实省公司安全工作要求的自觉性和严肃性，严格工作要求，把安全生产责任落实到每项工作的管理者、组织者、实施者，落实到每个环节、每个岗位、每个员工，充分发挥关键岗位人员的把关作用，切实提高安全管理执行力。

2）事故发生后，该省公司生产技术部立即下发《关于暂停进入 10～35kVKYN 型交流 PT 柜内作业的紧急通知》，要求公司所属各供电公司、超高压分公司、柘林水电开发有限责任公司及各县级供电公司，立即暂停对进入运行中的 10～35kV 交流 PT 柜内的试验、检修、消缺等一切柜内工作，组织对运行和基建、改造工程中的 10～35kV 交流 PT 柜进行专项检查。

3）从 9 月 1 日起，该省电力公司全面开展为期三个月的电网设备"图实相符"专项排查治理活动，通过全面开展电网设备"图实相符"专项排查治理活动，实现电网输变配电设备一、二次接线图与现场实际"六相符"。

4）为深刻汲取事故教训，进一步加强安全生产工作，针对现阶段面临的安全形势和任务，该省电力公司各单位近期要组织召开一次由行政一把手主持的安全生产委员会会议，认真梳理安全生产存在的薄弱环节和管理漏洞，举一反三，确保安全生产稳定。

5）针对封闭式高压开关柜工作，要进一步提升现场到岗到位管理等级，到岗到位的领导和管理人员要加强对现场作业过程中危险点分析和控制，检查督促落实现场各项安全措施，省电力公司要制定现场安全监督标准，制定管理办法，各级领导干部到岗到位要做到沉到一线，与一线工人同吃、同住、同劳动，及时发现和解决工作现场存在的问题。

6）该省电力公司组织设计、运维、检试等技术人员进行讨论，确定避雷器直接连接于母线结构形式 PT 柜的整改方案，反馈给有关制造厂家，并组织制造厂家召开专题会议，要求制造厂尽快提出改造方案和做好备料准备，年底前，省电力公司各单位（含县公司）要完成避雷器直接连接于母线结构形式 PT 柜的整改工作。

7）严格设备验收和工程竣工验收把关程序。设备验收严格按照签订的技术协议和招标文件要求进行；加强施工单位的全过程管控，落实工程施工过程中监督与验收，规范技术标准，将"严禁采用避雷器直接连接于母线结构形式"写入 10～35kV 交流 PT 柜的招标采购标书和技术协议中；将 10～35kV 高压母线设备柜的一次接线列为工程验收的重点内容，做好试验报告内容核查工作。尽快讨论下发工程竣工验收工作标准，推行工程验收标准化作业。

8）该省电力公司各单位近期就如何做好封闭式高压开关柜现场安全措施开展一次有针对性的培训，特别要加强对有关作业人员尤其是工作票"三种人"的安全规程、制度、技术等培训，并确保实效，明确各自安全职责，提高安全防护的能力和水平。

9）全面清理各级设备台账，完善图纸资料。建立健全设备档案，各级单位和部门要配备哪些资料、书籍，班组要配备哪些图纸资料、备品备件和工器具都要有详细的规定。

10）编制设备隐患排查工作大纲，明确各级管理职责，确定隐患排查开展的方式，梳理隐患排查流程，建立闭环管理制度。根据"8.19"事故暴露出的问题，开展有针对性的隐患排查工作。依据相关的标准、规程、规范和反措等，制定隐患排查大纲，提高隐患排查工作的可操作性，使设备隐患排查工作取得实效。

11）××供电公司近期内停止除紧急消缺之外的所有工作，组织各基层单位开展一次专题安全日活动，要求公司员工认真分析事故发生的原因和后果，用本次事故教育全体员工，认真吸取事故教训，加强安全培训，稳定职工情绪，确保安全生产。

12）料水供电公司组织全体员工要认真学习《安规》和《电气两票管理规定》等规程规定，增强员工安全意识和操作技能，切实履行安全职责，并由公司组织考试，根据考试成绩重新确定和下发"三种人"名单。

1.6.4.2 某 10kV 线路设备带电处缺人身触电事故

2010 年 10 月 14 日，××供电公司带电作业人员在处理 10kV 线路设备缺陷时，发生人身触电事故，造成一名带电作业人员死亡。

（1）事故经过

2010 年 10 月 13 日下午，××供电公司宋庄供电所运行人员向带电班班长王×× 报 10kV 平疃路 34 支 10 号杆设备危急缺陷。该缺陷为 10kV 平疃路 34 支 10 号杆中相立铁因紧固螺母脱落，螺栓脱出；中相立铁和绝缘子及导线向东边相倾斜，中相绝缘子搭在东边相绝缘子上，中相绝缘子瓷裙损坏；中相导线距离东边相导线约为 20 厘米。带电班班长安排班内人员于次日进行带电处缺。

2010 年 10 月 14 日 9 时 40 分，工作负责人李××带领带电作业人员樊×（劳务派遣工，2000 年 3 月参加工作，2005 年 5 月进入××劳务公司，2009 年 4 月取得带电作业资格）、刘×、陈××和赵××到达现场处理设备缺陷。到达现场后，工作负责人针对现场工作环境和设备缺陷状况，拟定了施工方案和作业步骤：第一步由陈××在带电作业车主绝缘斗内用绝缘杆将倾斜的中相导线推开，确保中相导线与东边相导线满足实施绝缘遮蔽的工作间距，并由樊×在副绝缘斗内对中相导线放电线夹做绝缘遮蔽。第二步由陈××用绝缘杆推正导线，将中相立铁推至抱箍凸槽正面，协助樊×进行立铁螺栓的对孔工作，由樊×安装、紧固立铁上侧螺母。第三步由陈××对东边相的放电线夹作绝缘防护工作后，由樊×更换中相绝缘子工作。随后填写了电力线路事故应急抢修单。

工作开始，陈××、樊×穿戴好安全防护用具进入绝缘斗内，由陈××用绝缘杆将倾斜的中相导线推开，樊×对中相导线放电线夹做绝缘防护后，陈××继续用绝缘杆推动导线，将中相立铁推至抱箍凸槽正面，由樊×安装、紧固立铁上侧螺母。10 时 20 分，樊×在安装中相立铁上侧螺母时，因螺栓在抱箍凸槽内，戴绝缘手套无法顶出螺栓，便擅自摘下双手绝缘手套作业，左手拿着螺母靠近中相立铁，举起右手时，与遮蔽不严的放电线夹放电，造成人身触电。

10 时 25 分，现场工作人员将触电者樊×解救下带电车，并对其做心肺复苏抢救，同时报 120 急救中心。28 分，现场工作负责人李××报输配电工区主任范××。30 分，输配电工区主任范××报××供电公司相关领导及安监处负责人。45 分，120 急救中心到达事故现场，急救人员做相关检查和施救后，将樊×拉至×区潞河医院抢救。48 分，××供电公司相关领导及安监处负责人到达事故现场。53 分，××供电公司相关领导报××市电力公司相关领导及部室。11 时 30 分，××市电力公司相关领导及部室人员到达事故现场。11 时 50 分，樊×在××潞河医院经抢救无效死亡。

（2）事故原因

1）直接原因

樊×在工作时违反操作规程，擅自摘掉绝缘手套进行工作，违反××市电力公司《配电线路带电作业操作规程》中 4.7.2 条的规定，属于明令禁止的 15 项"配电线路带电作业典型违章"中的作业时不使用或不正确使用安全防护用具，以致作业时失去基本人身安全防护，两手分别接触带电体（放电线夹带电部分）和接地体（中相立铁），形成放电回路，是其触电的直接原因。

2）主要原因

绝缘遮蔽措施不完善。该项带电作业工作中，中相遮蔽措施不可靠，两边相未实施绝缘遮蔽，违反了××市电力公司《配电线路带电作业操作规程》4.9 条中"对作业范围内的所有带电体和接地体进行绝缘遮蔽"的规定，属于明令禁止的 15 项"配电线路带电作业典型违章"中的绝缘遮蔽不完善或使用不合格的绝缘遮蔽用具，导致中相放电线夹对樊×放电，是导致事故的主要原因。

3）间接原因

① 安全监护不到位。作业过程中杆下监护人（工作负责人）和绝缘斗上监护人未能

实施有效的监护，对作业人员樊×摘掉双手绝缘手套进行作业的违章行为没有及时制止，对遮蔽措施不完善的情况未能及时纠正。

② 施工方法错误，现场指挥不利。工作负责人未能按照《配电线路带电作业操作规程》7.6条"带电更换针式绝缘子（直线杆）"项目中小吊臂作业法指挥作业人员正确施工。

③ 对带电作业管理不严，要求不高，带电作业现场工作准备不充分。××供电公司对带电作业工作的危险度重视不够，此次现场作业违反××市电力公司安全规程及带电作业工作管理规定，带电作业现场未使用带电作业工作票和工序质量控制卡，以电力线路事故应急抢修单代替带电作业工作票，导致相关组织措施、安全技术措施、现场标准化作业不能有效落实。

（3）暴露问题

1）作业人员安全意识淡薄，自我保护意识不强。在带电作业过程中多处违反××市电力公司《配电线路带电作业操作规程》中的有关规定，暴露出作业人员执行规章制度不严格，习惯性违章严重。

2）现场工作负责人责任心不强，技术水平不高，在没有对作业进行现场勘察的前提下，盲目制定实施方案。针对此次带电处理缺陷（包括正立铁和更换中相绝缘子）的工作内容，一辆带电作业车、一组作业人员不具备开展该项带电处缺工作，工作负责人却盲目制定实施方案，对作业风险估计不足，未制定完善的防护措施，强行施工。

3）监护人员监护不到位，对监护内容没有针对性。专责监护人员（工作负责人）在地面监护时，监护工作不到位，没有及时制止工作人员摘掉绝缘手套的严重违章行为，也没有发现绝缘遮蔽不严问题。配合作业人员只顾及配合工作，监护人责任心不强，未尽到相互监护职责。

4）带电缺陷处理未使用带电作业工作票。对安规学习、执行不到位，在带电处理设备危急缺陷现场时，错误使用电力线路事故应急抢修单。

5）××供电公司带电作业安全、开展技能培训的实效性不强。带电作业人员缺乏危险点辨识能力和自我保护能力，现场业务技能、安全技能欠缺。对复杂带电作业现场不能制定正确的施工组织方案，不能正确掌握绝缘遮蔽工艺。

6）带电处缺流程以及现场安全管理存在严重漏洞。××供电公司带电处缺作业的管理流程存在漏洞。作业人员未严格按照《××市电力公司带电作业管理规定》执行现场勘察、确定正确的作业方案、组织措施和技术措施。带电处缺作业未列入××供电公司生产计划及信息发布管理范围，造成管理人员不能及时掌握带电处理缺陷的时间、地点和作业内容，不能对带电处缺作业进行安全巡检，作业现场失去监管。

7）带电作业专业管理不到位。没有有效落实××市电力公司的带电作业现场操作规程、标准化作业指导书和管理规定。

8）反违章工作开展不力。××供电公司没有认真落实国家电网公司及××市电力公司关于反违章工作的要求，反违章的力度不够，现场作业人员有章不循、有禁不止。

9）吸取安全事故教训不深刻，防范措施不到位。虽然领导班子成员、管理人员以及一线班组人员，共同对国家电网公司系统近期内的几起人身事故通报进行了学习，但是没有起到应有的警示和防范效果。.

（4）防范措施

1）××供电公司停产三天过专题安全日，组织全体员工认真分析事故原因，从主观上和管理上查找问题，举一反三，吸取教训，堵塞漏洞。并组织全体员工开展"珍爱生命 远离违章"的大讨论活动，深刻剖析自身工作中存在的违章行为，制定有效的整改措施。××供电公司领导班子召开一次专题分析会，认真分析安全生产中存在的问题，重点从安全管理、安全教育、技术培训等方面研究对策，制定整改措施。

2）以"三铁"反"三违"，认真开展反违章工作。加大作业现场的巡检力度，及时纠正各种违章行为和不安全现象。加大违章处罚力度，按照处理事故"四不放过"的原则对待违章行为，最大限度地扼制生产现场各类违章现象。

3）再次开展带电作业人员专项培训，提高带电作业人员的安全意识和业务水平，对带电作业人员每月随机抽取进行安规、操作规程考试。加强工作负责人的安全技能培训和业务技能培训，强化带电作业专业管理人员、工作负责人和现场作业人员等各岗位人员的安全意识、安全职责。

4）以安全监督审计工作为契机，细化各级人员安全责任制，强化监护人员监护职责意识，针对不同作业现场，确定具体的监护内容和要求，确保各项规章制度得到有效落实。

5）完善带电作业专业管理。一是加强《安规》学习，严格执行带电作业工作票的相关管理规定，有针对性地制定完善的安全组织措施和技术措施；二是组织开展带电作业操作规程、现场标准化作业指导书、工序质量控制卡执行情况的专项检查，进一步规范工作人员的作业行为；三是根据新工艺、新设备、新材料的应用，细化带电作业操作规程及管理规定。

6）制定危急缺陷上报处理流程，将其纳入公司整体计划管理，执行审批制度。梳理带电作业处理危急缺陷的工作类型，做好危险点分析，对于能带电作业处理的缺陷，严格执行现场勘查，制定正确的实施方案，经审核后严格按照标准化作业指导书开展工作。

7）强化带电作业现场到岗到位制度，对每个带电作业现场要求管理人员要到岗到位，工作现场必须使用录音笔，公司领导及安监巡检人员加大对作业现场巡检力度。

8）采取有效手段，组织党员、干部深入一线工作现场和班组，了解安全生产情况，对影响职工思想动态的问题进行调研，解决影响安全生产的各种因素。

（5）责任分析

1）输配电工区带电班事故责任人樊×在带电工作中违反《××市电力公司10kV架空配电线路带电作业操作规程（试行）》规定，缺乏自我保护意识，对此次事故负直接责任。

2）输配电工区带电班成员、当日现场工作负责人李××（监护人），没有正确安全地组织工作，没有及时对带电部位遮蔽不严、遮蔽不全、工作人员摘脱绝缘手套的违章行为进行制止，对此次事故负有主要责任。

3）输配电工区带电班成员、当日现场工作站在绝缘斗臂车操作人员陈××，没有及时对遮蔽不严、遮蔽不全的违章行为进行制止，两人共同作业时，没有起到互相监护的作用。对此次事故负有次要责任。

4）输配电工区带电班班长王××，作为班组的安全生产第一责任人，对班组安全生产管理不力，对此次事故负有管理责任。

5）输配电工区安全员刘××，对输配电工区安全生产管理不力监督不到位，对此次事故负有安全管理责任。

6）输配电工区主任范××，作为输配电工区的安全生产第一责任人，对该工区安全生产管理不力，对此次事故负有管理责任。

7）生产技术处处长郝××，对公司生产技术管理不到位，对危急缺陷处理规范化、带电作业规范化工作管理不到位，对此次事故负管理责任。

8）安全监察处处长王×，对××供电公司安全生产管理不规范、监督不到位，对此次事故负安全监督管理责任。

第2章　电力工程施工综合管理案例

2.1　330kV 公官Ⅲ回送电线路工程立塔施工

2.1.1　工程概况

1. 330kV 公伯峡—官亭变Ⅲ回线路工程为西北电网公伯峡水电站送出及 750kV 输变电示范工程的组成部分。本工程线路从公伯峡升压站的 330kV 出线间隔向东出线，至民和县官亭镇东北的 750kV 官亭变电所 330kV 出线构架。本工程线路长度为 58.869km，杆塔共计 140 基。均为自立塔，采用全方位不等高接腿。

2. 本线路铁塔全部采用自立式铁塔，共有 10 种塔型，其中直线塔五种，为 ZM11、ZM21、ZM3、ZM4、ZBK；换位塔一种，为 HC；直线转角塔一种，为 JB；耐张转角塔两种为 JG1、JG2；终端塔一种，为 DG1。铁塔与基础的连接形式采用地脚螺栓式和角钢斜插式两种。

3. 铁塔施工图说明

自立式铁塔的表示方法由塔型名称、本体高、挂点高组成，如：塔型为 ZM11，标准挂点高为 22.2m，中心桩处标高为 ±0.00m，挂点高是指挂线点至基础立柱顶面高差而言，本体高为挂线点至接腿位置的高差而言。

4. 施工分段表（表 2-1）

施工分段表　　　　　　　　　　　　　　　　　表 2-1

施工队	起止桩号	起止杆塔号	杆塔基数	线路长度（km）	备注
施工一队	3001 号-3040A 号	1 号-42 号	42	16.419	
施工二队	3041 号-3078 号	43 号-79 号	37	13.868	
施工三队	3079 号-3103 号	80 号-103 号	24	13.156	
施工四队	3104 号-3138 号	104 号-140 号	37	15.462	
合计			140	58.905	

5. 各种铁塔本体及组成接腿重量表

（1）ZM11 塔本体及组成接腿重量表（基础形式为插入角钢式）见表 2-2。

ZM11 塔本体及组成接腿重量表　　　　　　　　　表 2-2

	各种本体及组成接腿重量表									
本体高（m）	13		16		17.5		20.5		23.5	
本体段号	①②③④⑤(11)		①②③④⑤(10)		①②③④⑤⑥⑨		①②③④⑤⑥⑧		①②③④⑤⑥⑦	
接腿	段号	重量	段号	重量	段号	重量	段号	重量	段号	重量
+1.5					(26)	5494.36	(21)	5980.97	(16)	6632.92
+3.0	(32)	4883.39	(29)	5433.39	(25)	5680.96	(20)	6212.69	(15)	6851.48

141

各种本体及组成接腿重量表										
本体高（m）	13		16		17.5		20.5		23.5	
本体段号	①②③④⑤(11)		①②③④⑤(10)		①②③④⑤⑥⑨		①②③④⑤⑥⑧		①②③④⑤⑥⑦	
接腿	段号	重量	段号	重量	段号	重量	段号	重量	段号	重量
+4.5	(31)	5106.39	(28)	5706.55	(24)	5982.24	(19)	6475.33	(14)	7112.64
+6.0	(30)	5439.55	(27)	6045.35	(23)	6350.60	(18)	6848.49	(13)	7489.36
+7.5					(22)	6628.00	(17)	7197.33	(12)	7785.36

（2）ZM21 塔本体及组成接腿重量表（基础形式为插入角钢式）见表 2-3。

ZM21 塔本体及组成接腿重量表　　　　　　　　　表 2-3

各种本体及组成接腿重量表												
本体高（m）	13.0		16.0		17.5		20.5		23.5		26.5	
本体段号	①②③④⑤(13)		①②③④⑤(12)		①②③④⑤⑥(11)		①②③④⑤⑥(10)		①②③④⑤⑥⑦⑨		①②③④⑤⑥⑦⑧	
接腿	段号	重量	段号	重量	段号	重量	段号	重量	段号	重量	段号	重量
+1.5					(33)	5746.18	(28)	6277.23	(23)	7218.34	(18)	7831.92
+3.0	(39)	5182.92	(36)	5691.32	(32)	5937.30	(27)	6479.51	(22)	7450.66	(17)	8067.24
+4.5	(38)	5374.88	(35)	5985.64	(31)	6206.66	(26)	6768.83	(21)	7750.10	(16)	8433.60
+6.0	(37)	5683.96	(34)	6322.52	(30)	6611.62	(25)	7196.23	(20)	8115.02	(15)	8854.84
+7.5					(29)	6939.46	(24)	7613.03	(19)	8489.50	(14)	9318.40

（3）ZM3 塔本体及组成接腿重量表（基础形式为插入角钢式）见表 2-4。

ZM3 塔本体及组成接腿重量表　　　　　　　　　表 2-4

各种本体及组成接腿重量表										
本体高	13		16		17.5		20.5		23.5	
本体段号	①②③④⑤⑨		①②③④⑤⑥(13)		①②③④⑤⑥(17)		①②③④⑤⑥(7)(23)		①②③④⑤⑥⑦(35)	
接腿	段号	重量	段号	重量	段号	重量	段号	重量	段号	重量
+1.5					(22)	7240.22	(28)	8200.90	(34)	8813.37
+3.0	(12)	6457.90	(16)	7136.33	(21)	7489.70	(27)	8472.50	(33)	9085.49
+4.5	(11)	6717.38	(15)	7357.49	(20)	7744.66	(26)	8754.50	(32)	9395.73
+6.0	(10)	7168.70	(14)	7812.17	(19)	8161.74	(25)	9216.58	(31)	9852.41
+7.5					(18)	8500.70	(24)	9606.34	(30)	10405.65
本体高	26.5		29.5							
本体段号	①②③④⑤⑥⑦(35)		①②③④⑤⑥⑦⑧							
接腿	段号	重量	段号	重量						
+1.5	(40)	9823.28	(45)	10539.56						
+3.0	(39)	10120.84	(44)	10806.24						

各种本体及组成接腿重量表				
本体高	26.5		29.5	
本体段号	①②③④⑤⑥⑦(35)		①②③④⑤⑥⑦⑧	
接腿	段号	重量	段号	重量
+4.5	(38)	10441.16	(43)	11125.56
+6.0	(37)	10901.40	(42)	11657.56
+7.5	(36)	11363.88	(41)	12069.88

（4）ZM4 塔本体及组成接腿重量表（基础形式为插入角钢式）见表 2-5。

ZM4 塔本体及组成接腿重量表　　　　表 2-5

各种本体及组成接腿重量表										
本体高	13		16		17.5		20.5		23.5	
本体段号	①②③④⑤⑨		①②③④⑤⑥(13)		①②③④⑤⑥(17)		①②③④⑤⑥(7)(23)		①②③④⑤⑥⑦(29)	
接腿	段号	重量	段号	重量	段号	重量	段号	重量	段号	重量
+1.5					(22)	8211.52	(28)	9207.18	(34)	10023.67
+3.0	(12)	7377.75	(16)	8130.40	(21)	8483.08	(27)	9519.38	(33)	10346.35
+4.5	(11)	7596.35	(15)	8379.72	(20)	8780.48	(26)	9844.22	(32)	10937.51
+6.0	(10)	8054.11	(14)	8931.88	(19)	9281.84	(25)	10412.14	(31)	11222.99
+7.5					(18)	9717.60	(24)	10802.82	(30)	11704.11
本体高	26.5		29.5		32.5					
本体段号	①②③④⑤⑥⑦(35)		①②③④⑤⑥⑦⑧		①②③④⑤⑥⑦⑧(41)					
接腿	段号	重量	段号	重量	段号	重量				
+1.5	(40)	10737.51	(46)	12097.13	(52)	12926.92				
+3.0	(39)	11079.43	(45)	12464.25	(51)	13277.40				
+4.5	(38)	11378.83	(44)	12817.41	(50)	13683.04				
+6.0	(37)	11979.87	(43)	13461.37	(49)	14267.48				
+7.5	(36)	12529.87	(42)	13921.81	(48)	14755.96				

（5）ZM4 塔本体及组成接腿重量表（基础形式为塔脚），见表 2-6。

ZM4 塔本体及组成接腿重量表　　　　表 2-6

各种本体及组成接腿重量表										
本体高	13		16		17.5		20.5		23.5	
本体段号	①②③④⑤(53)		①②③④⑤⑥(13)(54)		①②③④⑤⑥(17)(54)		①②③④⑤⑥(23)(55)		①②③④⑤⑥⑦(29)(56)	
接腿	段号	重量	段号	重量	段号	重量	段号	重量	段号	重量
+1.5					(22)	8492.28	(28)	9493.26	(34)	10340.11
+3.0	(12)	7563.67	(16)	8130.40	(21)	8763.84	(27)	9805.46	(33)	10662.79
+4.5	(11)	7782.27	(15)	8379.72	(20)	9061.24	(26)	10130.30	(32)	10953.95
+6.0	(10)	8240.03	(14)	8931.88	(19)	9562.60	(25)	10698.22	(31)	11539.43
+7.5					(18)	9998.36	(24)	11088.90	(30)	12020.55

各种本体及组成接腿重量表								
本体高	26.5		29.5		32.5			
本体段号	①②③④⑤⑥ ⑦(35)(57)		①②③④⑤⑥ ⑦(41)(57)		①②③④⑤⑥ ⑦⑧(47)(57)			
接腿	段号	重量	段号	重量	段号	重量		
+1.5	(40)	11110.87	(46)	12470.49	(52)	13300.28		
+3.0	(39)	11452.79	(45)	12837.61	(51)	13650.76		
+4.5	(38)	11752.19	(44)	13190.77	(50)	14056.40		
+6.0	(37)	12353.23	(43)	13834.73	(49)	14640.84		
+7.5	(36)	12903.23	(42)	14295.17	(48)	15129.32		

（6）JB 塔本体及组成接腿重量表（基础形式为直柱地脚螺栓式）见表 2-7。

JB 塔本体及组成接腿重量表　　　　表 2-7

各种本体及组成接腿重量表								
本体高	22		25					
本体段号	①②③④⑤⑥⑥⑩		①②③④⑤⑥(11)					
接腿	段号	重量	接腿	段号	重量			
22 米接腿	⑩	7943.9	25 米接腿	(11)	8750.1			

（7）JG1 塔本体及组成接腿重量表（基础形式为塔脚）见表 2-8。

JG1 塔本体及组成接腿重量表　　　　表 2-8

各种本体及组成接腿重量表										
本体高	9.5		12.5		15.5		18.5		21.5	
本体段号	①②③④⑤⑥(29)		①②③④⑤⑥⑩		①②③④⑤⑥(14)		①②③④⑥ (14)(18)		①②③④⑤⑥ (14)(22)	
接腿	段号	重量	段号	重量	段号	重量	段号	重量	段号	重量
+3.0	(9)	87983.28	(12)	10066.15	(17)	10267.37	(21)	11644.33	(25)	12730.6
+4.5	(8)	9151.00	(11)	10740.31	(16)	10648.37	(20)	11911.57	(24)	13050.4
+6.0	(7)	9728.84	(10)	12744.51	(15)	11272.57	(19)	12510.97	(23) (28)	13703.12 13854.44
+7.5									(27)	14354.32
+9.0									(26)	148732.88

（8）JG2 塔本体及组成接腿重量表（基础形式为塔脚）见表 2-9。

JG2 塔本体及组成接腿重量表　　　　表 2-9

各种本体及组成接腿重量表								
本体高	9.5		12.5		15.5		20.0	
本体段号	①②③④⑤⑥⑦(12)		①②③④⑤⑥⑦⑧(11)		①②③④⑤⑥⑦⑧(10)		①②③④⑤⑥⑦⑧⑨	
接腿	段号	重量	段号	重量	段号	重量	段号	重量
+3.0	(28)	8751.99	(20)	9957.96	(22)	11041.73		
+4.5	(27)	9122.67	(24)	10395.24	(21)	11540.65	(17)	13492.28
+6.0	(26)	9709.87	(23)	10919.32	(20)	12070.45	(16)	14019.24
+7.5					(19)	12607.85	(15)	14469.08
+9.0					(18)	13216.65	(14)	15087.60
+10.5							(13)	15756.28

144

（9）DG1 塔本体及接腿重量表（基础形式为塔脚）见表 2-10。

DG1 塔本体及接腿重量表　　　　　　　表 2-10

	各种本体及组成接腿重量表								
本体高	13.5								
本体段号	①②③④⑤⑨⑩								
接腿	段号	重量							
	⑩	14331.7							

（10）ZBK 塔本体及接腿重量表（基础形式为塔脚）见表 2-11。

ZBK 塔本体及接腿重量表　　　　　　　表 2-11

	各种本体及组成接腿重量表									
本体高	25.5		28.5		31.5		34.5		40.5	
本体段号	①②③④⑤⑥（12）		①②③④⑤⑥（11）		①②③④⑤⑥⑦⑩		①②③④⑤⑥⑦⑨		①②③④⑤⑥⑦⑧	
接腿	段号	重量	段号	重量	段号	重量	段号	重量	段号	重量
+3.0	(37)	11005.98	(33)	12149.52	(29)	13141.99	(25)	14154.03	(19)	17428.94
+4.5	(36)	11480.22	(32)	12594.36	(28)	13609.51	(24)	14754.35	(18)	18047.34
+6.0	(35)	11889.14	(31)	13009.32	(27)	14019.87	(23)	15203.95	(17)	18534.74
+7.5	(34)	12431.94	(30)	13453.36	(26)	14468.27	(22)	15749.67	(16)	19016.18
+9.0							(21)	16311.99	(15)	19660.74
+10.5							(20)	16794.91	(14)	20319.62
+12.5									(13)	20906.82

（11）HC 塔本体及接腿重量表（基础形式为塔脚）见表 2-12。

HC 塔本体及接腿重量表　　　　　　　表 2-12

	各种本体及组成接腿重量表							
本体高	28.0		25.0		22.0		19.0	
本体段号	①②③④⑤⑦		①②③④⑤⑧		①②③④⑤⑨		①②③④⑩	
接腿	段号	重量	段号	重量	段号	重量	段号	重量
	⑦	9173.0	⑧	8116.8	⑨	7576.2	⑨	6699.6

2.1.2　编制依据

1. 西北 750kV 输变电示范工程 330kV 公官Ⅲ回送电线路工程《施工承包合同》；

2. 西北电力设计院《公伯峡～官亭Ⅲ回 330kV 送电线路工程施工图》及有关设计变更；

3. 《110～500kV 架空电力线路施工及验收规范》GBJ 233；

4. 《输电线路铁塔制造技术条件》GB 2694；

5. 《电力建设安全工作规程（架空电力线路部分）》DL 5009—2；

6. 110kV-500kV 架空电力线路工程质量及评定规程 DL/T 5168；

7. 国家电力公司《输变电工程达标投产评定标准（2003 年版）》。

2.1.3　施工前的准备工作

1. 铁塔组立应在基础中间验收通过后进行，所有现场施工人员在组立塔前应接受技术及安全培训、考试，考试合格并经交底后才能进入现场。如现场检查发现，未经技术及安全培训、考试人员进入施工现场后，我部将处罚施工负责人，并对施工人员重新培训并上报监理公司。

2. 组立铁塔前，单根或分片立塔时，基础混凝土强度要求达到设计强度80％才能立塔，整体组立铁塔时，基础混凝土强度要求达到100％才能进行。

3. 组立铁塔前，应对所有要使用的工器具进行逐一检查，检查是否满足使用要求，各种工器具不得以小代大。

4. 组立铁塔前，应对每基塔位的地形、地貌、附近有无电力线等进行认真调查和分析，根据现场实际情况选用本作业指导书推荐的组立方法。

5. 立塔之前应对基础的型号、根开、对角线、相对高差、转角塔角度及预偏值数据进行仔细校核。确认与施工图和有关设计变更内容无误后方可开始组立铁塔。

6. 立塔之前应对塔位基面按要求做好平整处理。

7. 铁塔组立前还应仔细核对铁塔接腿构件编号是否同设计图纸相符合，以免出现错误。同时，还要仔细检查地脚螺栓螺帽的垫片是否与螺杆相匹配，严禁大帽带细杆。

8. 所有铁塔在塔腿组立后，为防止雷击，应及时安装接地装置，接地线必须紧贴塔脚及基础面引下，地脚螺栓基础应紧贴保护帽引下，不得打入保护帽内。接地线制作应横平竖直、工艺美观。

2.1.4　组塔施工方法

由于本标段塔位地形以山地为主，占总塔位的90％，且塔位附近电力线较多。因此，本标段自立塔主要推荐使用内悬浮抱杆内拉线分解组立法，内拉线悬浮式抱杆分解组立塔的特点是施工现场紧凑，不受地形、地物影响，特别是当线路塔位处于复杂交叉跨越地区时，组塔受外界条件的影响较小。在地形较平坦，且不受电力线影响的塔位，可使用内悬浮抱杆外拉线分解组立法，位于果园和山地的塔位推荐使用小抱杆分解组立。

1. 内悬浮抱杆内拉线分解组立铁塔施工方案

内悬浮内拉线分解组立塔是依靠联结在塔身四角顶端主材节点处的承托钢丝绳和抱杆拉线，使抱杆悬浮于塔身桁架中心起吊待装塔片。起吊塔片的提升钢丝绳通过抱杆顶部的朝天滑车，塔身上的滑车，塔脚的滑车引出塔身之外而连向牵引设备，收卷钢丝绳使塔片徐徐吊起，待一段塔身吊装完毕，则利用已组装好的塔身提升抱杆，增大抱杆悬浮高度以继续吊装塔片，按此重复交替工作，直至整基铁塔吊装完毕。

(1) 自立塔接腿的安装：

本标段自立式铁塔塔脚与基础的连接方式有两种：角钢插入式和塔脚板连接。

角钢插入式基础塔腿主材的安装如图2-1所示：首先，在插入式角钢上安装好连接塔身的包钢，再在基础旁边立一根5～6m长杉木杆，四面打好拉线（图中未画出），杉木杆顶端挂一个1t滑车，人拉大绳将接腿段主材吊起，大绳绑扎位置应使角钢就位方便，塔腿在起吊时上端应绑小绳四面加以控制，以防塔腿摆动伤人。

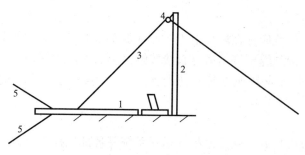

图 2-1　角钢插入式基础塔腿主材的安装
1—主材；2—衫木杆；3—大绳；4—滑车；5—控制小绳

地脚螺栓式基础塔腿主材的安装：用杉木杆制作的人字抱杆，用人工绞磨将接腿主材缓缓地拉起进行就位，角钢在起吊时上端应绑小绳四面加以控制，以防角钢摆动伤人。四根腿部主材按上述方法吊装完后，开始三面封铁，另一开口面准备立抱杆。

（2）立抱杆：

立抱杆的方法是借助人字抱杆或利用塔腿段组立抱杆。利用塔腿段组立抱杆如图 2-2 所示，为防止抱杆下沉，在其底部应垫道木；为防止起立时抱杆向前滑动，抱杆底部应连接制动绳。立抱杆前，应保证塔腿三面全部封装完毕，螺栓基本紧固，并检查抱杆连接螺栓是否拧紧，腰环、抱杆帽、抱杆座、卸扣、起重滑车、承托系统、吊点绳、拉线等安装是否正确牢固。抱杆起立过程中应随时观察，并用拉线控制，使其顺利到位。立直后，组好塔腿剩余一侧，紧固好螺栓，将抱杆调正，提升抱杆并打好拉线及承托系统，即可进行吊装。抱杆伸出塔身长度宜控制在抱杆全长的 2/3 处。

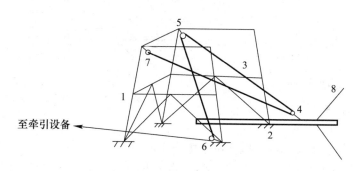

图 2-2　组立抱杆
1—塔身；2—抱杆；3—牵引绳；4—起重滑车；5—腰滑车；6—底滑车；7—卸扣；8—控制大绳

（3）吊装：

组装塔片：在地面分段将塔材组成前后两片。按最重塔片计算，最大起吊重量不宜超过 1800kg。

构件的分片原则：分片重量不超过抱杆的允许最大承受能力及最大起吊高度；铁塔分片的可能性，如考虑铁塔主材的接头，分片后能否组成稳定的整体结构；安装作业的方便和安全。

组装位置：组装好的塔片，尽可能在起吊点的垂直下方，起吊时吊绳和抱杆的夹角不宜超过 10 度。

（4）吊点绑扎位置：

塔片吊点的绑扎位置应选在塔片上 1/3 处（重心以上）的主材节点上为宜，不得直接用吊绳绑在塔材上，钢丝绳不许与塔材直接接触，应加木块或麻袋片垫衬。若塔片宽度较大时，应用 ϕ130 圆木（或其他办法）进行补强，补强位置应在塔片吊点处，如图 2-3 所示。

（5）吊装就位：

先将抱杆四面拉线打好，腰环放松，承托系统等各部位检查无误后方能起吊，抱杆自身倾斜不得超过 250mm。起吊速度要平稳，塔片下部用两根大绳控制，使塔片尽量靠近塔身，但不能碰挂塔身，使之平稳上升。

就位主要靠吊点准确就位，控制大绳仅起着辅助作用，不允许硬拉大绳就位，使抱杆承受过大的扭曲力。

吊点钢丝绳套采用两根等长 ϕ13 钢丝绳套。

（6）塔片就位安装时，先安装低侧，连接后，另一侧下落到位安装。侧面所有辅铁全部补装完毕，螺栓紧固后方可升抱杆，继续进行下段吊装。

对直线塔（包括直线转角塔）的横担起吊前，应进行补强，由于直线塔（包括直线转角塔）横担较长，单片起吊时刚度较差，因此也要进行补强。补强位置应如图 2-4 所示：

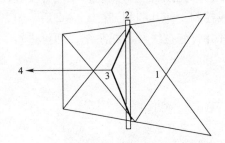

图 2-3　吊点绑扎

1—塔身；2—补强木；3—吊点绳；4—牵引绳

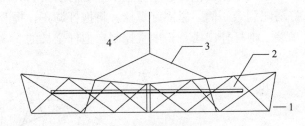

图 2-4　补强位置

1—横担；2—补强木；3—吊点绳；4—磨绳

（7）抱杆的提升：

① 绑扎好上、下层腰环，使抱杆位于塔身中心位置。

② 在抱杆提升前要放松拉线系统，将其移至下一固定位置（四根拉线的固定位置和固定方式要相同）并固定好，提升抱杆直至抱杆把处于松弛状态的拉线系统顶紧，然后固定好承托系统，调直抱杆，收紧和调整好拉线系统后即可起吊塔片。

③ 布置提升抱杆的牵引绳，启动动力，使抱杆提升一小段高度，解去承托系统，继续提升抱杆，使抱杆逐步升高，直至预定高度，然后固定好承托系统，坐落抱杆，收紧和调整好四根拉线。

④ 松绞磨，调整承托系统调节器（如 5t 双钩、导链等），用拉线系统将抱杆调直并解开牵引绳，使其恢复至抱杆位置，然后松腰环。

重复上述程序，直至将整基塔分片吊装完毕。

（8）抱杆的拆除：

塔片全部吊装完，横担螺栓紧固后，先利用朝地滑车和牵引绳将抱杆提高一小段高度，拆去承托系统，慢慢下落抱杆，当抱杆顶部降至横担下平面位置时，停止下落，将抱杆用钢丝绳套大兜在横担上，拆除拉线系统和腰环系统，在横担上挂一3t单轮滑车，将起吊牵引绳穿入滑车连接在抱杆上，用动力提起整根抱杆，拆去钢丝绳套，然后将抱杆徐徐落下，当抱杆根部刚到地面时，立即停止绞磨回松，用钢丝绳套把上下两段抱杆联接，方可拆除连接螺栓，螺栓拆除后人站在抱杆下段侧面用绳拽拉抱杆根部，使之向塔外穿出，待下段完全平置地面后拆除钢丝绳套。以此类推，拆除下一段抱杆。整个抱杆拆除过程中，绞磨时刻要将抱杆提住，不许松磨。拆除抱杆后立即安装水平结构所有的十字交叉铁，保证铁塔结构完好。

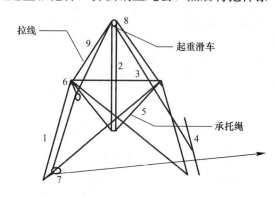

图 2-5　内拉线悬浮抱杆组立塔平面布置
1—塔身；2—抱杆；3—牵引绳；4—塔片；5—承托绳
6—腰滑车；7—底滑车；8—起重滑车；9—拉线

（9）内拉线悬浮抱杆组立塔平面布置如图 2-5 所示。

（10）内拉线悬浮抱杆组立塔主要工器具见表 2-13。

主要工器具一览表　　　　　　　　　　　　表 2-13

序　号	名　称	规　格	单　位	数　量	备　注
1	抱杆	500×500×4.285m	节	4	（根据塔高、塔型配备）
2	抱杆	500×500×2m	节	1	（根据塔高、塔型调配）
3	滑车	5t	个	5	牵引系统
4	滑车	1t	个	1	立塔腿用
5	钢丝绳	$\phi13×20m$	根	4	内拉线
6	钢丝绳	$\phi13×150m$	根	3	起吊牵引绳
7	钢丝绳	$\phi15.5×16m$	根	2	吊点绳，两端插套子
8	钢丝绳	$\phi19.5×10m$	根	4	承托系统，两端插套子
9	钢丝绳套	$\phi19.5×1m$	根	4	承托系统，两端插套子
10	双钩	5t	个	4	承托系统
11	腰环	500×500	付	4	包括$\phi9×8$钢丝绳套
12	卸扣	10t	个	8	
13	卸扣	3t	个	10	
14	大绳	100m	根	4	
15	机动绞磨	5t	台	1	
16	铁地锚	5t	个	2	埋深2.2米
17	元宝卡子	5t	个	6	
18	补强木	$\phi100-130×8000$	根	2	
19	圆木	$\phi130×6000$	根	2	组立塔腿
20	抱杆顶帽		付	1	
21	抱杆底座		付	1	
22	道木		根	10	

(11) 劳动力组织一览表见表 2-14。

劳动力组织一览表　　　　　　　　　　　　　　　　表 2-14

序　号	岗　位	技　工	外用工
1	工作负责人（现场指挥）	1	
2	安全负责人	1	
3	高空监护	1	4
4	机械	1	2
5	地面作业		12
合计		4	18

2. 外拉线悬浮抱杆分解组立铁塔施工方案

当铁塔组立现场较平坦，不受地形、电力线限制时可采用内悬浮抱杆外拉线分解组立铁塔。外拉线悬浮式抱杆分解组立塔的特点是增加了外拉线、地锚及工器具，增加了操作人员，工作效率有所降低。但外拉线悬浮式抱杆分解组立塔由于拉线与抱杆夹角较内拉线时增大，抱杆稳定性好，起吊重量相应增加，控制在 2t 以内。

（1）施工方法：外拉线悬浮式抱杆分解组立塔时，其塔腿组立、立抱杆、构件的起吊、安装、抱杆拆除等操作与内拉线悬浮抱杆相同。

（2）施工工器具：比内拉线悬浮抱杆组立塔工器具增加四根 90m 拉线、四个手扳葫芦、四个 5t 地锚，减少四根 20m 的内拉线。

2.1.5　铁塔组立施工技术要求

1. 线路前进方向及塔腿编号的规定：

本线路走向为从公伯峡向官亭，公伯峡侧为小号侧，官亭侧为大号侧。具体如下图 2-6 所示：

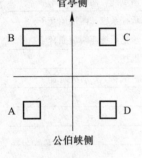

图 2-6　线路走向

2. 脚钉安装要求：

直线塔（ZM11、ZM21、ZM3、ZM4、ZBK），塔身脚钉安装在线路前进方向的右后角主材上，即 D 腿上，平口以上曲臂脚钉安装在右后主材（D 腿）和左前主材（B 腿）上。

直线换位塔（HC），脚钉安装在线路前进方向的右后角主材上，即 D 腿上。

悬垂转角塔塔身脚钉安装在转角内侧主材上，即左转时安转在 B 腿上，右转时安装在 D 腿上。塔头部分脚钉安装 B、D 腿上。

转角塔（JG1、JG2、DG1）塔身脚钉安装转角内侧主材上，即左转时安转在 B 腿上，右转时安装在 D 腿上。塔头部分脚钉安装在外侧主材上，即左转时安转在 D 腿上，右转时安装在 B 腿上。

脚钉应按规定方位安装牢固，确保安全。

3. 防卸螺栓和扣紧螺母的安装要求：

150

（1）所有铁塔以短腿基础平面以上 6m，均安装同规格，同级别的防盗螺栓。

若在 6m 处遇有接点板或接头时，其上所有螺栓均使用防盗螺栓，有高低腿是以低腿地面为计算高度。

（2）按照铁塔设计加工及施工说明，本工程所有铁塔采用的螺栓均带一垫一帽一扣紧螺母（双帽除外），脚钉为双帽一垫一扣紧螺母，所有螺栓均为 6.8 级，脚钉为 4.8 级。垫片装在螺帽侧。

（3）待铁塔施工完毕，放线结束之后，将全部螺栓复紧一遍。复紧后，仔细检查防盗螺帽及防松扣紧螺母是否安装正确、齐全，并检查螺帽规格是否一致。

（4）下列塔号一侧需挂，施工时注意：

3015 号铁塔大号侧 　　　　3043 号铁塔小号侧 　　　　3081 号铁塔小号侧

3086 号铁塔小号侧 　　　　3107 号铁塔大号侧 　　　　3111 号铁塔大号侧

3124 号铁塔大号侧 　　　　3139 号铁塔大号侧

（5）由于使用特制工具紧固防盗螺栓会带来一定的困难，因此对防盗螺栓的穿向作如下规定：凡防盗螺栓的穿入方向按"规范"穿入其紧固无困难者，则按规范执行；如按"规范"的穿入方向紧固有困难者，可以按施工方便自定穿向。

杆塔的安装应做到：构件齐全、螺栓紧固、连接紧密、构件平直、整齐美观。

4. 螺栓穿向要求（图 2-7）：

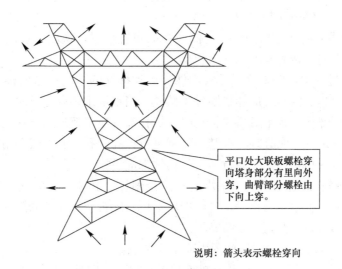

说明：箭头表示螺栓穿向

图 2-7　铁塔螺栓穿向示意图

（1）对立体结构：水平方向由内向外，垂直方向由下向上。

（2）对平面结构：顺线路方向由送电侧穿入（即：由公伯峡侧向官亭侧）；横线路方向两侧由内向外穿，中间由左向右穿（指面向官亭侧），垂直方向由下向上穿，斜面部分由下向上斜穿和由内向外穿（曲臂和塔腿部分）。

（3）极个别螺栓穿向无法按上述要求穿向时，按特殊处理。

5. 螺栓紧固要求：

铁塔螺栓应逐个紧固，其扭力矩不应小于下表 2-15，且螺杆与螺母的螺纹不应有滑牙或棱角磨损的现象发生，否则应更换螺栓。

扭力矩表　　　　　　　　　　　　　表 2-15

螺栓规格	扭矩值（N.cm）	
	4.8 级	6.8 级
M16	8000	10000
M20	10000	12500
M24	25000	31250

6. JB 塔导线挂架的安装：

本标段 JB 型直线转角塔带有 0.9m（3 号挂架）、0.6m（2 号挂架）和 0.3m（1 号挂架）三种高度的导线挂架。

（1）挂架安装参见悬垂转角塔导线挂线架结构图。

（2）JB 塔横担、地线支架的安装：

JB 塔的左中横担与右中横担结构不同，左边横担与右边横担结构不同，即曲臂以上完全不对称。施工图中所标的左边横担、右边横担、左中横担、右中横担均指线路右转时安装位置，当线路左转时，以上塔段均与图纸标注相反，右边横担和右中横担安装在左侧，左边横担和左中横担安装在右侧。

7. 对于转角塔，注意内角侧、外角侧横担的布置位置，铁塔组装图中的布置情况均表示右转，线路方向左转时与塔图标示相反。

8. 杆塔组立过程中，应采取不导致构件变形和损坏的措施；当连接构件的通过厚度小于等于螺栓的无扣长度时，应加垫圈拧紧螺栓。当铁塔组装有困难时，应查明原因，严禁强行安装，个别螺孔位置不对需要扩孔时，扩孔部分应不超过 3mm，超过 3mm 时应堵焊后重新打孔，并进行防腐处理，严禁用气割进行扩孔烧孔。有夹层的角钢和钢板严禁使用，变形超过规定的角钢和扩孔超过两个的构件都应更换。

9. 自立式铁塔在组立结束后，全塔所有连接螺栓，必须全部紧固一次，架线后还应复紧一遍，复紧并检查扭矩合格后，应随即将全塔（除带双帽和防卸螺栓外）所有螺栓加装"扣紧式防松螺母"，型号为 GB 805—88。

10. 铁塔横担挂线点处的螺栓按图中要求加带双帽。

11. 铁塔组立后，塔脚底板应与基础面接触良好，空隙处应垫铁片，并用 C10 级水泥砂浆灌满。

2.1.6　铁塔组立质量要求

1. 施工现场必须施工依据齐全（施工图、施工手册、验收规范、安规等）。

2. 现场施工人员必须对运至现场的塔材零部件的规格、眼孔尺寸、位置、镀锌、损伤、变形等情况认真检查，超标部件不得使用。

3. 对运至桩位的个别铁塔角钢弯曲度超过长度的 2‰，但未超过下表 2-16 的变形限度时，可采用冷矫正法矫正。矫正后不得出现镀锌脱落和裂纹。

角钢（mm）	变形限度（‰）	角钢（mm）	变形限度（‰）
40	35	90	15
45	31	100	14
50	28	110	12.7
56	25	125	11
63	22	140	10
70	20	160	9
75	19	180	8
80	17	200	7

4. 在铁塔组立施工中，吊点的位置必须严格按施工作业指导书规定位置绑扎，需补强的部位必须有效补强。

5. 铁塔部件组装困难时，应查明原因，严禁强行组装。对于个别螺孔需扩孔时，扩孔部分不应超过 3mm。严禁用氧焊割。

6. 铁塔连接螺栓紧固应符合下列规定：

（1）螺杆应与构件面垂直，螺栓头平面与构件间不得有空隙。

（2）螺母拧紧后，螺杆露出螺母长度，单母不少于两个螺距，双母可拧成平帽。

（3）铁塔交叉铁交叉处或其他要求加装垫片处，必须按规定加装。

（4）因螺杆无丝部分超长需加垫片者，每端不宜超过两个垫片。

（5）严格按规定要求使用各种规格、强度的螺栓，不得任意代用。

7. 铁塔螺栓穿向必须按规定穿。

8. 铁塔组立及架线后允许偏差应符合下表 2-17 规定：

允许偏差一览表　　　　　　　表 2-17

偏差项目	允许偏差值
铁塔结构根开	±3‰
铁塔结构面与横线路方向扭转（迈步）	5‰
直线塔结构倾斜	3‰
相邻节点间主材弯曲	1/800

9. 铁塔组立后，立即紧好地脚螺栓；塔脚板应与基础面接触良好。如有空隙应垫铁片，并灌注水泥砂浆。直线塔检验合格后即可浇筑保护帽。耐张塔应在架线后并符合设计要求的情况下浇筑保护帽。保护帽制作工艺要求：所有基础均浇注保护帽（除插入式斜柱基础外），保护帽采用 C10 混凝土，地脚螺栓规格小于等于 M56 时，其尺寸为 600×600×200（长×宽×高），大于 M56 时，其尺寸为 600×600×250（长×宽×高）。柱顶散水坡为 0.5%。

10. 本工程所有铁塔外露部分（包括防卸螺栓、防松扣紧螺母、脚钉、垫圈、垫片等）均为热浸镀锌（不包括转角塔施工吊架），对塔材在运输及施工中擦伤部位应用环氧富锌漆进行处理。

11. 转角塔在架线后不得向内角倾斜，但外倾也不宜过大，以全塔高的 3‰为佳。

2.1.7　铁塔组立质量等级评定标准和检查方法

1. 自立式铁塔组立质量等级评定标准和检查方法见表 2-18。

质量等级评定标准和检查方法　　　　　　　　　　表 2-18

序　号	性　质	检查（检验）项目	评级标准（允许偏差）		检查方法
			合格	优良	
1	关键	部件规格、数量	符合设计要求		核对图纸
2	关键	节点间主材弯曲	1/750	1/800	弦线、尺量
3	关键	转角、终端塔向受力反方向侧倾斜	大于0，并符合设计要求	1‰～3‰	经纬仪检查
4	重要	直线塔结构倾斜	一般塔：3‰ 高塔：1.5‰	2.4‰ 1.2‰	经纬仪检查
5	重要	螺栓与构件面接触及出扣情况	符合《规范》第6.1.3条	紧密一致	观察
6	重要	螺栓防松、防盗	符合设计和《规范》	无遗漏	观察
7	重要	脚钉	符合设计和《规范》	齐全紧固	观察
8	一般	螺栓紧固	符合《规范》第6.1.6条组塔后95%；架线后97%以上		扭矩扳手检查
9	一般	螺栓穿向	符合《规范》第6.1.4条	一致美观	观察
10	外观	保护帽	符合设计和《规范》	平整美观	观察

2. 铁塔组立后，塔材表面麻面面积不超过钢材表面总面积（内外侧）的 10%。

3. 塔材镀锌颜色一致。镀锌层不允许有面积超过 $100mm^2$ 的脱落，小于 $100mm^2$ 的脱落只允许有一处，出现时应用环氧富锌进行处理。

2.1.8　铁塔组立施工安全注意事项

1. 组立安全注意事项

（1）JB 挂架安装后可以活动，上人时一定要注意安全。

（2）组立铁塔应设安全监护人，非施工人员不得进入作业区。

（3）立塔施工前，严格执行每班日的宣读安全工作命令票制度，明确分工，各负其责。

（4）组立铁塔时，应及时拧紧塔腿地脚螺栓，其垫片规格必须符合设计规定。

（5）铁塔组立现场除必要的施工人员外，其他人员应离开铁塔高度的 1.2 倍距离以外。

（6）在受力钢丝绳的内角侧严禁有人走动和通过。

（7）立塔过程中，必须服从命令听从指挥，不得擅离职守。

（8）组立铁塔过程中，吊件垂直下方严禁有人，并避免上下交叉作业。

（9）地锚在各种条件下的埋深见附件3，地锚坑挖好后，应由技工检查坑深及马道后方可埋坑。

（10）不得利用树木或外露岩石作牵引等主要受力锚桩。

（11）拆除受力构件必须事先采取补救措施。

（12）塔材就位困难时，应查明原因，严禁强行组装。

（13）提升抱杆时，腰环不得少于三道。

（14）使用过久的钢丝绳必须全部更换，有下列情况之一者应报废或截除：

① 钢丝绳中有断股者应更换。

② 钢丝绳磨损或腐蚀深度达原直径 40％以上者，或本身受过严重火烧，或局部电烧者应报废。

③ 钢丝绳压扁变形和表面毛刺严重者应更换。

④ 钢丝绳断丝数量虽不多，但断丝增加很快者应换更新钢丝绳。

（15）节点绑扎不能直接用起吊磨绳头绑扎。

（16）所有钢丝绳与铁塔接触部位，均要有垫木或布片衬垫。

（17）为平衡抱杆受力，提升吊件时，磨绳不宜与吊件放在同一侧最好将腰滑车挂在反方向侧。

（18）单片起吊就位后，应将关键部位斜材连好后再松掉磨绳。

（19）遇有六级以上大风和雷雨天气，禁止起吊塔片和高空作业。

2. 地面组装安全保证措施

（1）组装场地应平整，障碍物应清除，遇有地形不平或土质松软之处，应支垫牢固。

（2）地面组装和塔片起吊不得在铁塔同一侧面进行，应相互避开。如受地形限制，起吊时构件下方不得有人，待起吊构件就位后再进行组装。

（3）在成堆的角钢中选料应由上往下搬动，不得强行抽拉。

（4）组装断面宽大的塔身时，在竖立的构件未连接牢固前，应采取临时固定措施。

（5）组装时严禁将手指伸入螺孔找正，找正螺孔应用尖扳手。

（6）传递小型工具或材料时不得抛掷。

（7）在抬运铁构件时，如两人以上同抬一件，要同肩、同起、同落，以防伤人。

（8）分片组装铁塔时，带铁应能自由活动，螺帽应出扣；自由端应绑扎牢固。

3. 内悬浮分解立塔安全保证措施

（1）吊装方案和现场布置应符合施工技术措施的规定。

（2）提升抱杆时塔下不得有人，塔上工作人员应站在塔身外侧的安全位置上。

（3）抱杆根部与塔身必须固定牢靠，提升过程中应统一指挥行动，密切配合，四根临时拉线绑扎方式相同。

（4）抱杆提升前，应将组好的塔身段辅助铁、螺栓都补齐，以增加其整体性和稳固性。

（5）提升抱杆应设置三道以上腰环；抱杆腰环用固定钢丝绳应呈水平并收紧；连接抱杆的螺栓必须齐全、紧固。

（6）起吊过程中腰环不得受力，控制绳应随时放松。

（7）抱杆拉线应绑扎在塔身节点下方，承托绳应绑扎在节点上方，且紧靠节点处。

（8）起吊钢丝绳与铁件接触处，应垫软物或硬木，以防磨损铁件镀锌层和钢丝绳。

（9）在起吊塔片过程中，严禁高空人员接近吊件，起吊构件的下方及周围 10m 以内严禁有人停留和通过。

（10）起吊构件接近就位时，应减慢牵引速度，上下密切配合。

（11）起吊构件就位时，应停止牵引，塔上作业人员应系好安全带，站在安全的位置上，待吊件停稳后再进行组装。

（12）塔片就位时应先低侧后高侧；主材和侧面大斜材未全部连接牢固前，不得在吊件上作业。

（13）起吊绳必须在主材和侧面大斜材全部连接紧固好后方可拆除。

（14）在每段铁塔组装完毕，螺栓基本紧固后才能提升抱杆。

（15）塔上作业人员应将螺栓、垫片、尖扳手、小撬杠等小型工具装于工具袋内，不得置于塔材或抱杆上，以防跌落伤人。

4. 电力线附近施工安全注意事项

（1）当电力线离塔位较近，且影响地面组装和塔片起吊时，电力线一定要申请停电，停电落线后方可组立铁塔。

（2）必须停电落线才能组立塔时，停电手续应齐全。接到停电通知后，先用相应电压等级的合格验电笔验电，证实线路确实无电后，作业范围两端打好接地线后才能落线，对落下的线收好以免损坏。恢复供电时，线路全部接好后，拆除接地线，检查无误后方可通知有关部门供电。

（3）当电力线离塔位较远不影响铁塔组装和起吊，但影响外拉线时，应选用内拉线悬浮抱杆组立塔。

（4）当电力线影响浪风绳，难以就位时，可用绝缘绳做浪风绳，绝缘绳每天使用前应经烘干处理，且在使用过程中注意保持干燥。

2.1.9 环境保护及文明施工

1. 铁塔施工阶段，正处农作物春暖花开季节，施工时应注意教育外用工少踩青苗，减少青苗赔偿和政策处理难度。

2. 山林地施工，禁止外用工在现场埋锅做饭，控制吸烟，每天收工前仔细检查现场，防止火灾事故发生。

3. 水地施工时，不允许将塔料直接堆放在水田中，现场塔材应有效支垫，避免弄脏塔材。登塔人员脚底有泥水时，登塔前应清理干净，施工完的铁塔应干净整洁。

4. 本线路由于个别塔位基础露出地面较高，铁塔施工前，基础爬梯应安装完毕，上下基础应使用爬梯，施工过程中注意成品保护，严禁损坏基础。

5. 施工完毕，做到工完料尽场地清，严禁将螺丝袋、废铁丝、一次性饭盒、塑料袋、废弃木料等杂物留在现场，造成环境污染。

6. 使用完的临时拉线坑应及时回填，以免人畜不慎落入，临时拉线坑回填应按基坑回填要求执行。

7. 施工中应注意塔基周围植被的保护，以便施工完毕后植被恢复。

8. 现场使用机械时注意机油、废油等回收，以免造成环境污染及不慎造成火灾事故。

9. 搞好与当地民众的关系，尊重风俗，争取工作主动。

2.2 德令哈至格尔木330kV输变电工程架线施工

2.2.1 工程概况和导、地线特性及绝缘子型号

1. 线路概况

德令哈～格尔木330kV输电线路工程是湟源～格尔木330kV输变电线路工程的一部分，也是西宁通往格尔木地区供电的又一通道。全长303.22公里，共6个标段。某公司承建的第Ⅵ标段自330kV格尔木变起到察尔汗124号塔位。沿线全部为盐碱地，线路长48.969km，共124基铁塔。本线路为交流单回路，导线以双分裂水平方式布置，型号为JL/LB20A-400/50铝包钢芯铝绞线，分裂间距为400mm，架空地线一根采用JLB27-55型铝包钢绞线，另一根选用24芯OPGW光缆。

2. 设计气象条件

最高设计气温40℃，最低设计气温-30℃，覆冰厚度为5mm，最大设计风速30m/s，年平均雷暴日数2.9～21.7天。

3. 导、地线主要参数（表2-19）

导、地线主要参数表   表2-19

导地线型号	根数/直径		计算截面（mm²）	外径（mm）	计算拉断力（kN）	单重（kg/m）
	铝	钢				
导线 JL/LB20A-400/50	54/3.07（铝包钢）	7/3.07	451.55	27.63	≥121.695	1.4481
铝包钢绞线 JLB27-55		7/3.2	56.30	9.6	49.248	0.336

4. 绝缘子型号

导线绝缘子采用FXBW-330/100合成绝缘子、FXBGW-330/100合成绝缘子、XSP-160三种，地线绝缘子采用XDP-70C、XDP-70CN两种。

5. 交叉跨越一览表（略）

2.2.2 编制依据

1.《110～500kV架空送电线路施工及验收规范》GB 50233—2005；

2. 国家电力公司《输变电工程达标投产考核评定标准（2005版）》；

3.《110～500kV架空电力线路工程施工质量及评定规程》DL/T 5168—2002；

4.《330kV德令哈～格尔木输电线路工程电气施工图纸会审纪要》；

5.《330kV德令哈～格尔木输电线路工程电气施工图交底》；

6. ××电力设计院《330kV德令哈-格尔木输电线路工程（第Ⅵ标段）施工图》及有关设计变更；

7. 本工程设计文件及上级指导性文件。

2.2.3 线路方向及导线编号的规定

1. 线路方向的规定

本标段 330kV 格尔木变电所 1♯塔为线路的小号侧，124 号为线路的大号侧，面向大号侧区分线路的左右侧，如下图 2-8 所示。

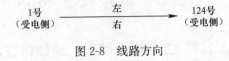

图 2-8 线路方向

2. 导地线编号

（1）展放过程中

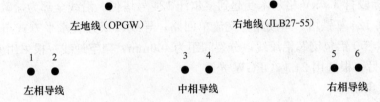

图 2-9 放线导、地线编号示意图

本工程的线路方向、导地线展放及附件安装的导线编号规定如图 2-9、图 2-10，望施工时予以统一。特别是附件安装时须按图中导线编号利用双线提线器进行提线，耐张塔也按此编号挂线，顺序不能弄反。

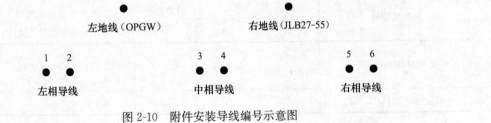

图 2-10 附件安装导线编号示意图

（2）附件安装后

2.2.4 架线施工前的准备工作

1. 人员准备

（1）参加架线施工的人员必须具有上岗合格证并经技术交底考试合格。

（2）特殊工种作业人员必须具有本专业考试的合格证，如：高空作业人员、牵张司机、测工、压接工等。

（3）架线各子工序的指挥员或施工负责人必须选择有经验的人员担任。

（4）张力放线时，架线工序分为三个作业队：

准备队：清除线路通道障碍，悬挂瓷瓶串及滑车、搭设和拆除跨越架。

放线队：平整牵张场场地及展放导引绳，张力放导线。

紧线队：紧导、地线及附件安装，回收放线滑车。

2. 技术准备

（1）各施工处架线前应将本施工段所有铁塔进行一次校核，尤其是转角塔绝对不允许在架完线后向内角侧倾斜。

（2）架线前必须将放线段内所有铁塔螺栓紧固完毕，并且达到规定要求的扭矩值标准，缺铁、螺栓应补齐，弯铁应校正，直线、转角塔的倾斜不得超过《规范》要求值。

（3）所有塔位的基坑回填土必须进行夯实处理，不得出现凹陷等现象。

（4）耐张、转角、换位的地脚螺栓，垫片必须补齐，螺帽与螺栓必须匹配。

（5）检查导、地线挂线板火曲朝向是否与设计要求相符，不符合者不得挂线。

（6）检查铁塔挂线点螺栓是否按要求加带双帽，并且要出 1～2 个丝扣。

（7）架线施工通道是否清理完毕，如房屋拆迁、树木砍伐等。

（8）架线前，铁塔必须经过中间验收。所有线材的接续必须做拉力试验，合格后方可进行架线。

（9）各种图纸、技术资料、设计变更通知齐全。

（10）提前搭设好跨越架，如公路、电力线、通讯线等，并征得有关单位同意，办理好相关手续。

（11）各施工处区段内跨越电力线、通讯线、公路时必须制定可靠的跨越施工措施。

3. 机具准备

（1）根据已确定的施工组织及工器具安排计划，由机械管理部门和各施工处清点检查各自负责范围内的机具，确保各种机具和工器具数量满足施工需要。

（2）清理和检查施工器具，按有关规程规定要求进行试验，确保架线器具的质量合格。

（3）所有机械设备如牵张机、机动绞磨、液压机、压钳等必须在架线前进行检查并维修保养，以保证设备工作状况良好。

（4）所有牵引及起重工器具均不应以小代大。常用起重工器具如钢丝绳、起重滑车、导链、卸扣等应进行外观检查，不合格者严禁使用。

（5）架线用的放线滑车在使用前应逐个检查、维修、保养、各部件齐全、转动灵活。

（6）液压钢模的模内尺寸误差必须满足压后的管外径尺寸误差要求。

4. 材料准备

（1）各种架线材料（主要是导、地线、瓷瓶、金具等）必须进行到货检验，准确无误后方能运抵施工现场。

（2）核对架线材料的型号、规格与设计图纸要求是否相符。

（3）对到货的导线、地线应进行外观检查，其股数、直径与设计是否相符。

（4）对到货的金具应进行外观检查，发现锈蚀、变形等损伤者严禁使用。对到货的金具还应照图进行成串装配试验，检查连接是否可靠、灵活。

（5）材料的检验情况应作好详细记录。

5. 障碍物的清除

（1）施工前在跨越公路、通讯线和电力线的地方必须先搭设跨越架，凡需要被跨线路落线时，应提前派人与有关单位取得联系，以保证放紧线工作的顺利进行。

（2）需要停电的线路应提前向电力部门申报停电计划，施工时要有专人负责联系停电及恢复供电工作，并办理内部停、送电命令票，以确保施工安全。

（3）清理通道及树木砍伐前应事先征得林业部门和当地所有者的同意，避免发生纠纷而使施工受阻。

2.2.5 架线各施工工序

1. 线路通道树木砍伐及房屋拆迁

张力架线时应提前砍伐线路通道，对安全距离不够的树木、房屋及其他障碍物在架线施工前应全部进行清理。

2. 挂导、地线绝缘子串及放线滑车

（1）张力架线前应根据张力架线段的铁塔基数提前挂好导、地线放线滑车，直线塔三轮尼龙导线放线滑车悬挂在绝缘子串下端，耐张转角塔不悬挂绝缘子串，其放线滑车应用钢丝绳套固定在导线横担上，钢丝绳规格为 ϕ17.5；

（2）本标段地线全部为铝包钢绞线，其放线滑车应采用挂胶钢滑车或尼龙滑车，悬挂地线放线滑车时，应用地线金具U形螺丝和地线挂线点连接，U形螺丝要带双帽并加闭口销；

（3）导线放线滑车采用三轮尼龙滑车，导线悬垂绝缘子串与放线滑车可采用机动绞磨悬挂，导线绝缘子串与放线滑车不能同时起吊（先挂悬垂绝缘子串，后挂放线滑车），以防吊点以下重量过大，使吊点处复合绝缘子损伤；

（4）导线绝缘子串应在彩条布或草袋上组装。起吊前应将其串拉直，然后慢速度牵引，随着绝缘子串的上升，用人力托起下部的绝缘子向起吊垂直下方慢慢移动，以防球头受过大的弯矩而变形。复合绝缘子起吊时包装不宜打开，以保护绝缘子绝缘皮不受破损，等附件安装完毕后方可拆除保护纸。

3. 展放导引绳、牵引绳注意要点

（1）导引钢丝绳在牵引过程中起步要慢，当整个放线段导引钢丝绳全部带上张力升空后，应暂时停机通知所有上扬塔位处装设压线滑车，并由专人看守；

防止架空线上扬跳槽，可在钢丝绳上装设压线滑车（图2-11）；

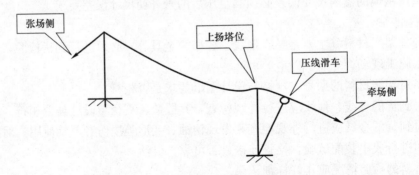

图 2-11 预防上扬设置压线滑车示意

（2）在转角度数较大的塔位，由于滑车自重较大，钢丝绳自重较小，放线时容易发生跳槽，这时可用导链使放线滑车向内角预偏；

（3）导引钢丝绳抗弯连接器在进入牵引机轮槽时，应放慢牵引速度，防止抗弯连接器压碎，在通过压线滑车时，也应放慢牵引速度，以防连接器卡在压线滑车上；

（4）牵引钢丝绳被牵至张力场后立即停止牵引，用紧线器锚固在临时地锚上，然后与走板连接。

4. 跨越架的搭设

本标段架线跨越 110kV、35kV、10kV 电力线路、通讯线、公路等障碍物。为了不使导线在跨越中受到损伤，及不影响被跨越物的安全运行，在架线施工时，对这些交叉跨越的障碍物，采用搭设跨越架或停电的方法进行展放导地线。

（1）跨越架搭设的准备工作：

① 确定被跨越物的类别、跨越地点、跨越地形情况以及被跨越物的管理部门，选择合适的跨越方法；

② 跨越前应事先与被跨越物的管理部门取得联系，以征得其同意并协助本次的跨越工作；

③ 测量跨越点地形高差、线路方向，选择跨越方法，准备搭设跨越架材料及工器具。

（2）对电力线跨越架搭设分为停电或不停电两种方法，方法 1：可申请短时间停电进行跨越架的搭设工作，展放导地线时被跨线路可带电，这样既减少停电损失，又不影响正常的张力架线工作；方法 2：直接在带电线路两侧搭设跨越架。公路跨越架搭设应采取短时间关闭公路的方法进行跨越架的搭设工作。

（3）跨越架的搭设方法：

① 搭设一般跨越架

所有跨越架都按双侧型进行搭设，搭设跨越架的材料，应根据具体情况选用，对跨越电力线路、公路、通讯线可采用木杆或竹杆搭设，公路和通讯线也可采用钢管、钢抱杆搭设跨越架，并采取防止磨损导、地线及光缆的措施。本施工段以杉木杆和竹杆为主要材料进行跨越架的搭设工作。跨越架架面由横杆、立杆及剪刀撑杆组成，外形为 1.5m×1.3m 的矩形网格，整架用支撑杆和拉线保持稳定，不停电跨越架的搭设方法见图 2-12。

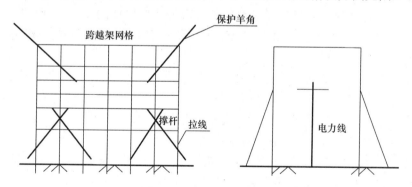

图 2-12 跨越架塔示意图

跨越架的搭设应由下而上，拆除时应由上而下，并应有专人送杆和接杆，跨越架与被跨越物的最小安全距离应满足表 2-20 的要求。

跨越架的宽度由线路两边线的距离决定的，一般跨越架宽要比线路两边线各宽出 1.5m 左右，且跨越架应沿线路中心线搭设。

② 不停电跨越架的搭设

跨越架搭设前，应先对带电线路的现场地形进行了解，测量跨越点的高度和宽度，制定带电跨越施工措施；

跨越架的搭设和拆除要在良好的天气进行。跨越架应用坚实干燥的竹杆或衫木杆搭设，方法是，先在被跨越物的两侧分别立两排竖杆，其埋深不小于 1.5m，绑好横杆后应打临时拉线，以控制杆架不向带电侧倾倒。跨越架与带电体之间的最小安全距离应满足表 2-20 要求。但跨越架的封顶要特别注意安全，一般采用比跨越架宽度长出 3m 的衫木杆封顶，以保证带电跨越的施工安全。

跨越架与被跨越物的最小安全距离 表 2-20

名称 距离	被跨越物名称					
	10kV 及以下 电力线	35kV 电力线	110kV 电力线	通讯线	公路	铁路
架面与被跨越物的 水平距离（m）	1.5m		2.0m	0.6m	至路边 0.6m	至路中心 3.0m
封顶杆与被跨越物 的垂直距离（m）	有地线 0.5m 无地线 1.5m		有地线 1.0m 无地线 2.0m	1m	至路面 5.5m	至轨顶 6.5m

5. 导、地线的展放

（1）地线的展放

① 本线路地线和光缆作为防雷的主要保护措施。根据本标段沿线的地形状况，地线和光缆全部采用张力架线的施工方法。a. 展放地线牵引绳；b. 用一牵二小型牵张设备和牵引绳展放地线；c. 紧线、平衡断线。

② 利用牵引绳展放地线，展放时，各点信号员要注意观察放线段内地线弧垂与交叉跨越点及危险点的距离，随时调整放线张力和牵引力，使地线在展放时处在悬空状态。

（2）导线的展放

① 根据张力放线段的长度、通过滑轮数以及控制档导线的张力，计算出放线段内的最大张力和牵引力，然后布置牵张场、支线盘，待一切工作就绪后，就可以进行张力架线工作；

② 现场布置：展放导线工作开始之前，应对现场布置，如牵张设备、越线架、道路、通信设备等进行全面检查，有问题及时处理；

③ 吊装线盘：吊装导线盘应根据导线上盘先后顺序，四个线盘支架提升至同样高度，由线盘上方将导线头引出，并检查线盘支架的方向和刹车；

④ 导线进出张力机：导线引入张力机轮时，用直径为 15mm 的尼龙绳按导线入轮规定顺槽绕满，其一端与导线连接，另一端引出张力机，慢速牵引，将导线引出与走板连接；

⑤ 导线进入张力机的方向：右捻导线进入张力机的方向为左进右出，上进上出；

⑥ 牵引钢丝绳与导线的连接：牵引钢丝绳与导线是通过蛇皮套、旋转连接器连接在走板上的，各导线在张力机出口处均应装设接地滑车并可靠接地；

⑦ 保护钢甲安装：当线盘上的导线放完后，可进行导线的直线接续工作，为防止压接管在过导线滑车时变形弯曲，必须在接续管外层加装保护钢甲，保护钢甲外表应缠绕 3~5 层厚布，布的外面可用绝缘胶布缠绕固定，以防线间发生鞭击，保护钢甲磨损导线。导、地线接续管型号及尺寸见表 2-21。

导地线接续管型号及尺寸 表 2-21

名　　称	型　　号	外径（mm）	长度（mm）
导线 JL/LB20A-400/50	JYD-400/50BG 的铝管	48（铝管）	580
导线 JL/LB20A-400/50	JYD-400/50BG 的铝管	48（铝管）	590
铝包钢绞线 JLB27-55	JY-55BG 的铝管	32（铝管）	520
铝包钢绞线 JLB27-55	JY-55BG 的钢管	20（钢管）	290

（3）导、地线临时锚固

导、地线在放线后、紧线前这段时间内，为保证导、地线不致因落地而受损伤，将导、地线两端锚固在地锚上，使导、地线处于悬空状态。导、地线在临锚中应注意以下事项：

① 导、地线临锚要牢固可靠，导、线应每相一锚，为防止导、地线磨损，地线可另设地锚（要沿线路方向远离导线地锚位置）或使用锚线架。

② 同相相邻导线上的卡线器应相互错开安装，避免损伤导线。

③ 避免将锚绳及其他锚线工具搭在导线上拖动，必须与导线接触时，接触部分应套胶管。

6. 紧线及弧垂观测

（1）紧线准备

张力放线采用是在直线塔上进行紧线，个别放线段必须以耐张段划分，并在耐张塔紧线时，对紧线的耐张塔必须打好可靠的临时拉线，拉线对地夹角不大于 45°，紧线顺序为左地线→右地线→左边导线→右边导线，紧线段长度应与放线段长度相配合，全段紧线方向应一致。紧线前还应注意以下问题：

① 紧线前应将放线工序中存在的问题处理完毕。为了防止发生意外情况，尚应通过巡线检查紧线段是否具备紧线条件，确认无误后才能开始紧线；

② 直线线塔临锚时，对地夹角应不大于 20°，直线松锚升空后，导线可能会在放线滑车中跳槽，故应检查各子导线在滑轮中的位置，及时消除跳槽现象；

③ 检查直线压接管位置是否合适，如发现压接管可能在紧线后位于不允许有压接管的位置，应采取措施移动压接管位置；

④ 核对弧垂观测档位置，复测观测档档距，根据地形选择弧垂观测方法；

⑤ 紧线时，紧线段内的导线应可靠接地。

（2）耐张塔挂线、直线塔紧线

① 在耐张塔挂线的反侧打好临时拉线。

② 在紧线的直线塔反侧挖好临锚坑，打好过轮临锚。

③ 耐张塔软挂线，在直线塔上紧线。

④ 先用绞磨粗紧线，再用手板葫芦细调。

⑤ 弧垂合格后在直线塔上划印、临锚。

（3）直线塔锚线、直线塔紧线

正常情况下，都是在直线塔锚线、直线塔紧线，直线塔紧线是张力架线工序中最常用最简单的操作，所以要求在选择牵张场时，尽可能避开在耐张塔前后。

（4）直线塔锚线、耐张塔紧线

① 在直线塔紧线段的反侧挖好临锚坑，打好过轮临锚。

② 在耐张塔挂线的反侧打好临时拉线。

③ 耐张塔提前挂好绝缘子串。

④ 用绞磨在耐张塔侧粗紧线，然后用 6t 手板葫芦逐根细调线。

⑤ 弧垂合格后在耐张塔的滑轮与挂线点处划印。

⑥ 压接、挂线。

⑦ 有地形时，可在地面压接，导线与绝缘子同时悬挂。

（5）地线紧线

① 本标段的左侧地线全部使用 JLB27-55 型铝包钢绞线，锚线和紧线时要注意保护钢绞线的镀锌层；

② 地线绝缘安装：本标段地线采用分段绝缘，在耐张大号侧采用地线耐张金具串，实现一点接地（拆除一片绝缘子间隙）。

（6）导线紧线

① 跨耐张段紧线：跨耐张段紧线时，各耐张段观测档弧垂按各自代表档距计算出弧垂值进行观测的，不同耐张段导线的应力略有不同，见图 2-13。

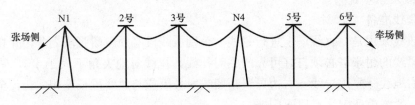

图 2-13　跨耐张段紧线图

N1、N4 为耐张塔，2 号、3 号、5 号、6 号为直线塔，N1～N4 为第一个耐张段，N4～6 号塔为下一个耐张段，紧线时按 N1-6 号塔顺序进行。首先在 N1 塔小号侧挂临时拉线，大号侧挂导线，在 6 井塔大号侧紧线，观测 N1～N4 耐张段弧垂，第一个耐张段弧垂观测完毕后，停止牵引，对该耐张段所有铁塔（包括 N4 塔）上滑车中心点处的导线划印，在 N4 塔划印处量取绝缘子串长度，N4 塔平衡断线、挂线，2 号、3 号直线塔依次安装附件，然后继续牵引第二个耐张段，依次类推，看弧垂、划印、平衡断线，直至将导线紧完。

② 导线松锚升空操作：将已紧好的导线尾部和下一紧线段待紧导线的端部用直线压接管连接在一起后（压接管连接要求见液压操作作业指导书），用绞磨拆除一侧地锚线，在导线上设置开口压线滑车并收紧升空钢丝绳，再用绞磨拆除另一侧地面临锚，然后慢慢释放升空钢丝绳，使导线升空，待压线滑车不受力时将其拆除，下一紧线段即可紧线。直线松锚升空多采用分别松锚法，即先松待紧线临锚，后松已紧线临锚，导线松锚升空见图 2-14。

③ 耐张转角塔，直线塔导线划印

a. 耐张转角塔导线划印：用一长尺通过两挂线点眼孔中心，直尺端部吊一垂球，垂球与内角侧导线相交点即为划印点。以直角尺的直角对准划印点，另一直角边紧贴内角导

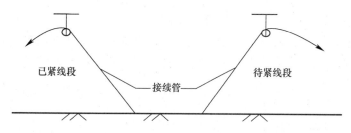

图 2-14　导线松锚升空示意图

线，利用另一直角边将其他三线的印记划好，同时应量出挂线眼孔至导线的水平距离和垂直距离，以便进行让线计算，耐张塔两侧应同时划印。

b. 直线塔划印：直线塔印记应划在从挂线点螺栓中心垂直向下滑车中心的导线上。

④ 耐张塔平衡断线

首先对耐张塔两侧的导线进行高空锚线，锚线工具为卡线器，钢丝绳套及手板葫芦，锚线距离至划印点上线 70m 为宜；每根导线的两侧锚线用手板葫芦同时收紧，当锚线钢丝绳受力而导线松弛以后，即可高空断线。断线前应将断线点两侧的导线分别用尼龙绳绑住，待导线断开后用尼龙绳缓缓松至地面，断线前还要进行让线计算。

让线计算：

a. 绝缘子串长 λ 值可通过实际量取，但图中设计值只能作为参考；

b. 导线在滑车中与挂线点有高差 Δh 所引起的让线数 ΔL_1，

耐张塔导线挂线点与邻塔悬挂点有高差：

$$\Delta L_1 = (h \cdot \Delta h \pm 1/2 \Delta h^2)/L \quad (\Delta L_1 : 正值为调增量, 负值为调减量)$$

当耐张塔导线挂线点低于邻塔悬挂点取"＋"号，等于邻塔悬挂点时，$h = 0$；高于邻塔悬挂点时取"－"号；

L——挂线档档距（m）；

h——耐张塔挂线点与邻塔挂线点高差（m）；

Δh——耐张塔放线滑车槽内导线与挂线点高差（m）。

c. 放线滑车朝内角偏移后与挂线点的让线数值：

$$\Delta L_2 = \Delta L \cdot \sin\theta/2$$

ΔL——导线滑车对导线挂线点偏移的水平距离（m）；

θ——线路转角。

d. 平衡断线总让线值：

$$\Delta L = \lambda + \Delta L_1 - \Delta L_2$$

此外，耐张塔平衡断线时，还可以根据绝缘子串长度通过在塔上划印，实际量取让线长度进行断线。

⑤ 弧垂观测

常用的弛度观测方法：平行四边形法（等长法）、角度法两种。

a. 等长法：等长法观测弧垂适用于悬点高差等于零和悬点高差很小的弧立档或档距较小情况下（图 2-15）。

b. 角度法：利用经纬仪测角法来观测弧垂。具体测量时，可根据地形情况，弧垂的大小，将经纬仪安置在不同的位置进行观测。一般经纬仪可安置在档端、档外、档内来观

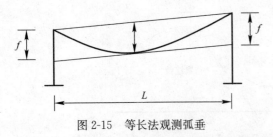

图 2-15 等长法观测弧垂

测（图 2-16）。

档端法：将仪器安置在低悬挂点或高悬挂点侧，根据 f 值，按式（2-1）求出 θ 值。

$$\theta = \mathrm{tg}^{-1} \frac{\pm h - 4f + 4\sqrt{af}}{L} \quad (2\text{-}1)$$

$$F = 1/4(\sqrt{a} + \sqrt{a - L \cdot \mathrm{tg}\theta \pm h})^2 \quad (2\text{-}2)$$

式中　h——悬挂点高差（m），仪器侧悬挂点低时 h 取正，反之取负；

　　　a——仪器至悬挂点垂直距离（m）；

　　　L——档距（m）；

　　　f——观测弧垂（m）。

弧垂检查与验算：根据观测角度 θ，按式（2-2）求出 f 值进行验算。

档内法：将经纬仪置于档内观测（图 2-17）。

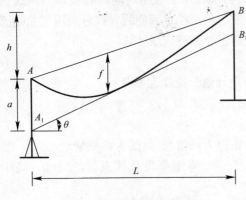

图 2-16　档端法观测弧垂

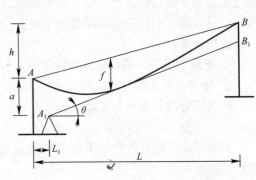

图 2-17　档内观测弧垂

$$\theta = \mathrm{tg}^{-1}\left[(\pm h/L - 4f/L + 8fL_1/L^2) + 4f/L\sqrt{4L_1^2/L^2 + a/f + L_1/L(\pm h/f - 4)}\right]$$

验算检查弧垂时测出 θ 角，按下式求出 f 值

$$f = 1/4\left[\sqrt{a + L_1 \cdot \mathrm{tg}\theta} + \sqrt{a - (L = L_1)\mathrm{tg}\theta \pm h}\right]^2$$

个别塔位观测弧垂受地形限制时，可采用档外观测法。

7. 通讯联络

（1）张力放线施工前，应对所有通信设备进行严格检查，对信号员加强培训，并指定频道，统一用语；

（2）放线段跨越电力线、通讯线、公路、导线张力控制档及其他危险点都应设信号员进行监视；

（3）全线通讯联络经试话畅通后方可放线，放线过程中信号员不得随意关机或离开工作岗位。

2.2.6　架线技术要求及注意事项

1. 本标段导、地线绝缘子及金具配置（导线绝缘子悬垂串组装方式有）

（1）单联 FXBW-330/100 合成绝缘子悬垂串组装方式；

(2) 双联 FXBW-330/100 合成绝缘子悬垂串组装方式；

(3) 导线耐张（Ⅲ级污区 2×24×XSP-160）串组装方式；

(4) 导线耐张（Ⅳ级污区 2×26×XSP-160）串组装方式；

(5) 导线耐张跳线单联 FXBGW-330/100 合成绝缘子悬垂串组装方式。

地线悬垂组装方式：采用单线夹单联、双线夹双联连接方式。耐张串组装方式：直接接地、双联单片连接方式。（注：1 号～21 号段）并规定耐张塔小号侧一点接地，耐张塔大号侧拆除放电间隙短接的接地方式。耐张串具体配置见表 2-22。

本标段导、地线绝缘子及金具配置一览表　　　　表 2-22

绝缘子规格	串型	串数×片数	使用杆塔号	使用图号	备注
合成绝缘子 FXBW-330/100	单串		11 号、12 号、13 号、15 号～20 号、22 号～27 号、29 号、32 号～42 号、44 号～54 号、56 号～64 号、66 号～76 号、78 号～82 号、84 号～90 号、92 号～107 号、109 号～117 号、119 号～123 号	S4601S-D0300-31	悬垂
合成绝缘子 FXBW-330/100	双串		4 号、5 号、7 号、8 号、10 号、30 号、31 号	S4601S-D0300-32	悬垂
XSP-160	双串	2×26	55 号、65 号、77 号、83 号、91 号、108 号、118 号、124 号	S4691S-D0300-10	耐张
XSP-160	双串	2×24	门架、1 号、2 号、3 号、6 号、9 号、14 号、21 号、28 号、43 号、55 号	S4691S-D0300-11	耐张
合成绝缘子 FXBGW-330/100	单串		1 号、2 号、3 号、6 号、9 号、14 号、21 号、28 号、43 号、55 号、65 号、77 号、83 号、91 号、108 号、118 号、124 号	S4691S-D0300-12	跳线
地线悬垂串	单线夹		11 号、12 号、13 号	S4601S-D0300-15	
地线悬垂串	双线夹		4 号、5 号、7 号、8 号、10 号	S4601S-D0300-16	
地线绝缘悬垂串	双串		15 号～20 号、30 号～32 号、42 号、51 号、56 号、57 号、98 号、104 号	S4601S-D0300-21	
地线绝缘悬垂串	双串		22 号～27 号、29 号、33 号～41 号、44 号～50 号、52 号～54 号、58 号～64 号、66 号～68 号、70 号～76 号、78 号～82 号、84 号～90 号、92 号～94 号、97 号、99 号～103 号、105 号～107 号、109 号～117 号、119 号～123 号	S4601S-D0300-20	ZB1 和 ZVX 塔
地线悬垂串	双挂点		69 号、96 号	S4601S-D0300-19	ZB1 和 ZVX 塔
地线耐张			门架、1 号、2 号、3 号、6 号、9 号、14 号、21 号、28 号、43 号、55 号、65 号、77 号、91 号、108 号、118 号、124 号	S4691S-D0300-13	
地线绝缘耐张			21 号、65 号、77 号、91 号、118 号	S4691S-D0300-14	

2. 张力放线所用工器具表（表 2-23）

工器具表   表 2-23

序　号	工器具名称	规格型号	单　位	数　量	说　明
1	吊车	8 吨	辆	1	
2	张力机	一牵二	台	1	
3	牵引机	一牵二	台	1	
4	光缆机		台	1	
5	导线尾车		付	2	
6	光缆尾车		付	1	
7	导线滑车	400/50	个	160	
8	光缆滑车	直径 600mm	个	80	
9	牵引绳	Φ15	米	20000	
10	导引绳	Φ13	米	20000	
11	2 相走板导线		付	2	
12	光缆走板		付	1	
13	导线护夹	400/50	付	80	
14	铝包钢地线护夹		个	10	
15	抗弯连接器	5 吨	个	40	
16	抗弯连接器	3 吨	个	30	
17	导线蛇皮套单头		付	10	
18	光缆地线蛇皮套		付	10	
19	导线双相蛇皮套		付	6	
20	地线光缆双相蛇皮套		付	6	
21	导线放线架含放线杠		付	2	
22	导线卡线器	400/50	个	80	
23	液压机（带长管 1 付）		台	4	
24	双相锚线架		付	12	
25	锚线绳 40 米	Φ15	根	40	
26	锚线绳 15 米	Φ15	根	30	
27	地锚	8 吨	个	20	
28	地锚	5 吨	个	20	
29	光缆卡线器		个	3	
30	飞车		辆	6	
31	手扶葫芦	6 吨	个	28	
32	U 型挂环	10 吨	个	40	
33	U 型挂环	5 吨	个	200	
34	导线提线器 2 相		付	6	

序 号	工器具名称	规格型号	单 位	数 量	说 明
35	升空滑车		个	2	
36	操作平台		付	1	
37	地线放线车		付	1	
38	地线提线器		付	3	
39	导线压模	Φ45	付	4	
40	压模	Φ20	付	3	
41	压模	Φ22	付	3	
42	起重滑车	5 吨	个	15	
43	捯链	1 吨	个	5	
44	压线滑车		个	4	
45	液压断线钳		把	4	
46	手动液压钳		副	1	
47	软梯	13m	条	1	
48	绞磨	5t	台	2	
49	磨绳	φ13×130m	根	2	
50	隔垫物				根据需要准备

3. 全线导地线连接方式

采用液压方式连接其接续及保护金具型号见表 2-24。

采用液压方式连接其接续及保护金具型号表　　　　表 2-24

适用导地线	接续管	防振锤	导线间隔棒
导线 JL/LB20A-400/50	JYD-400/50BG 的铝管	FR-4 型铝合金	FJQZ-405
铝包钢绞线 JLB27-55	JY-55BG 的钢管	FR-1 型铝合金	

4. 图纸技术要求及注意事项

(1) 本段所采用的 160kN 耐张串采用瓷质绝缘子，挂线时从横担算起，每隔 4 片加 1 片记数瓷瓶（即第 5 和 5 的倍数加记数瓷瓶），根据绝缘子订货要求，普通绝缘子颜色采用白色，记数采用棕色绝缘子。

(2) 挂导线悬垂合成绝缘子、地线悬垂绝缘子串及耐张绝缘子串的螺栓、销钉、R、W 弹簧销的穿入方向见"附件安装中的螺栓穿入方向规定"。

(3) 带有 XDP-70CN 绝缘子的地线耐张双串的保护间隙安装在上方、铁塔的外侧，拆除铁塔内侧一片绝缘子保护间隙；带有 XDP-70C 绝缘子的地线直线双串的保护间隙安装在大号侧、铁塔的外侧，拆除铁塔小号侧一片绝缘子保护间隙。

(4) 跳线用 T 型线夹、间隔棒对照见表 2-25。

T 型线夹、间隔棒对照表　　　　表 2-25

导线型号	JL/LB20A-400/50
T 型线夹型号	TY-400/50BG
间隔棒型号	FJQZ-405

（5）耐张塔边相跳线安装时的弧垂值应满足 3.8m≤f≤4.1m。

（6）边相跳线在安装时，若一侧耐张串倒挂时，该侧跳线采用 T 型线夹连接，T 型线夹与耐张线夹出口间的距离为 1.0m。正挂时则直接连接于耐张线夹上。中相跳线均采用 T 型线夹连接，T 型线夹与耐张线夹出口间的距离为：内角侧子线分别为 1.0m，外角侧子导线 1.4m（对该线路任何转角塔离塔最近的中线子线为 1.0m）。中相耐张线夹的引流板与地面垂直，T 型线夹向内角 45°倾斜，施工压接时注意其方向。

（7）跳线任意部位与金属接地体间的距离 S≥3.03m。

（8）中相跳线三档内共装 5 个间隔棒，其中跳线串之间档内装一个间隔棒，跳线串两侧按其长度各均匀安装两个间隔棒；边相跳线按其长度均匀分布安装两个间隔棒。

（9）中线跳线安装在转角塔内侧。

（10）1 号-14 号地线按图号 S4691-D0300-13 逐塔接地安装。

（11）施工架线时，各耐张段导线过牵引长度不得超过 0.2m，地线过牵引长度不得超过 0.15m，并应尽量减少，紧线过程中必须严格遵守。

（12）地线小号侧耐张串采用 NY-55BG 直接连接；大号侧采用耐张串带绝缘子。

（13）耐张串中的蝶形调整板曲面相对安装，即直边朝线束外侧安装。

（14）导线绝缘子连成串时，同基塔上的绝缘子生产厂家、型号及吨位必须一致。

（15）DG1 塔中相跳线利用跳线撑直装置安装。

（16）转角、耐张塔及终端塔导线跳线对杆塔构件的间隙不得小于 3.03m。

（17）地线串上的绝缘间隙取 20±2mm。

（18）换位塔导引绳展放以施工蓝图为主。

5. 导地线损伤处理及接续补修规定

根据《110～500kV 架空送电线路施工及验收规范》GB 50233—2005 规定：导、地线在展放中除了正常的接头外（换线盘接头），其他损伤补修、损伤压接处理应符合下列要求。

（1）损伤处理（可不补修）：外层导线线股有轻微擦伤，其擦伤深度不超过单股直径的 1/4，且截面积损伤不超过总导电部分截面积的 2%时，可不补修，用粗于 0 号细砂纸磨光表面棱刺。

（2）损伤补修处理：导线在同一处损伤的强度损失不超过总拉断力的 8.5%，且损伤截面积不超过导电部分截面积的 1.25%时可补修。

（3）损伤压接处理：强度损失超过保证计算拉断力的 8.5%，截面积损失超过导电部分截面积的 12.5%，钢芯有断股、金钩、破股致使钢芯或内层线股形成无法修复的永久变形。

（4）地线损伤处理：断 1 股，以补修管补修，断 2 股，锯断重接；质量检验及评级办法优良级标准：标段内无损伤补修、无损伤压接档应大于 80%（即 10 档线内，有 8 档（不包括 8 档）以上线不允许有损伤补修和损伤压接，正常压接除外）。

（5）同档内补修管、压接管允许数量：在一个档距内每根导线或地线上只允许一个接续管和一个补修管。

（6）接续管、补修管之间，接续管、补修管与线夹和间隔棒之间的距离应满足下列要求。

① 接续管与补修管之间的距离应大于 15m；

② 接续管或补修管与耐张线夹间的距离应大于 15m；

③ 接续管或补修管与悬垂线夹的距离应大于 5m；

④ 接续管或补修管与间隔棒的距离应大于 0.5m。

6. 其他注意事项

导、地线直线管、耐张管压接握力试验，应由取得 CMA 资质的试验机构进行，并达到不小于导线保证拉断力的 95％及地线拉断力的 95％，试验报告中应附有试件的压接尺寸。导地线各种压接管在压接后管口应涂红丹漆和压接者的钢印号。

2.2.7 附件安装工艺质量要求

1. 金具螺栓穿向及绝缘子口向要求

绝缘子串各种金具螺栓穿向及绝缘子口向规定：

① 线路通用部分统一规定：顺线路方向者的螺栓和销钉一律由线路小号向大号穿入；横线路方向的螺栓和销钉一律由塔身向外穿入。

② 直线悬垂串绝缘子 R 销钢帽小口朝塔身、耐张塔朝上；金具碗头挂板上的弹簧销垂直方向者由小号向大号方向，水平方向由外向内。

③ 直线 V 串绝缘子 R 销钢帽小口、弹簧销大口朝斜向上，螺栓和销钉朝斜向下。

④ 耐张串绝缘子 R 销钢帽小口、弹簧销大口朝上，螺栓和销钉垂直朝下。

⑤ 分裂导线上的穿钉、螺栓及均压环上的螺栓一律由外向内穿（包括导线悬垂线夹、防振锤上的螺栓）。

⑥ 间隔棒上的销钉统一向受电侧穿。

⑦ 导线防振锤大头朝塔身。

⑧ 地线防振锤大头朝塔身，螺栓穿向由内向左穿。

⑨ 跳线引流板螺栓均由上向下穿。

⑩ 安装后的开口销、闭口销全部开 60°～90°，开口销、闭口销凡能垂直方向插入的，必须由上向下垂直插入，水平方向的向受电侧穿入。

2. 悬垂线夹的安装

安装前绝缘子串应是垂直状态，找出线夹位置的中心点，在导线上划印。利用导链把导线吊起，取下放线滑车。导线应缠绕铝包带衬垫，铝包带缠绕方向与外层铝股方向一致，并使铝包带两端露出线夹口 10mm，下一圈铝包带应紧搭在上一圈铝包带半圈上，其端头应回夹于线夹内压住。悬垂线夹安装后，悬垂绝缘子串应垂直地面，个别情况下，其顺线路方向与垂直位置的位移不应超过 5°，最大偏移值不应超过 200mm。

3. 耐张引流安装方法和工艺要求

（1）用作跳线的导线必须选用未使用过的线轴新线，以使跳线成型美观。

（2）按设计和技术要求控制引流线对塔身的电气间隙尺寸，并做好记录。

（3）安装好的跳线应呈自然下垂的圆弧状，不得有扭曲、硬弯等缺陷。跳线端的连接板螺栓拧紧应适度，不宜过紧，并涂刷导电介质。

（4）中线跳线引流规定：中相跳线均采用 T 型线夹连接，T 型线夹与耐张线夹出口间的距离为：内角侧子线分别为 1.0m，外角侧子导线 1.4m（对该线路任何转角塔离塔最近的中线子线为 1.0m）。中相耐张线夹的引流板与地面垂直，T 型线夹向内角 45°倾斜，施工压接时注意其方向。

4. 防振锤安装方法和工艺要求

（1）防振锤的安装距离：导线防振锤型号为 FR-4 型；地线为 FR-1 型；导、地线防振锤在 2 个及以上者应等距离安装，其安装距离详见杆塔明细表。

（2）量取方法：直线塔导、地线防振锤从悬垂线夹出口处至防振锤夹板中心；耐张塔从耐张线夹出口至防振锤夹板中心；若安装两个以上防振锤应从两防振锤夹板中心量取。

（3）防振锤安装数量

导地线防振锤安装个数按杆塔明细表中的数量安装或参考表 2-26；

导地线防振锤安装数量   表 2-26

档距范围（m）	450	450～800	800～1200
安装数量	1	2	3

（4）防振锤安装距离悬垂串由线夹中心处起算，耐张串由耐张线夹出口处起算。当子线上有 T 型线夹时，则由 T 型线夹出口处算起。

（5）防振锤夹板中心必须对准画印点处，拧紧夹板固定螺栓，使其与架空线平行并垂直地面，其安装距离偏差不应大于±24m。

（6）检查防振锤锤体和夹板，有无油漆或锌层脱落，如有应涂刷防锈漆。

（7）导线防振锤不加铝包带。

（8）防振锤螺栓穿向规定：

导线防振锤螺栓应对穿（即由线束外向内穿），地线由外向内穿。

5. 间隔棒安装的安装和工艺要求

（1）为防止导地线因风振而受损，弧垂合格后应及时安装附件（包括间隔棒）；分裂导线上的间隔棒其结构面应与导线垂直，各相间隔棒的安装位置应相互一致（即同档两相间隔棒必须在一条直线上）。

（2）间隔棒型号及安装位置：导线档内及跳线间隔棒型号为 FJQZ-405 型防晕防松阻尼间隔棒。

（3）导线档内间隔棒安装数量及安装距离见杆塔明细表：导线间隔棒次档安装表及导线每档线长表。

（4）全线导线间隔棒，跳线间隔棒统一采用铝合金阻尼间隔棒，其限位销应采用不锈钢材，夹头与线间不缠绕铝包带。

（5）间隔棒安装方向：两抓朝下握导线，间隔棒上配开口销并开口。

（6）导线间隔棒安装距离量取方法：直线塔间隔棒安装距离从铁塔中心至间隔棒夹板中心；耐张转角塔间隔棒安装距离以铁塔中心为准，间隔棒安装距离必须从相邻铁塔中心线上量取，其误差，第一个间隔棒安装不应大于次档距±1.5%，其余不应大于±3.0%。每档内产生的误差应分配在中部各次档距中。

（7）安装好的间隔棒要保证与导线轴心相垂直，检查压接管与间隔棒间的距离。

（8）检查压接管的外部保护钢甲是否已拆除。

（9）间隔棒安装表：（略）

2.2.8 导地线液压连接

1. 导地线、直线接续管、耐张线夹、T型线夹对照表（表2-27）

导地线、直线接续管、耐张线夹、T型线夹对照表　　　表2-27

导地线型号	直线接续管	耐张线夹	T型线夹
JL/LB20A-400/50	JYD-400/50BG	NY-400/50BG	TY-400/50BG
JLB27-55	JY-55BG	NY-55BG	

2. 一般规定

（1）液压操作人员必须经过培训及考试合格，持有操作许可证。操作时应有指定的质量检查人员和现场监理工程师在现场进行监督。

（2）液压的导线及避雷线的端部在割线前应先将线校直，切割前应绑扎防止导地线松股，切割时应与轴线垂直。

（3）在切割钢芯铝绞线铝股时，严禁伤及钢芯。

（4）量尺划印的定位印记，划好后应立即复查，以确保正确无误。在液压操作完成之后，应再一次检查定位印记，以防止液压操作的过程中导线及避雷线在液压管中窜动。

（5）操作完成后，应进行外观检查及外径尺寸检查，检查结果应符合本手册上的要求并做好施工记录。

（6）压接完成后，应及时打上操作人员钢印代号。

3. 压接模具、液压管及压后推荐值（表2-28）

压接模具、液压管及压后推荐值　　　表2-28

钢模规格	适用导、地线	液压管型号	压后推荐值（mm）	备注
φ48	JL/LB20A-400/50	NY-400/50BG 的铝管 JYD-400/50BG 的铝管	41.48	包括 T 型线夹
φ20		NY-400/50BG 的钢锚	17.40	
φ24		JYD-400/50 的钢管	20.84	
φ32	JLB27-55	NY-55BG 的铝管	27.72	
		JY-55BG 的铝管		
φ20		NY-55BG 的钢锚	17.40	
		JY-55BG 的钢管		

4. 液压操作工艺简述

（1）钢绞线、钢芯铝绞线的钢管压接部分要用汽油清洗并擦干。

（2）穿管时，要在钢芯上划上印记，以便接头在接续管钢管居中。

（3）钢包铝绞线及钢芯铝绞线铝管压接部分的铝线要涂上801电力脂及清除氧化层，

其程序如下：

① 涂 801 电力脂及清除氧化膜的范围为铝股进入铝管部分；

② 外层铝股用汽油清洗并干燥后将 801 电力脂薄薄地涂上一层，以将外层氧化层覆盖住；

③ 用细钢丝刷将钢芯铝绞线沿线轴方向对以涂 801 电力脂的部分进行擦刷，将液压后能与铝管接触的铝股表面全部刷到，然后铝管移到两印记内，使钢管处于铝管中央，移管时应注意不可将铝股散股。

（4）液压操作步骤：

① 导线直线接续管见图 2-18、图 2-19。

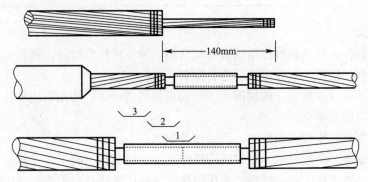

图 2-18　JL/LB20A-400/50 的直线管割线及穿管示意图

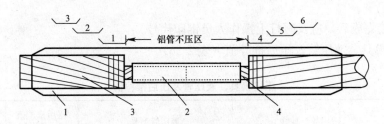

图 2-19　JL/LB20A-400/50 的直线管压接示意图

1—铝管；2—已压钢管；3—铝线；4—钢芯

② 导线耐张线管见图 2-20、图 2-21。

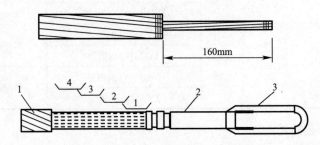

图 2-20　JL/LB20A-400/50 的耐张线夹割线及穿管接示意图

1—钢芯铝绞线；2—钢锚；3—拉环

注：图中所注 160mm 为用 NY-400/50BG 耐张线夹的割线长度，其他耐张管现场量取。

174

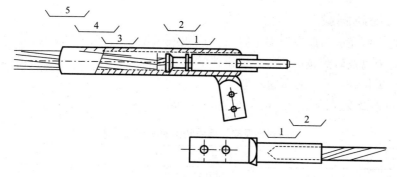

图 2-21 耐张铝管、跳线连接管压接示意图

③ JLB27-55 铝包钢绞线直线接续管见图 2-22、图 2-23。

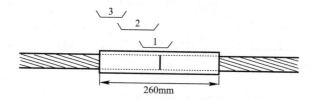

图 2-22 铝管穿管和压接示意图

图 2-23 铝管穿管和压接示意图

④ JLB27-55 铝包钢绞线耐张液压管见图 2-24、图 2-25。

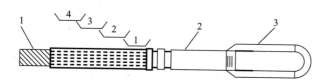

图 2-24 JLB27-55BG 耐张线夹割线及穿管接示意图
1—铝包钢绞线；2—钢锚；3—拉环

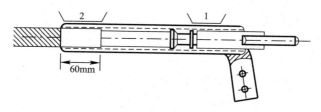

图 2-25 耐张铝管压接示意图

2.2.9 交叉跨越测量

附件安装工作完成后应及时对危险点（边线或风偏点）、交叉跨越点进行测量，主要测量导线对地距离及对跨越电力线、通讯线的垂直距离和交叉角，若不满足要求应及时和项目部与设计单位联系，以便妥善处理。

1. 导线对地及交叉跨越物的最小安全距离（表 2-29）

导线对地及交叉跨越物的最小安全距离 　　　　　　　　表 2-29

序　号	被交叉跨越物的名称	最小垂直距离（m）
1	非居民区	11.0
2	居民区	14.0
3	交通困难地区	8.5
4	等级公路	14.0
5	电力线（至导线或地线）	6.0
6	电力线（至杆顶）	8.5
7	通讯线（Ⅰ、Ⅱ级）	8.5

2. 对弱电线路的交叉角要求（表 2-30）

对弱电线路的交叉角要求 　　　　　　　　表 2-30

弱电线路等级	Ⅰ级	Ⅱ级	Ⅲ级
交叉角	≥45°	≥30°	不限制

注：本线路线下如发现有不符合上述要求而设计图纸上又无注明需要拆迁的建筑物或需要砍伐的树木时，请施工队及时报项目部，会同设计单位共同处理。

2.2.10 张力架线及紧线施工注意事项

1. 张力架线区段划分（表 2-31）

张力架线区段划分 　　　　　　　　表 2-31

场　次	牵场桩号	张场桩号
第一场	1 号	9 号
第二场	28 号	9 号
第三场	28 号	51 号
第四场	69 号	51 号
第五场	69 号	91 号
第六场	108 号	91 号
第七场	108 号	124 号

2. 张力架线施工注意事项

（1）耐张转角塔的放线滑车用钢丝绳套连接挂在塔上，钢丝绳套与塔材接接触部位应垫好麻袋或胶皮轮胎。

（2）滑车的检查与保养：每次使用滑车前，都应对滑车进行认真的外观检查。凡零部件变形、滑轮旋转不灵活、与挂具连接不方便、阀门开启和关闭困难的滑车，均不能使用。滑车应定期清洗，定期上油保养。

（3）张力放线段的长度应包括 15 个放线滑车的线路长度，宜为 5～8km。当牵张场地选择非常困难时，放线段内的滑车数量不应超过 20 个。

（4）跨越公路、高压线路时应适当缩短放线段长度，以确保快速、安全完成跨越架线任务。

（5）牵张机出口与邻塔导线悬挂点高差角要小于 15°。

（6）三相导线的放线滑车应尺寸统一，转动灵活、插销齐全，无损伤。

（7）牵张机应布置在线路中心线上，其方向应对正邻塔导线悬挂点，使绳（线）在机上的进出方向垂直大牵的卷扬轮和大张的张力轮中心轴。

（8）放线段内同相位的牵引绳宜使用同型号、同规格、同捻向的牵引绳。

（9）牵放导线前，应进行下列检查：

① 线盘架上的导线长度是否符合布线计划的要求；

② 线盘架的位置和方向是否正确，线轴是否调平，线盘架的锚固是否牢靠。导线与张力轮缘及导线相互间有无摩擦。

沿线护线人员是否全部到位，通信设备是否完好畅通。

（10）当一相导线展放完毕后，应及时进行线端临锚，临锚绳与地面的夹角要小于 25°。锚线后的导线距离地面不应小于 5m。

（11）张力场的现场指挥位置设置在张力场，因此布场时应保证现场指挥人员和本场主要机械操作人员的视线，以利信号联络及时。

（12）张力机和牵引机要设置临时接地，以防止感应电伤人。

（13）场地有坡度时，要注意防止物件下滚；有积水时要注意排水，任何情况下都要注意防火（如管制火源，清除杂草等易燃物，严格管理油类和爆炸品的存放及使用）。

3. 紧线施工注意事项

（1）紧线前应检查各相子导线在放线滑车中的位置是否正确，防止跳槽现象发生。

（2）检查各子导线间是否相互较劲、缠绕。

（3）检查直线压接管位置是否满足规范要求，如不合适，处理后再紧线。

（4）凡发现导线损伤的必须按《规范》要求处理后再紧线。

（5）被跨越的电力线是否已完全停电并接地或采取可靠的跨越措施。

（6）现场核对弛度观测档位置，复测观测档档距、高差。

（7）紧线顺序：先紧地线，后紧中线、再紧边线。

（8）耐张塔紧线前，边导线横担必须要用导链串接钢丝绳进行补强。

（9）作为紧线塔的耐张塔的临时拉线对地夹角不得大于 30°。过轮临锚对地夹角不超过 25°，反向临锚对地夹角不超过 45°。

4. 弛度的观测与调整

（1）本工程架线阶段的施工要将导地线弛度观测质量作为重点，必须严格把关控制，满足达标投产和质量评定规定要求，否则必须返工处理。

（2）观测及调整弛度应注意下列事项：大风、雷雨天气应停止观测；两个及以上观测档时，弛度观测人员应互相通报，相互核对。当弛度调整发生紊乱时，应将架空线放松，等待一段时间稳定后，再重新紧线及调整弛度。弛度调整困难，各观测档不能统一时，应检查弛度表是否有误或者弛度板的绑扎距离是否有误，同时应检查放线滑车是否有卡阻等现象，原因查明后再继续调整。

（3）本工程弛度要求逐档进行调整，相间误差及子线间误差均符合有关规定后方能安装附件。

（4）弛度观测档选择标准

① 紧线段在 5 档以下时靠近中间选择一档；

② 紧线段在 6～12 档时靠近两端各选择一档；

③ 紧线段在 12 档以上时靠近两端及中间各选择一档；

④ 观测档宜选择档 330kV 公官Ⅲ回送电线路工程距较大和悬挂点高差较小及接近代表档距的线档；

⑤ 弛度观测档的数量可以根据现场条件适当增加，但不能减少。

（5）锚线地锚坑可预先挖好，其位置应尽可能接近锚线架空线下方，以方便锚线和松锚。

5. 张力架线其他安全注意事项

（1）在放、紧线过程中，各近地点必须设监视点，严防儿童和其他人员攀抓绳、线升空。

（2）导线对地和交叉跨越距离见表 2-32，紧线后要及时检查。

导线对地和交叉跨越距离　　　　　　　　　　　　表 2-32

序　号	被跨越物名称	最小垂直距离（m）
1	居民区	8.5
2	非居民区	7.5
3	交通困难区	6.5
4	公路	9.0
5	通信线路、电力线路	5.0
6	建筑物	7.0

（3）在架线过程中，须跨越电力线，因此，各工序中需要装设的保护接地、工作接地和设备接地，都必须认真做到。

（4）所有工器具事先必须经过严格检查，不得以小代大；牵引绳端头有无磨损、断股等现象，否则，应割去重新插头。

（5）设备及锚线地锚坑深必须根据地质情况严格保证坑深，地面坑口必须有防止雨水渗入坑内的措施。

（6）在各工序中必须采取有效措施，认真保护好导线和良导体地线不受磨损。

（7）施工人员除了做好自身安全保护外，还要对所有民工进行安全、技术、质量交底，每道工序都要由经验丰富的技工负责，不允许民工单独操作。

（8）施工段内所有带电线路，必须有可靠的封顶跨越架，搭设跨越架时，必须申请停电封顶，必须派专人看守和监护。

（9）需停电的线路在接到已停电的命令后，必须首先使用相应电压等级合格的验电器进行验电，确认无电后再挂接地线。

（10）挂接地线时应先挂接地端后挂导线端，拆除时程序相反。

（11）架线其他安全注意事项必须严格按照《电力建设安全工作规程》（架空电力线路部分）中的条文执行。

2.3 宁东-山东±660kV直流输电示范工程宁1标段施工管理

2.3.1 工程概况

宁东-山东±660kV直流输电示范工程是世界首条660kV电压等级的直流输电线路，是国家电网公司"十一五"发展规划的重点项目，是构建国家电网骨干网架的重要组成部分。该工程是实现西北与华北电网联网，将西北黄河上游水电及宁东火电打捆送往山东，实现资源优化配置的重大输电工程。

1. 工程建设规模

宁东-山东±660kV直流输电示范工程起于宁夏回族自治区灵武市境内的银川东换流站，止于山东省青岛换流站。可研路径长度1335km，含3.5km黄河大跨越，初设线路长度1335km，包括山东黄河大跨越3.3km。航空路径约1200km，曲折系数1.11。线路途径宁夏、陕西、山西、河北、山东五省。线路沿线地形比例为：高山大岭7.3%、一般山地27.3%、丘陵10.3%、平地53.5%、沙漠1.5%。

2. 宁1标段地理位置、线路走径及施工范围

宁东-山东±660kV直流输电示范工程宁1标段起自宁夏回族自治区灵武市境内的宁东换流站构架，经灵武市宁东镇、古窑子、东湾、白芨滩和盐池县高沙窝、牛毛井、花马池等村镇，止于宁夏与陕西省交界处，分段塔编号为J20（G1227号塔），线路长度为105.983km。本标段共设铁塔226基，其中直线塔202基，耐张塔24基（本标段不含G227），与接地极同塔段为G1011～G1090。

3. 地形、地质条件和气候特点

本标段沿线可分为平地、微起伏的丘陵、沙漠地貌，局部为低山，大部分为荒丘、草地以及部分改良后的农田，一般山地占5.65%，丘陵占58.57%，平地占20.72%。

本标段地质条件多种多样，包括干沙、流沙、岩石、松砂石、粉土、粉砂等地质条件。

本工程气候为温带大陆性季风气候，其特点是四季少雨多风、气候干燥、长冬严寒、短夏温凉。年降水量小于蒸发量，且多集中在夏末秋初。年降雨量在300mm左右，年均蒸发量高于2000mm，年平均气温8.5度，冬季温度低，持续时间长，对施工影响较大。

4. 交通运输条件

本标段大部分地段较为平坦，大的交通运输有307国道，另外为在建太中银铁路修建的副路、桥涵、银盐330kV线路施工用便道及灵盐220kV线路运行便道也可利用，交通运输条件良好。另有部分地段为沙漠、山地，没有便道可以利用，交通运输条件困难。

5. 工程技术指标及主要工程量

本工程导线采用4×JL/G3A-1000/45钢芯铝绞线，导线分裂间距为500mm，本标段共安装导线2736.6t（871526m）；地线一根采用LBGJ-150-20AC铝包钢绞线，共安装35

盘，106.36 吨；另一根地线为 24 芯 OPGW 光缆，共安装 23 盘。

悬垂串采用 210kN（含 210-1 和 210-2）、300kN（含 300-1 和 300-2）单双联"V"型串合成绝缘子，共安装 940 串；耐张串采用双联 550kN 直流盘式绝缘子，共安装 13748 片，跳线串采用"V"型串合成绝缘子，共安装 192 串。

间隔棒采用 FJZ-450/1000 型间隔棒，共安装 4710 只。

本工程基础型式主要为：插入式角钢基础、柔性斜柱地栓基础、刚性台阶式基础、掏挖基础、灌注桩基础；共浇筑混凝土为 15400m³。

本工程铁塔采用高跨设计，铁塔型式共 21 种，其中直线塔型 13 种，其中 ZP2711 塔 19 基、ZP2712 塔 92 基、ZP2713 塔 5 基、ZP2714 塔 9 基、ZC2721 塔 3 基、ZC2722 塔 4 基、ZP2711J 塔 9 基、ZP2712J 塔 29 基、ZP2713J 塔 8 基、ZP2714J 塔 6 基、ZP2715J 塔 5 基、ZC2721J 塔 5 基、ZC2722J 塔 8 基；耐张塔型 8 种，JP2711 塔 5 基、JP2712 塔 6 基、JP2713 塔 1 基、JC2721 塔 1 基、JP2711J 塔 5 基、JP2712J 塔 2 基、JP2713J 塔 3 基、DT 塔 1 基。共组立铁塔 6982 吨。

本标段跨越 330kV 电力线 1 次、220kV 电力线 3 次、110kV 电力线 11 次、35kV 电力线 7 次、10kV 电力线 28 次、铁路 8 次、高速公路 3 次、307 国道 3 次，跨越多、施工技术复杂、安全风险高。

本标段共拆除房屋 3139m²。

6. 施工主要进度节点

合同工期：2009 年 7 月 1 日开工，2010 年 9 月底完成竣工验收，并具备带电条件。2010 年 12 月投产运行。

2009 年 7 月初项目部接到施工任务后，公司和项目部积极进行前期施工准备，于 2009 年 8 月 10 日在 G1182 号举行了开工仪式，宁 1 标段施工正式拉开序幕，经过一年的紧张施工，于 2010 年 8 月 3 日通过建设管理单位的竣工预验收。

本标段基础工程于 2009 年 8 月 10 日开始施工以来，项目部在公司的大力支持下，精心组织施工，于 2009 年 12 月 3 日对第一批报验的基础进行了转序验收，于 2009 年 12 月 30 日对第二批基础进行了转序验收。

第一批基础转序验收后，2009 年 12 月 16 日项目部在 G1143 号举行铁塔首例试点，2010 年 4 月 23 日和 2010 年 5 月 11 日两次分批对铁塔工程进行了转序验收。

2010 年 4 月 28 日宁 1 标段架线工程首放仪式在 G1153-G1172 放线段举行，2010 年 6 月 14 日最后一个放线段导地线全部展放完毕。

2010 年 7 月 20 日公司内部三级检查验收完毕，标志着工程具备竣工验收条件。

7. 工程重点、难点、特点

（1）本标段线路路径长，工程量大，管理难度较高。

（2）本工程是世界首条 660kV 直流线路工程，1000mm² 大截面导线展放在国内尚属首次，导线张力大、放线难度大、施工技术含量高，所用工器具受力大，安全风险高。

（3）1000mm² 大截面导线展放所使用工器具要求高，需新购进整套的放线设备和附属机具，新购工器具投资较大。

（4）本工程跨越高速公路 3 次、铁路 7 次、110kV 线路 11 次，220kV 线路 3 次、330KV 线路 1 次，施工协调难度大，跨越高速公路、铁路、高压带电线路施工风险大、要求高、协调不力或技术力量投入不足将对工期产生较严重影响。

（5）因工程施工跨越一个寒冷的冬季，寒冷、大风等恶劣天气较多，有效施工时间短，对施工进度的影响较大；

2.3.2 施工组织管理

1. 建立组织机构

公司接到中标通知书后，立即组建了施工项目部，负责本工程的施工管理工作。项目经理、常务副经理、副经理、项目总工由公司任命，项目经理、常务副经理和项目总工都具有中级以上职称，项目经理和总工具有一级建造师注册证书和执业印章；项目部下设技术专责、质量专责、安全专责、材料专责、计经专责、涉外协调专责、综合管理员，资料员负责施工过程的监督、管理与服务。项目部下设施工队，每队设队长 1 名，安全员 1名，质检员兼技术员 1 名，负责每个施工队的施工工作。本项目在基础和杆塔施工中投入了 6 个施工队，在放线施工时投入两个放线队，根据本标段的工程特点、环境条件、基本工程量、进度要求，结合公司的施工综合进度水平，其中基础工程投入施工人员 450 人，杆塔工程投入 320 人，架线工程投入 320 人次，特殊工种人员 120 人次，人员数量和技术力量完全能够满足施工需要。

2. 制订管理制度和管理职责

项目部成立后，根据国网公司的有关要求和各种规范性文件，建立健全了 5 大项管理制度，包括项目管理制度、安全管理制度、质量管理制度、成本管理制度和技术管理制度。在施工前将这些管理制度下发并组织专题交底会，对施工组织设计和管理制度进行交底，在施工中，严格执行这些管理制度，做到管理有章可循。并通过不定期的检查和整改，有效地保证了工程管理始终处于受控状态。项目部根据实际情况制定了各级人员的管理职责，明确各级人员的责任。

3. 项目部选址和配置

工程开工前，项目部人员在多次踏勘线路后，选择在高沙窝镇中心招待所为本工程的项目部所在地，按照标化开工要求和文明施工要求，项目部按照经济实用的原则美化了项目部，配置了电脑、互联网、打印机、传真、数码相机等办公设备，同时也配置了常规安全、质量管理设备和工具和职工生活娱乐设施。

选择高沙窝镇供销社为材料站，材料站交通方便、场地宽阔、便于布置，水电暖配套设施齐备，材料库房能满足材料和机具的存放要求。

按照交通方便、通信条件良好和便于施工管理的原则在线路沿线宁东镇、白芨滩林场、魏庄、高沙窝、牛毛井、盐池选择了六个施工队驻点，作为施工队驻地进行日常施工现场管理。

2.3.3 施工策划

1. 工程目标

根据国家电网公司对本工程的总体要求，在建设单位制定的本工程目标基础上，项目部对工程建设目标进行分解和提高，为工程各项工作的开展指明了方向，施工中认真落实、严格执行，确保本工程在实施过程中无任何安全质量事故的发生。

职业健康安全目标：不发生重伤事故和人身死亡事故，轻伤负伤率≤3‰；不发生较大施工机械设备损坏事故；不发生有人员责任或管理责任的较大电网、设备、火灾事故；不发生负主要责任的较大交通事故；不发生倒杆塔和重大垮（坍）塌事故；不发生因建设原因造成的电网非正常停电事故；不发生同一施工现场出现相同性质的事故；不发生负主要责任的群体伤害事件。创建安全文明施工典范工程。

质量目标：工程质量符合有关设计、施工验收规范的要求；单元工程合格率100%；分部工程优良率100%，工程质量评定为优良；强制性条文符合率100%；杜绝重大质量事故的发生；实现零缺陷移交；确保达标投产、国家电网公司优质工程，创建国家优质工程。

环境保护目标：从施工等方面采取有效措施，全面落实环境保护和水土保持的要求，建设"资源节约型、环境友好型"的绿色和谐工程。通过环保、水保、劳动卫生的专项验收。

工期目标：2009年7月1日开工，2010年9月底完成竣工验收，并具备带电条件。2010年12月投产运行。

安全文明施工目标："设施标准、行为规范、施工有序、环境整洁"；严格遵循安全文明施工"六化"要求，树立国家电网公司的安全文明施工品牌形象，创建输变电工程安全文明施工示范工程。

档案管理目标：资料归档率100%，资料准确率100%，案卷合格率100%，资料移交满足相关标准要求。

创新目标：按照"以管理创新为基础，以科技创新为主导，以工艺水平提升、新材料、新技术运用为支撑"的工程建设创新整体工作原则，积极开展施工技术创新、组织管理创新、现场信息管理创新、现场文明施工创新。

2. 施工组织策划

开工前，项目经理组织项目部人员编制了《施工组织设计》，对工程建设进度控制、资源需求计划、质量控制、安全控制、施工平面布置等方面进行了详细的策划，保证了工程施工有利有节向前推进。施工组织设计编制完成后，公司领导专门组织项目部人员和公司各职能部门对施工组织设计进行了详细的审查，审查并完善后报监理项目部和业主项目部审批。

本标段施工组织设计的编制是通过实地考察和对施工图的详细了解后完成的，而且针对的基本上是常规施工工艺。因此在施工过程中，大部分施工按照此施工组织设计执行。

当施工环境或工期与客观因素对某些分部分项工程产生影响时，及时调整了施工组织设计。并且本着追求工程质量、效益、工期最优化的原则，大胆进行了技术革新，可以节约施工成本、加快施工进度，提高工程质量。在基础施工完成后，天气已非常寒冷，但是为了保证施工工期，杆塔施工必须在春节前夕组立一半的施工进度计划，项目部通过方案比选，大胆改进施工方法，将常规的组塔施工方法改为大吨位吊车组塔，这样，不但加快了施工进度，而且使施工安全得到了保证。

3. 创优策划

本工程为创优工程，针对优质工程的要求，项目部组织技术人员编制了详细的《创优实施细则》，对影响质量的人、机、料、法、环这五大影响因素制定了详细的控制措施，对分项工程制定了严格的控制目标，并按照质量控制的三个阶段进行严格质量控制，工程质量工作迈上了一个新的台阶。

4. 安全文明施工环境保护策划

安全健康、文明施工及环境保护方面项目部按照国网公司及相关文件的要求，对其进行了二次策划，保证安全文明施工工作的开展。

在工程开工前组织全体施工人员对工程策划文件进行交底，工程施工阶段，认真执行经过审批的策划文件，在工程例会上向业主及监理汇报策划文件的执行情况，对在前期策划中涉及不到的方面或策划与实际有不一致的地方进行调整。

2.3.4 项目进度管理

本标段进度管理依据本工程工期总目标编制出总体进度计划，采取系统有效的进度控制措施，通过执行业主进度计划周报月报制度，编制周、月进度计划，并加强有效的监测，对实际施工进度和计划进度进行比较，如偏差较大，将采用如组织、技术、经济等措施进行进度调整，实现对工程进度计划的控制。同时运用 P3 项目管理技术，统筹兼顾，合理安排，组织均衡生产，提高各种设备，器材的利用率，确保分部分项工程按计划完成，从而达到总体工期目的。

依据 P3 项目管理软件编制施工进展横道图和网络图，通过网络时间参数的计算找出决定工期的关键线路和关键工作以及有机动时间的非关键工作，从而使管理人员胸中有数，抓主要矛盾，确保控制计划总工期和合理安排人力、物力资源，从而降低成本，缩短工期。

在基础施工中为了保证基础施工质量、不增加工程冬季施工费用和不影响杆塔工程施工，项目部对基础工程进度进行了调整，增加了人力投入，保证了基础工程在最寒冷的 1 月～2 月份前完成。铁塔组立施工进入了寒冷的冬季，考虑到施工效率降低和施工安全，也考虑了两套放线设备对架线施工进度缩短，项目部将杆塔施工持续时间加长，通过这些合理的工期调整，既保证了总工期的不变，又保证了施工的安全。

2.3.5 工作计划管理

1. 设备、材料及施工机具供应计划管理

（1）根据工程施工计划，积极和建设单位协调配合，编制甲供材料需求计划，合理确定材料进场时间，保证材料不影响施工工期。

（2）根据工程施工情况，对公司自行采购的材料提前提出采购计划，公司物资管理部门根据采购计划选择合格供货厂家，通过招投标方式进行材料采购。确保材料采购能满足规范要求。

（3）根据工程进展情况，项目部提前进行分部或专项施工方案的制定，确定施工所需机具，公司也多次对本工程施工机械采购召开专门的会议，研究专门针对 1000mm² 导线展放的机具采购问题，提前谋划，早做准备，公司按照放线计划时间订购了两套大截面导线展放施工机具。

2. 例会管理

按照管理要求和实际情况，项目部每月组织召开一次安全例会和生产会议，分析和解决施工质量、进度、安全等方面存在的问题。积极参加业主每月组织的工地例会，听取建设单位的总体工程安排，汇报工程进度、质量、安全、协调等方面管理情况。

3. 人员计划管理

针对本工程施工的特殊性和复杂性，公司为项目部选派了经验丰富、技术水平高的管理人员组建了本工程项目部。项目部也根据工程工序特点，提出人员需求计划，公司教培中心对参加施工的人员进行专门的培训。针对 $1000mm^2$ 大截面导线压接人员，按照施工计划，项目部选派 4 名液压工参加国网公司组织的大截面导线培训班。通过专业人员调拨，业务培训等方式不断满足施工的需要。

2.3.6　合同管理

1. 施工合同执行管理

（1）工程开工前，公司经营开发部和施工管理部负责人针对施工合同对项目部的主要管理人员进行了详细的交底，使项目部管理人员对工程施工合同有了深入的理解和掌握，也有利于施工合同的实施。

（2）项目部在执行工程合同时，及时协调合同执行过程中的问题，向公司相关部门汇报合同履约情况及存在的问题。

（3）根据工程合同和业主要求，按期办理进度款支付申请并按合同口径提供完成的实物工程量清单，报送监理项目部和业主项目部进行审查，及时的请求业主拨付施工进度款。

（4）在施工合同的框架范围内，积极实施和落实业主和建设单位的检查和指导，确保施工合同的实现。

2. 分包合同管理

根据工程实际需要，本工程选择了四个劳务分包单位和一个专业分包单位，劳务分包单位负责提供本工程的劳务作业，专业分包单位负责 G1223 灌注桩基础施工，合格分包单位选定后，将其资质文件报监理工程是建设单位进行审查，审查合格后签订分包合同。在分包合同执行过程中，项目部及时地进行检查分包合同的执行情况，如分包方在质量、安全、进度等方面不符合项目部的管理要求，及时地指令分包方按照要求实施，保证工程施工目标的实现。

3. 自购材料和委托加工管理

对自购材料由项目部提供材料供货清单，公司物资管理部从公司合格供货厂家名录中通过招投标方式选取供货厂商，由公司物资管理部负责签证供货合同，进行合同管理，物资进场时，由物资部、项目部、监理公司对材料进行检查验收，合格后方可入库使用。

根据本工程的需要，经项目部和公司物资管理部对供货厂家资质、施工力量、设备机械、安全质量、技术力量等方面的严格考核和恒安监理部的审核，决定委托某钢构件制造有限公司加工基础地脚螺栓、插入角钢和接地引下线，同时和厂方签定了加工合同。经对到货材料会同厂方、监理和本标段的验收，进货材料符合验收规范要求，售后服务好。

2.3.7 施工协调管理

1. 工程开工前，项目部设专人配合业主项目部负责的工程协调工作，确保了工程按时开工建设。

2. 为确保业主提出的计划任务的完成，项目部涉外人员加强工作力度，积极与地方政府联系协调，办理相关手续，保证了施工的顺利进行和按期完工。

3. 施工中项目部加强与各个乡、镇之间的联系，及时解决施工中存在的阻挡问题，依照国家有关政策、法规给予补偿或协调，保证工程建设的优先权。

4. 通过地方政府积极联系各村队干部，认真统计沿线占地用户情况。把政策提前向群众交代，从而掌握了工作的主动权。

5. 项目部涉外人员负责施工现场清理，组织或配合做好房屋拆迁、青苗赔偿、塔基占地、树木砍伐、水保施工备案等工作，获得当地政府的支持。

6. 本工程点多线长，涉及范围广，在工程开工前在各乡镇办理了施工临时道路补偿办法，在架线施工前，提前和铁路、公路、通讯线和部分电力线路管理部门协调跨越事宜，提交施工方案，办理施工手续，确保了工程重大跨越施工的顺利进行。

7. 本工程 15♯～75♯ 段位于白芨滩国家级自然保护区内，施工环境保护要求非常高，业主和项目部提前和管理局就有关情况进行了多次专门协商，最终在协调人员的努力下，达成了一致的协议，为工程施工创造了良好的外部条件。

2.3.8 档案管理

1. 为了加强对工程施工中的文件资料管理，项目部制定了《档案管理制度》，并在工程管理科设置档案管理员进行文件资料管理工作。

2. 在施工中，资料管理员对施工图纸、设计变更通知单、工程联系单、会议纪要、与业主和监理单位的往来文件等都及时准确收集，并分类分项、登记造册进行保管，对施工图纸及时分类下发各施工队，做到了及时传递、正确使用。

3. 在资料采集方面，及时收集供货厂家的资料及各类检验、试验报告资料，并及时向监理工程师报审批准。准确收集施工中的技术、质量、安全、双文明建设等资料，加强与业主、监理单位及兄弟单位之间的信息传递，及时向业主及监理单位提供质量、安全、双文明建设方面的资料，确保信息传递正确、全面、及时、通畅。

4. 按照本工程档案管理手册要求实施文件资料的管理，各类文件、资料收文和发文都有详细记录，做到分类管理，目录详尽，归档完整，填写正确，字迹清楚，手续完备。

5. 施工中注重对施工音像资料的收集和整理，同时通过图片专栏等方式进行大力宣传。

2.3.9 安全管理

1. 认真贯彻"安全第一，预防为主"的方针，确保工程"零事故"目标的实现。在工程开工前，组织全体人员进行入场安全教育培训，并进行了考试。

2. 项目部按照"安全工作关键在于人"的思路，建立了完整的安全管理机构。项目经理为本项目安全生产第一责任人，对工程施工安全负全面责任，项目副经理和项目总工协助项目经理抓好安全管理工作。项目部专职安全员具体负责各施工队的安全管理和安全施工监督工作。各施工队成立了以队长为第一安全责任人的安全领导小组。配备一名兼职安全员负责本队施工现场的安全检查工作，同时，建立了安全保证体系和安全管理网络，制定了所有人员岗位安全职责。

3. 施工中认真编制了《安全管理制度汇编》、《分部工程安全施工措施》，为现场安全管理的具体实施提供了依据。编制《事故救援应急预案》，对重大、突发事件制定了切实可行的应急预案，并配置一定数量的应急救援设备和器材。在施工前对施工中存在的各种风险因素进行辨识，加强对重大风险源的管理。

4. 实行层层签订《安全生产责任书》制度，明确每个人的安全责任，强化安全意识，把安全工作与每个人的经济利益挂钩，使安全工作成为每个人的自觉行动。

5. 对主要机械和工器具实行专人管理，杜绝不合格品或无鉴定证明的工器具进入施工现场，定期对工器具进行检查，并填写检查记录，对不合格或者有故障的一律封存。对施工机械，必须要持证操作，按操作规程操作。

6. 在施工中，吊车正确起吊、临时地锚的埋设深度、连接器的正确连接、锚线工具的正确使用这些重大施工环节都是确保工程安全施工的前提条件，对这些工作，项目部加强现场检查力度，确保工作人员认真按照施工措施进行施工，杜绝安全隐患。

7. 本工程跨越架的搭设项目部选派了有丰富工作经验的老同志来负责，施工中做到勤检查。对重要跨越设专人看护。对于无法搭设越线架的带电线路，项目部积极同当地供电所联系，停电施工，并设专人负责停送电联系工作，施工中严格按照规程进行操作。对于不能停电的带电跨越作业，项目部提前编制专项施工方案，按程序提请审批，在实施前对全体施工人员进行交底，施工时通知公司安全质量工作部、监理部进行现场监督检查，同时项目部专职安全员、技术方案制定者到现场进行指导。

8. 各施工队坚持每周一次的"安全活动日"制度，安全活动不走过场，有针对性。认真落实"安全工作票"制度和"班前讲话"制度。定期对职工进行安全教育和作业技术培训，不断增强安全作业意识，提高作业技术水平和操作技能，将劳务工的管理工作纳入到项目部的日常管理工作中。

9. 项目部坚持每月进行一次安全生产大检查，对检查项目按安全检查表逐项对照打分，并对查出的安全隐患要求施工队限期进行整改，将整改结果书面上报项目部；施工队坚持每天安全巡检，对施工现场的安全施工负直接管理责任。

10. 通过安全快报、安全通知等形式及时通报施工安全情况。冬季施工对防火，煤气中毒及临时用电进行重点宣传，夏季则对防食物中毒、中暑等提出预防措施，通知各施工队组织学习，予以落实。

11. 针对本标段地广人稀的特点，保证各施工班组在每一施工点都必须设有安全负责人。

12. 坚持每月一次的项目部安全例会。总结当月的安全施工情况，提出下月的安全计划，对安全管理表现突出的施工队进行奖励。

13. 项目部给材料站、施工驻点、施工现场配备了一定数量的消防器材，对工作人员进行消防知识和业务学习培训，并先后两次组织施工人员在材料站和施工二队举行消防演习，演习取得了较好的效果，施工人员掌握熟悉了操作方法以及在紧急状态下的应对方法。同时定期对消防器材进行检查，对压力不够和不符合要求的进行更换。

14. 项目部每天会同监理工程师到现场巡回检查，对各施工点安全、质量监督检查，对安全生产实行控制。同时对作业点危险源进行辨识和评估，并采取积极的预防措施，为特殊工种作业人员办理了人身意外伤害保险。为了切实保障施工人员的人身安全，使用了新型的高处作业安全防护用品，不断为高空人员补充新的安全防护用品

15. 对安全台账实行规范管理，项目部每月进行一次检查、回收，由项目部存档。

2.3.10 质量管理

本工程从业主到监理以及施工单位对质量都非常重视。根据业主提出的创国优的最高质量目标，项目部进行了严格质量控制。

1. 建立健全质量保证体系：

项目部建立了以"项目经理为质量第一责任人，项目总工、项目副经理主抓质量管理，工程管理科具体负责"的项目部质量管理体系；各施工队接受项目部的管理、监督、检查，执行项目部制定的管理制度和办法，并成立了"施工队队长为本队第一质量责任人，技术员、质检员主要负责"的施工队级质量组织机构。明确了每个人的质量职责，从下到上一级对一级负责。

2. 施工前认真组织编写《施工组织设计》、《创优细则》等质量策划文件，保证策划文件的可操作性。对重要质量控制点提出控制措施，对质量通病提出预防措施，提出改进质量的工作方法，规范质量的监督检验行为和质量的形成过程，保证质量管理和实施的有效开展。

3. 做好各项分部工程施工前准备工作：

（1）在每项分部工程开工前，项目部组织技术人员依据设计图纸、施工图纸会审纪要编制作业指导书，为现场施工提供了科学的依据。

（2）工程开工前由公司培训中心组织对所有施工人员进行岗前技能业务培训。学习有关管理文件、质量标准、验评标准，并经过考试，合格者方能参加施工。在分部工程施工前，项目部认真组织全员进行安全技术交底。

（3）对特殊工种人员进行岗位培训。在分部工程开工前夕，项目部通过公司培训中心组织人员对质检员、测工、压接工、机械操作工进行理论和实际操作培训，讲述本工程管理制度、质量标准、检验方法，进行实际操作指导。培训结束后进行考核认定。

（4）对所有材料供货商进行综合评价选择，并会同监理工程师现场考察。认真按照质量体系文件和规范要求，对工程材料进行检验，同时制定了严格的送检、保管和使用制度。砂、石每400方为一送检批次，水泥每200t为一送检批次，基础浇制用水按规定进行检验。对于业主供货的材料，诸如铁塔、绝缘子、导地线、光缆等认真组织开箱验收。根据厂家供货的情况，在监理部的组织下，由物流中心、生产厂家、施工单位参加共同对到货材料进行验收，并形成了会议纪要。对于不符合要求的产品，项目部严格把关，坚决退回厂家。杜绝不合格产品流入到工程中去。施工中对其进行跟踪检查，并及时填写跟踪记录。

（5）制定了计量器具管理制度，对主要的检验仪器、试验设备、计量器具如：经纬仪、全站仪、塔尺、钢卷尺、游标卡尺、接地电阻测量仪等均经法定计量检测部门进行使用前检测和周期检定，检测合格后，由项目部设专人登记管理后再投入工程使用。施工过

程中认真进行使用前校核，确保计量器具合格有效。

（6）对首次在国内使用的大截面导线，架线分部工程开工前夕，项目部对液压人员进行了培训和安全技术交底。在材料站对导地线进行了试件压接。并委托中国电力科学研究院对试件进行了拉力试验，经检测试件拉断力符合规范要求，为大截面导线液压施工提供了依据。

4. 认真抓好施工过程质量控制：

（1）施工技术交底。在工程开工开始前，由项目总工组织，工程管理科按照分部分项工程分别从施工方案、技术要求、质量标准、安全注意事项及文明施工等方面进行交底，并作好交底记录和签字手续，确保施工技术交底的效果。

（2）认真推行首例试点，完善施工措施。本标段认真地做好各项分部工程施工试点工作，统一施工方法，达到规范作业的要求，并积极推广新技术，新工艺的试验工作，以取得全面的推广。监理工程师多次亲临现场指导，项目部认真总结，不断完善了施工技术措施，有力地保证了工程质量。

（3）自始至终落实公司各项关键工序的控制卡片。在施工中，根据公司体系文件的要求对重点工序进行严格控制，施工中实行现场控制卡制度，分级进行检查和验收，先后设置了转角塔、掏挖式基础、接地、铁塔弯曲、导地线压接、弛度观测施工等10项控制卡片，如在检查中有不合格项，则现场写出缺陷单交给工作负责人，责令其整改。待整改好后，再次通知质检人员复查，直至合格为止。工序控制卡由项目部每月回收存档。在整个的施工的全过程中，认真执行这一制度，有力地确保施工的质量始终处于受控状态。

（4）严格执行隐蔽工程签证手续。对于基础浇前（支模）、浇制、拆模，接地体敷设，导地线压接隐蔽工程，项目部和监理工程师始终在现场进行监督检查，并按照要求填写记录并办理隐蔽工程签证手续。

（5）在施工过程中，积极与业主、监理单位和设计单位密切配合，主动听取监理工程师的指导和建议，共同协商处理好施工中存在的问题。

（6）施工中认真理解设计意图，严格按施工图纸施工，任何人不得擅自变更图纸规定和要求，发现的问题及时反映项目部，由项目部工程管理科会同监理工程师到现场确定解决方案，同时请设计单位复核决定。

5. 严格执行标准规范，抓好质量三级质检工作：

（1）施工中认真按照验收规范和相关资料进行现场管理，自始至终以创优为目标，严格按照创优考核指标进行现场质量控制。同时业主、建设单位、监理和某电力建设质量监督站对本标段进行的阶段性检查，提出了改进意见，项目部都认真进行了整改。

（2）加强技术文档资料管理，建立原始记录收集制度，保证了原始记录的置信度。各级质检员均为质量信息反馈网成员，随时掌握施工过程中的质量动态，通报情况、交流经验，针对施工中的薄弱环节，采取具体措施，提高工程质量。各施工队质检员及时将原始记录报到项目部，项目部核实后归类存档，保证原始记录完整、准确、安全。

（3）施工中认真坚持实行工程质量施工队自检、项目部复专检、公司专检三级检验制度。对于工程的所有项目施工队实行100％自检，消缺完毕后，报项目部检查，项目部按照100％的比例进行复检，对于不符合要求的项目下达"工程返工返修通知单"，经施工队消缺后，项目部进行验证，直至全部优良。在项目部自认条件成熟后，申请公司级质量中间验收，公司安全质量工作部按照一定的比例进行抽检，经验收合格后，项目部填写分部工程竣工验收申请书报监理部,申请中间验收。施工中由于层层进行了质量把关,认真落实了质量责任制,把创优观念落实到了每一个人的心里,正是这样在多次的专家质检活动中本标段得到了广泛的好评和一致的肯定。

(4)制定质量奖惩制度。对认真负责,施工质量好的班队及个人,在每月的内部对口竞赛检查评比中给予一定的奖励;充分调动广大员工抓好施工质量工作的积极性,促进了工程质量的提高。

(5)对质量通病采取积极有效的预防措施,主抓施工现场管理和班组建设,施工中运用技术手段来防止质量通病的发生。

6. 质量管理闪光点:

(1)积极推广有条件塔位施工商品混凝土。本标段位于宁东附近有多个商品混凝土搅拌站,项目部择优选择了某混凝土业公司的商品混凝土,商品混凝土质量稳定、施工效率高,冬季施工时能根据气候温度随时调整材料和配比,能有效保证基础施工质量,本工程共32基选择使用了商品混凝土,通过对混凝土试块强度进行分析,强度明显成正态分布,离散性小,质量稳定性明显。

(2)基础成品保护采用角钢对基础每一基棱角进行保护,基础棱角不会因施工原因而破损,影响基础成品质量。

(3)组塔采用大吨位吊车组立方法。采用大吨位吊车组立铁塔对铁塔质量控制尤为明显,吊车组塔方法有效防止了钢丝绳对铁塔锌皮的磨损,避免了用抱杆组塔时承托钢丝绳等受力工器具等对塔材变形的影响。

(4)气动扳手紧固螺栓方法的应用,极大提高了施工效率。气动扳手可以对扭矩进行调节,有效防止了扭矩达不到要求或过紧使螺栓产生附加应力降低螺栓强度的现象。

(5)公司专门加工了用于大截面导线压接的压接辅助系统,对长压接管的压接弯曲度控制效果明显,经过施工后检查,本标段施工压接管无弯曲超标现象。

2.3.11 技术管理

1. 接到设计图后,项目部工程技术人员认真审核设计图纸,对图纸中存在的疑点和问题做好记录,填写施工图纸预审纪要,移交施工图会审会议上由设计解答,为保证按图施工做好准备。

2. 制定技术措施。为指导施工作业,根据图纸结合公司施工工艺标准编制了分部工程和专项施工技术措施,报监理工程师审核,对监理工程师审核提出的修改意见,项目部技术人员和监理工程师详细讨论,做出便于正确指导工程施工的措施。

本工程基础和杆塔工程采用常规的施工工艺,架线工程由于导线截面大,国内应用尚属首次,无成熟的施工经验借鉴。在编制施工措施前,公司和项目部多次派人参加国网公司组织的关于大截面导线施工的技术会议,进行技术准备,最后项目部按照现场情况和国家电网公司的工艺措施的基础上制定了本工程的架线施工作业指导书。架线作业指导书先后经过公司、监理部、业主项目部、国网建设部的审查。

3. 为保证工程技术的实施和操作,公司和项目部采购加工了一批工器具及采取其他方法来保证技术措施的实施。

(1)设计和定做基础木模板,确保基础施工工艺美观。

（2）冬季基础施工时，为保证基础施工质量和混凝土不受冻，项目部定做了一批大型基坑燃煤取暖炉，保证基坑温度在 20℃左右。

（3）杆塔工程时，为了减少冬季施工寒冷气候对高空作业人员的影响，项目部按照本工程的特点，编制了吊车组塔方案，通过用吊车组立铁塔，大大减少了人工高空作业强度，同时也保证了工程施工安全，提高了经济效益。

（4）本工程放线作业采用了一牵四的放线方法。根据现场选定的放线段，通过精确计算各段的张力和牵引力，最小放线牵引力在 180kN，最大牵引力为 240kN，公司按照现场的条件选购了一台进口 280kN 牵引机和一台 380kN 国产牵引机，选购了四台大截面导线张力机，并订购了两套其他张力放线机具，如放线滑车、卡线器、导线网套等。

（5）本工程跨越复杂，项目部总工和技术人员多次到现场进行调查，按照跨越的特点，编制了《铁路跨越措施》、《高速公路跨越措施》、《跨越带电线路措施》等多项专项技术措施，本工程跨越采用竹竿跨越架、带电跨越网、铝合金带电跨越架等跨越措施。

4. 技术施工方案确定后，项目部工程管理科组织进行了详细的施工技术措施交底。对施工中的技术、安全及文明施工作了详尽的讲解。监理工程师参加了交底全过程，对施工队提出了安全和质量要求。

5. 设计变更和现场技术管理。在 G1223 基础施工过程中，根据塔基周围的地质条件，在原位置开挖基坑不能成型的情况下，发现本基塔位基础地质条件极差，按照常规的基础施工，既不能保证基础施工质量，又不能保证工程进度，项目部遂提出了变更基础型式的要求，将常规基础改为灌注桩基础，这样既有利施工，又能保证在盐湖涨水的情况下不淹没本基铁塔。

6. 技术创新

项目部提高施工水平的同时，也注重技术创新工作，在项目部总工的努力钻研下，编制出了一套针对大截面导线紧线施工中弛度应力随动控制方法，量化了紧线施工中的复杂计算问题，也形象化地解决了施工人员对施工过牵引量的判断，特别适合大截面导线张力架线施工现场控制。

2.3.12 成本控制

1. 成本控制配合：在建设工程中本标段本着高度的主人翁意识和责任感，积极配合施工图设计优化工作，并及时主动反映可能对工程投资造成影响的任何事宜，并承担因此造成的投资浪费的相应责任。

2. 项目部制定了完善的经济责任制度、核算办法和分配办法，实行项目负责制，明确责权利，充分调动施工人员的积极性，加强管理、精打细算，降低各种消耗。

3. 项目经理部对各施工队进行分段施工管理，编制预算书，明确各段工程的施工内容，范围、工程造价，规定成本"超与节"的奖罚办法，使施工队加强成本核算，提高效益，减少损耗。

4. 项目部建立健全了物资供应管理制度，对消耗性材料在保证质量（检验）的前提下实行就近采购，限额备料。在施工过程中将损耗降至最低限度。

5. 加强对机械设备和工器具的管理、使用、保管和维修，提高设备利用率。并积极推广新技术和新工艺，开展合理化建议和技术改进活动，提高施工效率，降低成本和消耗。

6. 采用网络计划等先进的管理办法，定期盘点、调整计划，合理安排，充分利用资源，减少或避免窝工、返工而造成的浪费。

2.3.13 文明施工和环境保护工作

为了体现国网公司和公司施工风貌，在施工期间，高度重视文明施工和环境保护工作：

1. 项目部投入了大量人力、物力，加强文明施工的基础建设。每个施工队及项目部驻地均按要求定作了标语牌和管理方针，统一制作了各类人员职责及各类表格下发各施工队，用于各队驻地环境及室内布置。对施工人员统一服装、制作胸卡，统一配发安全帽、床单、被罩等物品，营造良好的文明施工氛围。

2. 狠抓驻地环境卫生。项目部定期对各队驻地进行环境卫生大检查，并对驻地周围的环境卫生进行了打扫和清理；同时对照文明施工管理办法，逐条落实，发现的问题责令其立即纠正。

3. 加强对施工现场的文明施工管理。每一基现场，都设置了施工围栏、五彩标语旗、禁示牌，使施工现场标志鲜明，管理有序。进入施工现场，给人一种井然有序，赏心阅目的感觉。

4. 安全大检查同时进行文明施工大检查，发现问题及时解决。针对每道工序的施工特点，指导文明施工的开展。

5. 为丰富职工的业余文化生活，项目部给各施工队配备了电视机、VCD机以及文体用品。

6. 定期出版《施工月报》，内容丰富真实，形式生动，表扬好人好事，通报施工动态，交流施工方法。

7. 搞好伙食管理，确保施工人员身体健康。根据施工人员来自不同民族的特点，充分照顾少数民族的生活习惯，专门设立了回民灶。在肉、菜的采购上，专人负责，严格把好饮食卫生关；定期检查食堂卫生，对炊事人员定期进行体格检查；教育炊事人员注意个人卫生，不断提高饭菜质量。

8. 本标段线路所经地方自然生态环境脆弱，为了实现环境保护的目标，项目部制定了《环境保护与水土保持措施》，加强施工中环境保护力度。重点做好了以下几个方面的工作：

（1）尽量利用原有道路，如无施工道路时，选择合理的路径进行整修施工便道，道路宽度能满足施工需要即可，不随意碾压草场植被。

（2）开挖时将生土、熟土分开堆放，并且下铺上盖。

（3）严格控制施工场地，按照基础根量化占地面积，超过量化标准的进行经济处罚。

（4）对沙漠里的塔位采取扎草方格的固沙方法进行固沙处理，确保运行安全。

（5）对线路走廊内的树木按照设计和实际情况进行确定砍伐对象，做到不乱砍滥伐，又保证线路运行要求满足条件。

（6）对塔位种草绿化，防止草场沙化。

本标段施工平面布置图，见图 2-26。

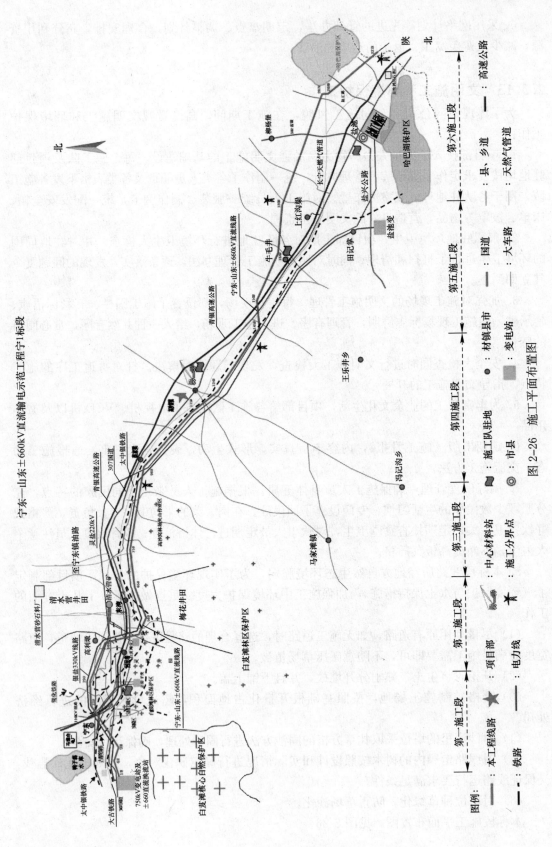

图 2-26 施工平面布置图

192

2.4 330kV硝湾变电所搬迁改接线路工程基础、接地施工

2.4.1 工程简介

本工程将原330kV硝湾变电所搬迁至下店,该地距原330kV硝湾变电所3.5km,搬迁330kV线路9条,长度为新建单回路9.598km,双回路4.572km,折合单回路18.742km,拆除线路7.116km。本工程位于平安县小峡镇下店村与红庄村中间,109国道北侧,湟水河南岸。共有铁塔53基,基础混凝土量2086m³,基础型式采用直柱式地脚螺栓和斜柱式地脚螺栓,采用C20混凝土。

九条线路情况分别为:

① 330kV新硝湾—景阳Ⅱ回线路,长:0.034km,铁塔:1基,混凝土:63.52m³。

② 330kV新硝湾—阿兰Ⅰ回线路,长:0.913km,铁塔:5基,混凝土:203.22m³。

③ 330kV新硝湾—阿兰Ⅱ回线路,长:1.473km,铁塔:5基,混凝土:178.88m³。

④ 330kV新硝湾—李家峡Ⅰ回线路,长:4.316km,铁塔:2基,混凝土:94.44m³。

⑤ 330kV新硝湾—李家峡Ⅱ回线路,长:0.206km。

⑥ 330kV新硝湾—花园线路,长:4.579km,铁塔:17基,混凝土:650.79m³。

⑦ 330kV新硝湾—景阳Ⅰ回线路,长:2.934km,铁塔:9基,混凝土:232.84m³。

⑧ 330kV新老硝湾联络Ⅰ回线路,长:2.16km,铁塔:10基,混凝土:450.82m³。

⑨ 330kV新老硝湾联络线Ⅱ回线路,长:2.127km,铁塔:4基,混凝土:211.8m³。

2.4.2 编制依据

1. 330KV硝湾变电所搬迁改接线路工程施工图;

2. 《110~500kV架空电力线路施工及验收规范》GBJ 50233;

3. 《110~500kV架空电力线路工程施工质量及评定规程》DL/T 5168;

4. 《普通混凝土配合比设计规程》JGJ 55;

5. 《混凝土结构工程施工质量验收规范》GB 50204;

6. 《地基与基础工程施工及验收规范》GB 502202;

7. 《钢筋焊接及验收规程》JGJ 18;

8. 《电力建设安全工作规程》(第2部分:架空电力线路)DL 5009·2

2.4.3 基础型式及混凝土量

基础型式及混凝土量见表2-33和表2-34。

330kV硝湾变搬迁改线工程基础型式及混凝土量统计表 表 2-33

线路名称	塔号	塔 型	基础图号	混凝土量（m³）单腿	腿数	混凝土量（m³）合计	保护帽	备 注
景阳-硝湾Ⅱ回	1	DG1	S4391S-T0500-09	15.88	4	63.52	0.32	
硝湾-阿兰Ⅰ回	1	330JG21	TD-XJ03-3103-88	15.6	2	44.26		
			TD-XJ03-3103-66	6.53	2			
硝湾-阿兰Ⅰ回	2	330JG11	TD-XJ03-3103-88	15.6	4	62.4		
硝湾-阿兰Ⅰ回	3	ZM3	TD-XJ03-3103-23	2.7	4	10.8		
硝湾-阿兰Ⅰ回	4	JG1	TD-XJ03-3103-50	6.45	4	25.8		
硝湾-阿兰Ⅰ回	5	DG1	S4391S-T0500-08	14.99	4	59.96	0.32	
硝湾-阿兰Ⅱ回	1	JG2	TD-XJ03-3103-60	7.37	2	27.8		
			TD-XJ03-3103-66	6.53	2			
硝湾-阿兰Ⅱ回	2	JG1	TD-XJ03-3103-50	6.45	2	27.48		
			TD-XJ03-3103-52	7.29	2			
硝湾-阿兰Ⅱ回	3	ZMG3	TD-XJ03-3103-39	4.34	1	19.28		
			TD-XJ03-3103-45	4.98	3			
硝湾-阿兰Ⅱ回	4	330JG11	TD-XJ03-3103-88	15.6	4	62.4		
硝湾-阿兰Ⅱ回	7	DGU	S4391S-T0500-07	10.48	4	41.92	0.27	
硝湾-李家峡Ⅰ回	16	330JG11	TD-XJ03-3103-61	7.57	3	30.92		
			TD-XJ03-3103-65	8.21	1			
硝湾-李家峡Ⅰ回	17	DG1	S4391S-T0500-09	15.88	4	63.52	0.32	
硝湾-花园	1	DGU	S4391S-T0500-07	10.48	4	41.92	0.27	
硝湾-花园	2	JGU2	S4391S-T0500-06	26.91	2	53.82	0.16	拉腿
				14.34	2	28.68	0.16	压腿
硝湾-花园	3	ZGU1	S4391S-T0500-03	5.91	4	23.64	0.16	
硝湾-花园	4	JGU1	S4391S-T0500-05	17.62	4	70.48	0.27	
硝湾-花园	5	ZGU1	S4391S-T0500-01	3.82	4	15.28	0.16	
硝湾-花园	6	JGU2	S4391S-T0500-06	26.91	2	53.82	0.16	拉腿
				14.34	2	28.68	0.16	压腿
硝湾-花园	7	JGU1	S4391S-T0500-04	17.21	4	68.84	0.27	
硝湾-花园	8	ZGU1	S4391S-T0500-01	3.82	4	15.28	0.16	
硝湾-花园	9	ZGU1	S4391S-T0500-01	3.82	4	15.28	0.16	
硝湾-花园	10	ZGU1	S4391S-T0500-01	3.82	4	15.28	0.16	
硝湾-花园	11	JGU1	S4391S-T0500-04	17.21	4	68.84	0.27	
硝湾-花园	12	ZGU1	S4391S-T0500-02	5.1	4	20.4	0.16	
硝湾-花园	13	ZGU1	S4391S-T0500-02	5.1	4	20.4	0.16	
硝湾-花园	14	ZGU1	S4391S-T0500-02	5.1	4	20.4	0.16	
硝湾-花园	15	DGU	TD-XJ03-3103-63	7.89	2	31.23		
			TD-XJ03-3103-59	7.24	1			
硝湾-花园	15	DGU	TD-XJ03-3103-65	8.21	1			
硝湾-花园	16	JG1	TD-XJ03-3103-53	7.49	2	28.72		
			TD-XJ03-3103-52	7.29	1			
			TD-XJ03-3103-50	6.45	1			

线路名称	塔号	塔型	基础图号	混凝土量（m³）	腿数	混凝土量（m³）		备注
硝湾-花园	17	JG2	TD-XJ03-3103-67	6.85	2	29.8		
			TD-XJ03-3103-63	7.89	1			
			TD-XJ03-3103-65	8.21	1			
景阳-硝湾Ⅰ回老硝湾变侧	1	JG1	TD-XJ03-3103-52	7.29	3	29.03		
			TD-XJ03-3103-51	7.16	1			
景阳-硝湾Ⅰ回老硝湾变侧	2	ZM3	TD-XJ03-3103-23	2.7	4	10.8		
景阳-硝湾Ⅰ回老硝湾变侧	3	JG1	TD-XJ03-3103-51	7.16	4	28.64		
景阳-硝湾Ⅰ回	1	JG2	TD-XJ03-3103-67	6.85	2	27.8		
			TD-XJ03-3103-58	7.05	2			
景阳-硝湾Ⅰ回	2	JG1	TD-XJ03-3103-66	6.53	2	27.83		
			TD-XJ03-3103-54	7.61	1			
			TD-XJ03-3103-51	7.16	1			
景阳-硝湾Ⅰ回	3	JG1	TD-XJ03-3103-51	7.16	4	28.64		
景阳-硝湾Ⅰ回	4	ZM3	TD-XJ03-3103-23	2.7	4	10.8		
景阳-硝湾Ⅰ回	5	JG2	TD-XJ03-3103-51	7.16	2	27.38		拉腿
			TD-XJ03-3103-66	6.53	2			压腿
景阳-硝湾Ⅰ回	6	DGU	S4391S-T0500-07	10.48	4	41.92	0.27	
联络Ⅰ回老硝湾变侧	1	DG1	S4391S-T0500-09	15.88	4	63.52	0.32	
联络Ⅰ回老硝湾变侧	2	JG1	TD-XJ03-3103-58	7.05	4	28.2		
联络1回	1	DG1	S4391S-T0500-08	14.99	4	59.96	0.32	
联络1回	2	DGU	S4391S-T0500-07	10.48	4	41.92	0.27	
联络1回	3	JGU2	S4391S-T0500-06	26.91	2	53.82	0.16	拉腿
联络1回	3	JGU2	S4391S-T0500-06	14.34	2	28.68	0.16	压腿
联络1回	4	ZGU1	S4391S-T0500-03	5.91	4	23.64	0.16	
联络1回	5	DGU	S4391S-T0500-07	10.48	4	41.92	0.27	
联络1回	6	JG1	TD-XJ03-3103-59	7.24	4	28.96		
联络1回	7	ZMG3	TD-XJ03-3103-39	4.34	4	17.36		
联络1回	8	330JG11	TD-XJ03-3103-88	15.6	4	62.4		
联络Ⅱ回老硝湾变侧	1	DG1	S4391S-T0500-08	14.99	4	59.96	0.32	
联络Ⅱ回	1	DG1	S4391S-T0500-08	14.99	4	59.96	0.32	
联络Ⅱ回	6	330JG11	TD-XJ03-3103-88	15.6	4	62.4		
联络Ⅱ回	7	JG2	TD-XJ03-3103-65	8.21	2	29.48		
			TD-XJ03-3103-66	6.53	2			
合计	53 基					2085.9		

2.4.4 线路复测

1. 对测量工具的要求：

施工测量前对用于测量的仪器、工具等进行检定校验，严禁不合格的仪器、工具用于施工测量。

（1）经纬仪：

施工前应对经纬仪进行以下项目的检查：

① 水准管和垂直竖轴的垂直度；

② 视准轴和水平轴的垂直度；

③ 水平轴和竖直轴的垂直度；

④ 望远镜十字线、望远镜水准管竖盘游标水准管等。

对于不符合技术要求的仪器应进行校正，即使是新出厂的精密仪器，在使用前也必须进行检定校准后方可使用。

（2）塔尺、钢尺：用于施工测量的塔尺、钢尺应符合要求，对于刻度不清晰的，不符合质量要求的，不得用于施工测量。

2. 施工复测：

（1）直线杆塔中心桩复测

直线杆塔中心桩复测，以直线桩为基准，用正倒镜分中法来复测，复测时以设计勘测钉立的两个相邻的直线桩为基线，其横线路方向偏差不大于50mm，当采用经纬仪视距法复测距离时，顺线路方向相邻杆塔位中心桩间的距离与设计值的偏差不大于设计档距的1%。

（2）转角杆塔中心桩的复测

转角杆塔桩的复测是复查转角的角度值是否符合设计角度，用测回法测一个测回，测得的角度值与原设计的角度值之差不大于1′30″则认为合格，如大于1′30″应慎重复测，并会同设计究其原因。

（3）档距和标高的复测

线路杆塔位桩间的档距和标高要用视距法进行复测。标高复测值与设计值比较偏差应小于0.5m，若在复测时发现档距、转角及交叉跨越与设计不符，且超过误差时及时与项目部联系，以便向监理及设计反映进行设计复核或设计修改。

（4）丢桩的补测

如杆塔桩丢失，应根据线路杆塔明细表和纵断面图，按原设计的档距数据进行补测钉桩，并须按《架空送电线路测量技术规定》进行观测，精度要求如下：

① 直线量距

用经纬仪视距法测距，两次测量之差应不超过以下规定：对向观测：1/150；同向观测：1/200；

② 视距长度

平地不超过400m，丘陵不超过600m，山区不超过800m，当成像模糊时，应适当缩短视距长度。使用红外线测距仪、全站仪等新技术设备时，测距长度可根据设备性能增加。

（5）为了方便施工，当线路杆塔复测及丢桩补测完毕时应及时在杆塔的正面及侧面钉辅助桩，辅助桩距塔位中心桩的距离一般为 20 米～30 米，其位置应根据地形情况，钉在不易受碰动的稳妥地方为宜。

3. 个别丢失的桩位应按设计数据予以补钉，其测量精度应符合《500kV 架空送电线路勘测技术规定》，施工完毕，中心桩、方向桩、横线路桩等均要保留，作为竣工验收时的依据。

4. 在线路复测过程中，对于跨越电力线、通讯线、房屋等时注意复测其标高是否满足电气距离的要求。对于树木按现场树木自然生长高度校核对导线的电气距离。各种等级公路应复测检查与线路最近的距离是否满足规范要求。

5. 导线弧垂最低点在最大计算弧垂下，对地距离不小于表 2-35 中数值。

导线弧垂最低点对地距离   表 2-35

跨越物名称	最小交叉跨越距离（m）
居民区	8.5
非居民区	7.5
交通困难地区	6.5

6. 导线对交叉跨越物跨越距离见表 2-36。

导线对交叉跨越物跨越距离   表 2-36

跨越物名称	最小交叉跨越距离（m）
导线至公路路面	8.5
导线至河流	7.5
地线至 330kV 电力线	6.5
导线至电力线	8.5
导线至弱电线路	7.5

2.4.5 基础施工要求和规定

1. 基础位置编号规定

铁塔基础各腿位置编号以线路前进方向为准，按图2-27所示规定（基础亦按此规定配置，施工记录按此规定填写）。各条线路的前进方向以各条线路的平断面图中的前进方向为准。

2. 施工注意事项

（1）基础施工前，应先将基面上的农作物、树木及杂物清理干净；当基面、接地槽开方危及附近民房、被跨越物（如公路，地下工事，管线，电力线，通信线等）安全时，应对开方过程采取措施，并应注意环境保护，弃渣应放置在不影响环境美观的地方。

（2）基础施工前，一定要结合地形条件设计腿长，基础型式及基础标高进行全面复

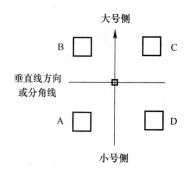

图 2-27　线路前进方向

核，如有出入或疑问，请及时联系项目部与设计单位，进行妥善处理。

（3）为了保护环境，基础施工过程中应采取必要的环保措施：一般情况下，直柱，斜柱基础基坑开挖时坑壁放坡宜为1：0.3，必要时采取保护措施，保证施工安全，所有土方，材料，设备均应放置在垫布上，防止破坏原始地面植被。

（4）基坑开挖后发现有溶洞或墓穴之类孔洞，应按地质报告所提要求追查到底，并通知设计单位，制定处理方案，确保工程质量。如果基坑开挖现状与地质报告不符时，须及时向设计单位反映，以便设计方进行复核或修改。

（5）施工时特别注意，基础配制表中基础处理，防腐及灰土垫层应遵照执行。

（6）塔位基坑开挖时，应尽量缩短基坑暴露时间，一般应挖好后既浇制基础，验收合格后立即回填，防止坑内积水。回填时必须清理完基坑内的草团，木板片，冻土块，雪块，冰块等杂物，并应每回填300mm夯实一次，且夯实程度须达到压实系数0.90以上。回填土后地面找坡坡度不小于0.05，做好散水处理。

（7）当基础开挖超过基础设计埋深时，所超过部分，可用C15级素混凝土或2：8灰土夯实，并外扩0.5的灰土厚度作为填层，进行整平处理。

（8）本工程所有浇制基础，在浇灌混凝土时，拌和混凝土用的水不得使用污水及含有任何腐蚀性的水，也不允许向混凝土中掺入毛石。

（9）基础底板和立柱钢筋及箍筋应均匀设置，主柱箍筋间距200mm套用基础立柱顶部采用两道箍筋；一般基础底板下部保护层为70mm，其余为45mm，若施工图中有注明，则以图纸注明为准。底板保护层不得用铺垫卵石或灌砂浆的方法来施工。

（10）除特别说明外，基础采取C20混凝土，立柱主筋采用HRB335级钢筋，底板主筋，箍筋及架立筋均采用HPB235级钢筋，基础施工图中钢筋尺寸仅供统计材料用，准确尺寸以放样为准。

（11）施工中地脚螺栓丝扣不能进入剪切面。

（12）各型基础底板外边缘对边坡的最小水平保护距离为（0.45h＋1.0）m（h为基础埋深）。

（13）铁塔及基础配制表说明：

铁塔及基础配制表中所有标高均为相对于塔位中心桩处地面高差而言，即中心桩处地面标高为±0.00m。为负值时表示比中心桩底。基础施工中要严格遵循铁塔及基础配制表中"柱顶标高"和"回填地面标高"的要求，回填地面标高是指基坑的最小。

（14）湿陷性或溶陷性地基采用2：8灰土垫层，每300mm夯实一次，夯实后的干容重不小于15kN/m³，2：8灰土的其他参数需满足《建筑地基处理技术规范》JGJ 79—2012的要求。需处理的具体杆位为：

硝湾-阿兰Ⅰ回2号；

硝湾-阿兰Ⅱ回4号；

硝湾-李家峡Ⅰ回17号；

硝湾-花园6号、11号；

景阳-硝湾Ⅰ回1号、2号；

景阳-硝湾Ⅰ回（老硝湾变侧）3号。共8基。处理技术要求见图2-28，并认真做好杆位基面散水处理。

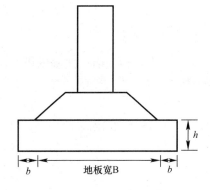

塔型	伸出长度 b（m）	深度 h（m）
直线塔	0.75	1.5
转角塔	1.0	2.0

图 2-28　湿陷溶陷地基处理示意图

（15）本工程基础采用三级防腐，其具体做法为：铁塔基础用抗硫酸盐水泥浇制，水灰比不大于 0.45，每立方水泥最小用量 390kg，水泥中铝酸三钙含量应小于 3%。

（16）硝湾-花园线路 11 号距 B、C 腿 12m 处修 50m 长水渠，11 号南侧，12 号左侧山体需清理滚石共九处。

（17）基础开挖、混凝土浇制、基础回填等各项技术要求，必须按照《110～500kV 架空送电线路施工及验收规范》执行。

（18）对于各类基础基坑开挖时，如果遇到地形与所配基础不相适应，或发现塔位及附近有洞及与地质条件不符时，将会影响基础安全，必须及时向项目部反映，以便向监理代表和设计单位反映进行设计复核或设计修改。

（19）铁塔基础所处的位置，如果对道路、沟渠等有影响时，在基础施工中，应将有影响的道路、沟渠部分进行改道或重新修复。

（20）基坑挖好成形，并符合图纸几何尺寸要求后，请监理人员进行检查验收，合格后进行基础浇制施工；基础拆模时也要请监理人员进行检查验收，并及时填写基础检查及评级记录，有关人员在记录上签字。

（21）浇制混凝土前，应仔细校核基础根开及地脚螺栓、基础型号、基础顶面至中心桩高差是否正确，钢筋规格和数量是否与施工图相符，确认无误后方可浇灌混凝土。

（22）基础浇制后，要注意天气的变化，采取必要的防护措施，以防天气变化影响基础质量。

（23）基础拆模经表面检查合格后应立即回填土，并在基础外露部分加盖遮盖物。

（24）混凝土浇制后按规定期限需浇水养护，养护时应使遮盖物及基础周围土壤始终保持潮湿。当天气炎热、干燥有风时应在 3h 内进行浇水养护，在常温条件下 12h 内应覆盖浇水养护，浇水次数以保持混凝土湿润为宜，养护时间不少于 5d。当日平均气温低于 5℃时不得浇水养护。

（25）本线路转角塔、直线转角塔均不考虑位移。

（26）本工程的线路复桩不允许出现误差，必须与设计图纸完全一致。

（27）本工程为 330kV 线路群体性工程，各条线路之间的相对位置应严格按设计要求进行复桩，在各条线路的杆塔位置满足设计要求后，才能进行基础开挖，施工组织中禁止单条线路独立开始施工，以避免复桩误差造成对邻近线路相对距离不满足要求的现象发生。

2.4.6 基础施工

1. 分坑：

基础分坑前，先将经纬仪架设在塔位中心桩上，对中调平，检查前后两基铁塔间的高差、档距，转角塔还要检查转角度数，检查并在符合设计的情况下，进行分坑。

（1）正方形基础分坑

如图 2-29 所示，塔位中心桩 O 点距坑中心，远角点和近角点的距离 E0、E1、E2 按下式计算：

$E0=(0.5X)/\sin45°=0.707X$；

$E1=0.5(X+a)/\sin45°=0.707(X+a)$；

$E2=0.5(X-a)/\sin45°=0.707(X-a)$。

（2）转角塔的分坑

在分坑前对相邻两塔的杆塔档距、高差及转角度数进行复核检查，确认本桩位与设计相符后。再进行基础坑位的分坑作业。

转角铁塔的基础分坑如图 2-30。

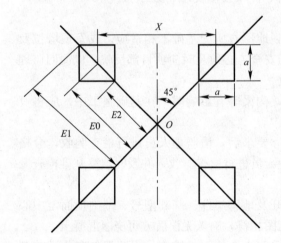

图 2-29　正方形基础分坑示意图

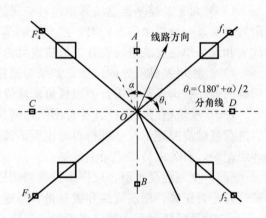

图 2-30　转角塔基础分坑示意图

图中 a—线路转角度数；O—转角塔中心桩。

本工程中心桩无位移，线路转角桩就是塔位施工桩。

分坑的步骤如下：

① 将仪器安置在线路转角桩 O 处，前视相邻塔中心桩，水平度盘对零，水平旋转 $(180°-a)/2$，钉出辅助桩 D，倒镜钉出 C 桩。

② 将仪器安置在塔位施工桩处，按正方形铁塔基础分坑方法定出四个坑口位置。

2. 本工程铁塔基础均为正方形根开。

3. 转角塔（包括直线转角）、终端塔基础预高值尺寸详见基础施工数据一览表；转角塔基础的四个基腿顶面应按预偏值抹成斜平面，并应共在一个整斜平面内。

4. 现浇混凝土配合比如表 2-37。

现浇混凝土配合比

表 2-37

强 度	名 称	水	水泥	砂	石	备 注
设计强度 C20	重量配合比例	0.43	1	1.8	2.78	砂、石运料地点：平安县小峡镇 柳湾砂石场
	每立方混凝土各材料用量（kg）	170	400	720	1110	
	每包水泥配量用量（kg）	21	50	90	139	

5. 钢筋绑扎：

（1）应先按设计图纸核对加工的钢筋，对其规格、形状、型号、品种经过检查，然后分类堆放好。

（2）钢筋位置应根据浇制前定出的控制桩，计算并找出底板筋、底板框筋中心点的位置，以这些点为依据绑扎钢筋。

（3）钢筋应按顺序绑扎，一般情况下，先长钢筋后短钢筋，由一端向另一端依次进行。操作时按图纸要求划线、铺铁、穿箍、绑扎，最后成型。

（4）受力钢筋搭接接头位置应正确。其接头相互错开，同一截面内，搭接钢筋面积不应超过该长度范围内钢筋总面积的 1/4。所有受力钢筋和箍筋交接处全绑扎，不得跳扣。绑扎钢筋的缺扣、松扣数量不超过绑扣总数的 10%，且不应集中。

（5）弯钩的朝向应正确。绑扎接头应符合施工规范的规定，搭接长度均不小于规定值。

（6）箍筋的数量符合设计要求，弯钩的角度和平直长度应符合施工规范的规定。

6. 模板支撑与安装：

（1）基础浇制可采用定型钢模板加异型钢模板或底板用定型钢模板、立柱用竹胶板加工；立柱外露部分及以下 300mm 应使用整块模板。

（2）浇制采用的钢模板应按基础尺寸合理配置，模板表面应平整且接缝严密，支模前模板表面应均匀涂刷脱模剂。模板接缝处接缝的最大宽度不应大于 1.5mm。模板与混凝土的接触面应清理干净。

（3）基础坑深及坑底宽度符合要求。绑好钢筋后，进行模板的组装找正。一台、二台及地脚螺栓基础的立柱模板可根据浇制前定出的控制桩，计算并找出模板的中心点、近角点、远角点的位置予以固定。

（4）将底板模板组装成方后，用垂球吊好模板近角点、远角点位置，待检查无误后，用圆木支撑固定。底板台阶模板组装固定后，再进行上层台阶模板的找正、固定，在底层台阶模板上设置角钢支撑，然后将上层台阶模板组装、操平、找正并用圆木支撑固定。

（5）台阶模板装好后，先将组装好成片的立柱模板放在最上层台阶模板支架上组装成方，模板上端用槽钢或抱杆夹紧，并用双勾等工器具吊起，其下端悬空，用撑木将立柱四周顶紧固定。

（6）为防止混凝土浇灌及振捣过程中，混凝土对模板的压力使其变形而影响基础尺寸和工艺美观，基础立柱模板在用圆木或方木支撑的同时应用角钢成井字型在立柱模板上多道固定夹紧。

（7）安装组合钢模板，组合钢模板由平面模板、阳角模板拼成。其纵横肋拼接用的插销等零件，要求齐全牢固，不松动、不遗漏。

（8）模板安装后，应对断面尺寸、标高等进行复查，均应符合设计图纸和质量标准的要求。

（9）模板及其阳角必须具有足够的强度、刚度和稳定性。

（10）为了更好地控制立柱主筋的保护层，在基础浇制前准备4个宽、厚度为45mm，长度为0.5m左右的方木。一端打孔连一根细铁丝，立柱模板找正固定好后，将方木夹到模板内壁与立柱钢筋之间，一端的铁丝固定在立柱模板上，当基础混凝土浇灌到方木的下端位置时，可将方木取出。

7. 模板操平：

（1）根据底板和立柱模板尺寸用仪器将模板操平。

（2）模板安装完毕后再次核对各部尺寸及高程，模板内壁与保护层厚度是否均匀，符合设计要求。

8. 混凝土浇制：

（1）浇制混凝土的砂、石经化验合格后方能使用，浇制用水必须是没有污染的水，而且要保证干净、无油污杂质，浇制的混凝土配合比按试验室提供的配合比配置。

（2）混凝土浇制采用机械搅拌、机械振捣的方法，搅拌机安置在离开坑口的较远的地方，按试验配合比称出每盘水泥、砂子、石子的用量的重量。机械搅拌按砂、水泥、石的顺序投入搅拌机内，搅拌后再按水灰比的要求加水。

（3）在筒中混凝土搅拌的要求，时间过短，混凝土拌合不均匀，标号及和易性都将降低，时间过长，不但降低了搅拌机的生产效率，而且混凝土的和易性又将重新降低，不便于灌注。在自落式搅拌机中搅拌时自全部材料装入搅拌机筒中起，至混凝土由筒中开始卸料为止，其延续时间最短保持在90秒左右。

（4）采用斜向振捣法，振捣棒与水平面倾角约30°左右。棒头朝前进方向，插棒间距以50cm为宜，防止漏振。振捣时间以混凝土表面翻浆而不下沉为准。

（5）混凝土应分层捣固，浇制中模板不得漏浆，模板不得变形移动，捣固要密实到位，每个基础浇制要一次连续浇成。若中间必须停顿时，其停顿的时间不能超过两个小时。

（6）安装模板和浇筑混凝土时，应注意保护钢筋，不得攀踩钢筋。拆模时应避免重撬、硬砸，以免损伤混凝土和钢模板。

（7）在基础浇制过程中，对于插入角钢基础的振捣要引起重视，派有经验的技术人员负责振捣，在振捣过程中尽量在角钢周围振捣，以免引起角钢扭转。并在浇制过程中随时检查角钢的扭转方向是否变化。

（8）基础浇灌深度在2m以内时，混凝土可用铁锹往模板内浇灌，顺序是先边角后中间。当混凝土自由倾落高度超过2m时，为避免混凝土产生离析现象，应设置串筒或溜槽。

（9）在浇完底板开始浇筑立柱时，应特别注意检查立柱与底板接缝处是否有漏浆现象。若发现漏浆，应立即停止浇灌，将漏浆处堵塞后再行浇灌。

（10）浇筑应注意的质量问题：

① 蜂窝、露筋：由于模板拼接不严，混凝土漏浆造成蜂窝；振捣不按工艺操作，造

成振捣不密实而露筋。缺棱、掉角配合比不准，搅拌不均匀或拆模过早，养护不够，都会导致混凝土棱角损伤。

② 偏差过大：模板支撑、卡子、拉杆间距过大或不牢固；混凝土局部浇筑过高或振捣时间过长，都会造成混凝土胀肚、错台、倾斜等缺陷。

（11）浇注时坍落度的检查：

① 坍落度每班日或每个基础腿浇灌中应检查两次及以上。其数值不得大于配合比设计的规定值，并严格控制水灰比，并要做好记录。

② 坍落度的测量方法：如图 2-31 所示，测定时将坍落度筒放在铁板上，把拌好的混凝土分三次倒入筒中，每一次用铁钎（长 50cm，直径 1.5cm）捣固 25 次左右，灌满后将溢出的混凝土刮平，然后把筒轻轻提起，这时混凝土就自然坍落下来而变得矮了，用钢尺测得 H 值就是坍落度。为了保证坍落度的准确，必须测量三次，取其平均值。

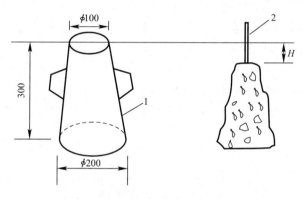

图 2-31　坍落度测定
1—圆锥筒；2—钢尺

本工程坍落度 H 应在 30～50mm 时混凝土配合比及水灰比为合格。

9. 保护帽：

（1）本工程基础均浇制保护帽，保护帽采用 1：3 水泥砂浆，地脚螺栓规格小于等于 M56 时，其尺寸为 600mm×600mm×200mm（长×宽×高），大于 M56 时，其尺寸为 600mm×600mm×250mm（长×宽×高），柱顶散水坡为 0.5%。保护帽在铁塔组立完并紧好螺栓检查合格后即可浇筑，保护帽的混凝土应与塔脚板上部铁板接合严密，且不得有裂缝。

（2）保护帽浇制前将立柱顶面清洗干净，保护帽的浇制、捣固、养护必须有技术工人负责。

（3）保护帽的混凝土强度等级不应低于设计强度等级。

（4）保护帽的浇制应里实外光，无裂纹。

10. 试块的制作：

（1）决定混凝土最终强度的依据是混凝土试块，试块的制作和养护必须重视，要有专人负责。转角、耐张、终端塔每基取一组，直线塔 5 基取一组，每组 3 块。混凝土试块应在 28d 时进行抗压试验；各队必须在 15～25d 内交到项目部，由项目部统一送检。

（2）试块采用 150mm×150mm×150mm 的标准钢模板制作试块。

（3）试块制作应在浇筑现场制作，在制作时混凝土拌合物大致分成两次装入，每层插捣次数为 25 次左右，插捣时应在混凝土试模上均匀地进行，由边缘渐向中心，插捣低层时，捣棒应达到试模底面，到上层时捣棒应插入该底层面以下 2～3cm 处，在面层插捣完毕后，再用抹刀沿四边模壁插捣数下，以消除混凝土与试模接触面的气泡，这样可避免蜂窝麻面现象，然后用抹刀刮去表面多余的混凝土，将表面抹光，使混凝土稍高于试模；静置半小时后，对试块进行第二次抹面，使试块与标准尺寸的误差不超过±1mm，其养护条件应与基础相同。

（4）试块制作编号的规定：试块制作好后应用记号笔在试块上标明试块的标号、制作塔号、制作日期、代表塔号、制作人姓名。

2.4.7 阶梯式地脚螺栓基础浇筑

1. 基础坑深及坑底宽度符合要求绑好钢筋后，进行模板的找正。将经纬仪架在塔位中心桩上，定出基础对角线方向，

2. 组装底板模板成方后，再次用垂球校正位置，待检查无误后，用圆木支撑固定。底板台阶模板组成后，在坑底给第二个台阶模板设置角钢顶撑，将第二台阶模板操平、找正并固定好。在其上面装好角钢支架，其余的角钢模板也如此固定。

3. 以上台阶模板装好后，先将组装好的立柱模板下端放在最上层台阶模板支架上组装成方，模板上端用槽钢夹紧在坑口吊起来；其下端固定在最上层台阶模板支架上，用垂球在底板上量出立柱模板 4 个点的位置，然后找正操平。

4. 模板安装完毕后，再次核对各部尺寸、保护层、立柱倾斜等。必须保证在允许误差范围之内。

5. 为了更好地控制立柱主筋的保护层，在基础浇制前准备 4 个宽、厚度为 45mm，长度为 0.5 m 左右的方木。一端打孔连一根细铁丝，立柱模板找正操平固定好后，将方木夹到模板内壁与立柱钢筋之间，一端的铁丝固定在立柱模板上，当基础混凝土浇灌到方木的下端位置时，可将方木取下来。

6. 为便于地脚螺栓的安装操平，将地脚螺栓安装在螺栓架子上，利用经纬仪定出对角线，吊垂球，使之与螺栓架子的中心线重合。

7. 利用钢尺测量、找正螺栓架子上各螺栓的距离，使之符合设计小根开的要求。

8. 地脚螺栓的露高也符合设计要求。

9. 检查无误后，将地脚螺栓架子在立柱上口模板上固定好。

10. 用水泥袋纸或塑料布将地脚螺栓的丝口包裹住，以防灌入水泥砂浆。在基础浇注完基坑回填好后，也要用塑料布在丝口上抹润滑油并包裹好。以防丝口生锈或损坏。

2.4.8 基础施工方法

如图 2-32 所示，订出 A、B、C、D 四个控制桩，分别以 A、B、C、D 四点为零点，在 CA、CB、DA、DB 四个方向上，量取 E1、E2、E0 值（注意 E 值的测量起点，使用侧面根开计算，则以侧面 C、D 桩为测量起始点）；按照正方形基础施工方法进行浇制。

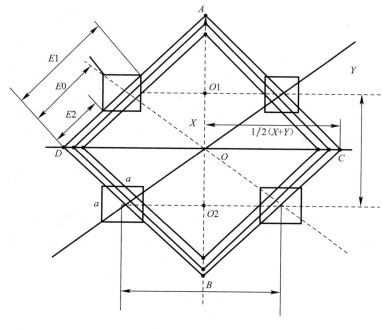

图 2-32　基础施工

2.4.9　接地工程

1. 本工程接地均采用两根引下线与铁塔连接，塔位附近有地下金属管道时，接地放射线应向背离上述设施的方向敷设。

2. 接地装置放射线应尽量分散，并避开地面设施，接地槽的深度不应小于设计值，回填土中不得有杂草，碎石，在雷雨季节干燥时期测得接地电阻，不得大于设计要求值。

3. 接地装置引下线及其联板等外露部分所有元件均需热镀锌，引下线要与铁塔脚及保护帽和基础紧贴，做到横平竖直、工艺美观。

4. 接地装置材料选用 $\phi 12$ 镀锌钢筋，热镀锌并涂刷 kV 导电防腐涂料，埋深不得小于 0.8m。

5. 回填土选取未掺有石块及其他杂物的好土回填夯实。在回填后的沟面应筑有防沉层，其高度为 100～300mm，工程移交时回填土不得低于地面。

6. 敷设水平接地线以满足下列规定：

（1）在倾斜地形以等高线敷设。接地体敷设应平直。

（2）两接地体间的平行距离不应小于 5m。

7. 接地体的连接应可靠，除设计规定的断开点可用螺栓连接外，其余应都用焊接连接，连接前应清除连接部位的铁锈等附着物。

8. 当采用搭接焊接时，圆钢的搭接长度应不得少于 100mm，并应双面施焊。

9. 钢筋焊接要求和规定：

（1）钢筋的级别、直径必须符合设计要求，有出厂证明及复试报告单。

（2）焊条的牌号应符合设计规定。且焊条必须有出厂合格证。

（3）电焊条药皮应无裂缝、气孔、凹凸不平等缺陷，并不得有肉眼看得出的偏心度。

（4）焊接过程中，电弧应燃烧稳定，药皮熔化均匀，无成块脱落现象。

（5）焊工必须经培训考核合格并持建设行政主管部门颁发的上岗作业证书。

（6）作业场地要有安全防护设施、消防和必要的通风措施，防止发生烧伤、触电、中毒及火灾等事故。检查电源、焊机及工具，焊接地线应与钢筋接触良好，防止因起弧而烧伤钢筋。

（7）钢筋搭接焊：焊接时，宜采用双面焊。搭接焊焊缝长度双面焊为大于100mm。

（8）搭接接头的焊缝高度 h 应不小于 $0.3d$，并不小于4mm；焊缝宽度 b 不小于 $0.7d$，并不小于10mm。

（9）基本项目：操作者应在接头清渣后逐个检查焊件的外观质量，其检查结果应符合下列要求：

1）焊接表面平整，不得有较大的凹陷、焊瘤。接头处不得有裂纹。

2）咬边深度、气孔、夹渣的数量和大小，以及接头尺寸偏差，不得超过表2-38所规定的数值。

咬边深度、气孔、夹渣的数量和大小，及接头尺寸允许偏差　　　　　　表 2-38

项　次	项　目	单　位	允许偏差
1	接头处钢筋轴线的曲折	度	4
2	接头处钢筋的轴线偏移	mm	$0.1d$
3	焊缝高度	mm	$-0.05d$
4	焊缝宽度	mm	$-0.10d$
5	焊缝长度	mm	$-0.50d$
6	横向咬肉深度	mm	0.5
7	焊缝表面上气孔和夹渣在长 $2d$ 的焊缝表面	个	2

2.4.10　质量保证措施

1. 在开工前全体施工人员必须认真翻阅图纸和基础施工手册，切实掌握设计意图和各项质量标准。在施工时先查明图纸和基础施工手册的要求，方可施工。

2. 在送电线路建设施工中，每一位施工人员必须有高度责任心，对待每一项工作必须认真负责，兢兢业业，切实做到精心组织、精心施工。

3. 浇制混凝土应严格按照配合比施工，要按规定的要求进行搅拌、捣固、取试块和养生，每项工作要责任到人。

4. 浇制基础前不可过早将水泥运往塔号，以免水泥受潮或丢失。

5. 浇制混凝土时要特别注意立柱与底板的接合部位，防止发生"烂脖子病"，要采取措施防止发生蜂窝和"狗洞"，当坑深超过2.0m时混凝土浇灌应使用串筒防止混凝土离析，振捣要到位，震动棒要"快插慢拔"。

6. 在混凝土浇筑的全过程中，应随时注意模板及支撑是否有变形、下沉、移动现象，发现问题及时解决。

7. 基础钢筋应按照图纸规定、数量尺寸、精心绑扎，确保质量。

8. 基础钢筋笼按设计图纸布置不得与坑底或保护垫层直接接触，要用事先预制好的混凝土垫块按设计要求的保护层垫起，钢筋与坑壁的保护层要符合规定。

9. 基础浇制用的砂、石要在其底部铺垫彩条布，以保证砂、石不落地。并能保障砂、石周围环境。

2.4.11　基础施工安全保证措施

1. 基础施工前，要逐级进行分部分项工程的安全技术交底，并办理好交底人和被交底人双方签字。无安全措施或未进行安全交底，不得开工。

2. 基础施工前，各施工队要加强对全体施工人员（职工、合同工）的安全教育、技术培训，考试合格后方可允许工作。

3. 把对民工的安全管理纳入本工程的安全管理的重要环节之中。在组织学习或召开安全例会时，应让民工的负责人、安全员参加，或由队长（副队长）、安全员单独组织民工召开安全工作会议（安全例会），并如实做好记录。

4. 严格执行班前讲话制度。到达施工现场后，坚持进行安全工作票制度，将当天的工作内容、工作量、人员分工情况、操作要领及应注意事项，逐条逐项（特别是爆破作业），交代清楚，使参加施工人员心中有数，并且要求所有参加施工人员在工作票上签字。

5. 严格执行安全工作命令票制度。工作负责人接到分配任务后，应认真填写好安全工作命令票，做到分工明确、责任到人、责任到位、各负其责。

6. 机动车辆运输：

（1）本标段大运需经过国道、省道，车辆较多；因此，要求驾驶员在行车过程中，一定要坚持"一安、二严、三勤、四慢、五掌握、六不开"的原则。

（2）运输前，应对运输道路进行调查和了解，掌握道路状况，以保证机动车辆的行车安全。

（3）在施工现场接送施工人员、拉运砂石、工器具，不可客货混载，不可超重，东西要摆放平稳、掩好、捆绑牢固可靠。

（4）乘车人员不抢着上、下车，做到车不停稳不下车。机动车在行驶过程中，要防止公路两边的树梢等挂脸，不可将头、手臂伸出车厢外。

（5）本工程杆塔多在山上，车辆运输需经过乡村道路，人畜较多。因此，要求驾驶员在行车时，一定要严谨、谨慎，尽量减少夜间行车。

7. 人力运输：

（1）本标段部分塔位材料无法利用车辆直接运输到位，只有靠人力运输来完成，在抬、背材料和工器具时，要倍加小心。

（2）小运前，应对小运道路进行了解，事先清除障碍，该修补的地方要提前进行修补。

（3）往塔位基坑运材料、工器具时，特别是较长、较大较笨重的物件（如搅拌机、振动机等），要用绳索抬杠，两人抬远，要同肩同起同落，转弯处前后要照应，防止物件砸伤手脚。多人抬运，应设一人指挥，抬运人员统一行动，步调一致。

（4）抬运所用工器具使用前应进行外观质量检查，做到牢固、可靠。

8. 基础开挖：

（1）基础开挖前，应由工作负责人对所使用的工器具进行外观质量进行检查，做到不合格的工器具不进入施工现场。

（2）坑底面积超过 2m² 时，可由两人同时挖掘，但不许面对面作业，挖掘时两人间距以相互不碰撞为宜。

（3）坑下作业时，坑上应设安全监护人；在坑口四周 0.8m 范围内不许堆放土石和其他物品。

（4）基础坑深度较深时，坑上必须设安全监护人。坑下人腰系安全带，安全带上端固定在坑口板桩上，坑边 0.8m 以内不允许堆土，以免坑壁塌陷，威胁施工人员的生命安全。

（5）挖掘基坑应自上而下地进行，逐层下挖。

9. 混凝土现场浇制施工：

（1）工作前，由工作负责人对所用的材料、工器具进行细致的外观质量检查，不合格者不许使用，不得以小代大。

（2）坑深超过 1.5m 时上下应使用梯子或其他安全稳妥的办法，不得沿已绑好的立柱钢筋上下，以防倾倒。

（3）坑上工作人员应和坑下工作人员紧密配合；地面工作人员应随时注意观察坑口边缘有无塌落迹象。

（4）绑扎钢筋时，应将绑线回头折向里边，以防止绑线回头划破手。

（5）钢模板及其附件不得用作跳板、支垫或铺路，以免引起变形。

（6）模板应支撑牢固、可靠，并应对称布设。

（7）拆除模板应自上而下地进行，拆下的模板要集中堆放。

（8）基础养护人员不得踩踏模板或支撑杆，不得在易塌方的坑边行走。

（9）若是用机电设备，在使用前应进行全面检查，确认机电装置完整、绝缘良好、接地可靠。

（10）搅拌机应设置在平整坚实的地基上，装设好后应由前后支架承力，不得以轮胎代替支架，机械传动处应设防护罩。

（11）搅拌机在运转时，严禁将工具伸入滚筒内扒料。加料斗升起时，料斗下方不得有人。

（12）用手推车运送混凝土时，倒料平台口应设挡车措施；倒料时严禁撒把。

（13）施工现场应合理布置，所有施工人员应佩戴安全帽，施工中要注意保护环境，不得造成水土流失和污染环境，做到文明施工。

10. 施工用电：

（1）工地和材料站施工用电的安装、维护，应有取得合格证的电工担任，严禁私拉乱接。

（2）低压施工用电的架设因遵循下列规定：①采用绝缘导线；②架设可靠，绝缘良好；③架设高度不低于 2.5m，交通要道及车辆通行处不低于 5m。

（3）开关负荷侧的首端处必须安装漏电保护装置。

（4）熔丝的规格应按设备容量选用，且不得用其他金属线代替。熔丝断开后，必须查明原因、排除故障后方可更换，更换好熔丝、装好保护罩后方可送电。

（5）电气设备及电动工具的使用遵守下列规定：①不得超铭牌使用。②外壳必须接地或接零。③严禁将电线直接钩挂在闸刀上或直接插入插座内使用。④严禁一个开关或一个插座接两台及以上电气设备或电动工具。⑤移动式电气设备或电动工具应使用软橡胶电缆，电缆不得破损、漏电；手持部位绝缘良好。⑥不得用软橡胶电缆电源线拖动或移动电动工具。⑦严禁用湿手接触电源开关。⑧工作中断必须切断电源。

（6）在光线不足及夜间工作的场所，应设足够的照明，主要通道上应装设路灯。

（7）照明灯的开关必须控制相线，使用螺丝口灯头时，中性线应接在灯头的螺丝口上。

（8）电气设备及照明设备拆除后，不得留有可能带电的部分。

（9）危险品仓库的照明应使用防爆型灯具，开关必须装在室外。

2.4.12 环境保护与文明施工

1. 环境保护

（1）施工中，做到工完料尽场地清，基础施工用的砂、石、水泥应用彩条布垫在下面，防止和减少对施工场地和周围环境的污染。

（2）保护森林、植被、通信光缆及现有的水土保护设施。施工人员不得人为蓄意破坏。

（3）按工程所在地的规定倾倒废弃物及生活垃圾，教育职工及民工不向湖泊，水库倾倒有害液体及废弃物。

（4）工程完工后，及时回填施工临时用坑，修整和恢复在施工中被损坏的道路、水渠等设施。

2. 文明施工

（1）文明施工保证措施：

① 文明施工领导小组由项目经理任组长，各施工队队长担任副组长，成员为项目部人员、各施工队队员及民工。项目部在工程施工阶段按文明施工管理制度和实施细则进行考核。

② 每月对各施工队进行一次检查评比，按考核内容评分，每月的评分结果向各施工点通报，在工程结束时进行一次总评，评出文明施工优秀班组，并报公司备案。

（2）文明施工实施方案及考核管理办法：

① 工地办公室内施工图纸、施工手册、施工及验收规范、安全规程规范、各项制度、施工形象进度表、台账等齐全，摆放整齐有序。

② 材料库的材料工器具排放有序，标示明显并有防潮、防火、防盗措施。

③ 施工驻地环境干净卫生、宿舍床铺整洁、生活用具、书籍、资料摆放整齐、照明电线安装有序。

④ 搞好职工生活，食堂达到"一好三满意"，即服务好，职工对食堂的饭菜质量、卫生、花色品种三满意。

⑤ 施工人员按时作息、不酗酒、不赌博，搞好职工业余生活。

⑥ 施工人员服装整齐，到施工现场正确佩戴安全帽、手套，穿胶皮鞋，不得由于天气炎热，光膀子、穿拖鞋上工地，人员职责明确，施工秩序有条不紊。现场做到工完料尽场地清。

⑦ 车辆和施工机械设备完好，清洁无污垢，无渗漏，车辆停放整齐。

⑧ 基础混凝土表面光洁平整，地脚螺栓预埋准确。

⑨ 基础坑和施工坑回填后，及时清理余土。

⑩ 对职工加强教育，遵纪守法，尊重当地民俗民规，与当地群众搞好关系。

2.5 硝湾330kV变电站1号变压器（240MVA）拆卸装车施工

2.5.1 施工概况

硝湾330kV变电站1号主变需运至黄家寨330kV变电站，故需将原硝湾330kV变电站1号主变拆除并移出基础装车。

本施工方案包括以下施工内容：

（1）将原硝湾330kV变电站1号主变内变压器油抽放到事先准备好并经过检验合格的储油罐内；

（2）所有附件拆除并按厂家要求进行包装；

（3）将主变本体所有法兰孔均密封好；

（4）主变本体抽真空，注合格的干燥空气；

（5）将主变本体移至变压器基础南侧路边，顶升至道木垛上，并装车固定；

（6）起运前在主变本体上安装冲击记录仪。

2.5.2 施工前准备工作

1. 技术准备

（1）施工方案编写，施工工作票办理；

（2）进行技术交底（含安全、质量）。

2. 机械、工器具及材料的准备（表2-39）

机械、工器具及材料 表2-39

序 号	名 称	规格、型号	数 量
1	吊车	16t、8t	各一辆
2	液压力顶推装置	YT＝100配泵站	4套
3	液压千斤顶	液压100t配泵站	5台
4	油罐	20t、10t	各2个
5	真空抽气机组	ZJ-600BY	1台
6	干燥空气发生器	PHS-100	1台
7	油泵	120升/min	2台
8	吊链	3t、5t	各1套
9	道木	16×18×2500道木	350根
10	钢轨	P50 $L＝9m$	4根
11	施工电源线	3×95＋1×50	500米
12	施工电源箱		1套
13	钢板	$\S＝8mm$	7.5m³
14	钢板	$\S＝10mm$	5m³
15	方木	100mm×100mm×8000mm	9根

序　号	名　称	规格、型号	数　量
16	方木	60mm×50mm×4000mm	45 根
17	薄方木	20mm×80mm×4000mm	50 根
18	九层板	1200mm×2400mm	75 张
19	铁钉	50mm、60mm、70mm	各 2.5 公斤
20	耐油橡皮	$\delta=6mm$、$\delta=8mm$	各 5m³
21	耐油橡皮条	$\phi=6mm$、$\phi=8mm$	各 10 米
22	塑料布		30 米
23	木工工具		1 套
24	绝缘梯	4m	2 套

2.5.3　240MVA 变压器部分参数及附件

见表 2-40。

240MVA 变压器部分参数及附件表　　　　表 2-40

序　号	名　称	数　量	重　量
1	运输重量		145.5t
2	油重		61.67t
3	储油柜	1 件	(不含油重) 2t
4	冷却器	4 件	每件 2t
5	高压套管	3 件	每件 1.4t
6	中压套管	3 件	
7	低压套管	3 件	
8	零序套管	1 件	
9	铁芯接地套管	1 件	
10	高、中压侧及中性点升高座 CT	7 件	

2.5.4　工作时间安排

2010 年 7 月 19 日施工准备及放油；

2010 年 7 月 20 日～21 日 1 号主变压器本体及附件拆除，抽真空、注干燥空气；

2010 年 7 月 22 日 1 号主变压器本体移出和 1 号主变压器本体及附件装车起运；

2010 年 7 月 23 日凌晨原硝湾 1 号主变压器运至黄家寨 330kV 变电站。

2.5.5　人员组织

施工总负责：×××

施工负责人：×××

油务负责人：×××

技术质量负责人：×××

安全负责人：×××

起重专责：××

施工人员：20 人

211

试验人员：×××、×××、×××

16t、8吨吊车司机：2人

2.5.6　施工步骤及方法

1. 变压器本体附件拆除

（1）放油，拆卸当天提前放油，放油时应打开油枕上部排气孔及本体上部排气孔。从变压器底部放油阀处放油，同时将有载开关的油放净。

（2）将冷却器与本体的联管拆掉，同器身脱开，然后用盖板与橡皮垫将各自的法兰口封住，再将冷却器与支架吊离。

（3）拆卸套管时，先将套管的顶部将军帽上接线板拧下，将套管内引线销子拔掉，把套管内的缆绳栓上尼龙绳，落入升高座内，然后用 16 吨吊车吊钩找好套管重心。因套管带倾斜角度，在套管将军帽下部用 $\phi 10$ 的小钢丝绳套和吊绳间加一个 3 吨的小捯链，进行角度的调节，在高压套管起吊前，厂家人员应进入箱体内检查引线及绝缘件，确认能否起吊。高压套管的吊绳应用棕绳将吊绳拦住（一道拦腰绳），拆掉连接螺丝然后慢慢将套管吊出，注意下节瓷裙不准碰击箱壁，不得振动冲击，吊到距地面 1.5m 处，采用 8t 吊车将套管调至水平，放置已准备好的包装箱底架上。吊升高座时，使吊钩稍微吃上力，拆掉法兰周围螺兰，然后缓缓地将升高座吊到指定的空地上，要及时密封。中低压套管的拆卸分二次进行，先吊套管，后吊升高座，吊法与高压套管近似相同。

（4）拆掉储油柜时，先拆掉与器身连接的管路，拆掉的连管法兰及储油柜下部的法兰用盖板及橡皮垫封住，做好标记，以便复装。在拆掉连管的同时也要拆掉两个释放阀，阀口法兰及时用盖板及橡皮圈封住。还有硅胶罐的拆卸，同样做好密封，最后拆掉储油柜。

（5）有载调压开关箱上的油枕，小瓦斯，滤油机连管，要编号拆掉，滤油机控制箱拆掉做好标记，放在包装箱内。将开关箱的法兰用盖板及橡皮垫密封。

（6）将变压器顶部两端运输用器身固定装置重新予以紧固，以保证运输过程中器身不移位（由厂家技术人员实施完成）。

（7）将变压器所有拆卸附件处的法兰孔予以密封。并根据螺栓的规格按力矩要求均匀拧紧法兰螺栓（表2-41）。

螺栓扭紧力矩　　　　　　　　　　　　　　表 2-41

螺栓规格	M12	M16	M20	M24
扭紧力矩（N·m）	36±5	90±15	175±20	310±25

（8）主变本体抽真空：将真空抽气机组的管道与主变本体上部 $\phi 80$ 的工作蝶阀连接，开启真空抽气机组，打开 $\phi 80$ 的工作蝶阀，进行抽真空，从抽真空开始在 6 个小时内如主变本体真空度达不到 133Pa，应立即停止抽真空，检查主变本体密封情况，待漏点查出处理后再进行抽真空，防止将潮气抽入主变本体；当在 6 个小时内主变本体真空度达到或小于 133Pa时，关闭主变本体上部 $\phi 80$ 的工作蝶阀，停止抽真空。安装一块 0～0.1MPa 的压力表。

（9）主变本体注入干燥空气：将干燥空气发生器的管道与主变本体下部 $\phi 80$ 的工作蝶阀连接，开启干燥空气发生器，利用露点仪检测干燥空气露点，当干燥空气露点低于

−50℃时，即可打开主变本体下部 $\phi80$ 的工作蝶阀向主变本体注入露点−50℃的干燥空气，注入干燥空气的流量应小于额定流量的 80％；注入干燥空气时一定要密切注视主变本体顶部的压力表或（干燥空气发生器压力表），当主变本体顶部的压力表指示到 0.03MP 时，应立即关闭主变本体下部 $\phi80$ 的工作蝶阀，然后关闭干燥空气发生器，取下连接管道，用盖板将蝶阀阀门密封。

2. 变压器本体移出及装车

（1）松开变压器底部的 6 个滚轮制动，利用主变基础原有的 3 根钢轨，用 3 套 100t 液压顶推装置及配备的工具将变压器器身顺着钢轨往南平移，在平移到主变基础钢轨还有 30cm 时停止，将 6 个滚轮制动闭锁，再用 2 个 100t 液压千斤顶在主变的一端两侧靠内侧顶升点位置，同时顶起变压器本体一端，铺好道木，然后到主变的另一端靠内的两个顶升点位置，用同样方法施工，顶升至合适位置（装车的高度）。

（2）根据平板车的高度，将变压器本体顶起合适高度，穿入平移钢轨 3 根，用 3 套 100t 液压顶推装置及配备的工具将变压器器身顺着钢轨平移，平移至变压器本体的中心线或重心线与平板车中心线相吻合。再用 2 个 100t 液压千斤顶在主变的一端两侧靠内的顶升点位置，同时顶起变压器本体一端，抽取钢轨，然后到主变的另一端用同样方法施工。在变压器本体与车体之间加装 1～3cm 的防滑物，并将变压器本体进行固定。待运输管理专责检查认可后方可进行起运。

2.5.7 液压顶推装置、吊车有关技术参数

1. 液压顶推装置有关技术参数（表 2-42）和顶推力的验算

主要技术参数（YT-100 型说明书） 表 2-42

项 目	单 位	数 据
系统额定压力	MPa	32
能推动的物体重量	t	100
移动速度	m/min	0.18
适用钢轨	P50	50kg/m
推进油缸行程	mm	500
重量	kg	110

变压器在钢轨滑道上摩擦阻力，在钢轨滑道保持基本水平的条件下，变压器在钢轨上滑动时，仅产生摩擦阻力，虽说在启动时，需要克服惯性力，但因液压机具的动作，都很缓慢，其加速非常小，因此，可忽略不计。钢对钢在一般润滑下，其摩擦系数约为 0.1～0.2，取 $f_{静}=0.15$，要使变压器移动必须克服其静摩擦力。

$$F_{静} = f_{静} \times G = 0.15 \times 162 \times 9.8 = 238.14 \text{kN}$$

用三套顶推装置同时顶推足可。

2. 吊车有关技术参数及验算

吊车臂展长度与吊装设备重量的可参照表 2-43（本表取自 16t 吊车内吊装曲线图说明）：

吊车臂展长度与吊装设备重量关系表 表 2-43

起重量（t）	2.4	2.8	3.3	3.8	4.6
臂长（m）	13	12	11	10	9

本次安装最大臂展为 13m 可满足要求，因此由以上数据可得 16t 吊车可在工作区进行吊装作业。

3. 吊索拉力计算

吊索选用：此次施工吊装的最大重量（全重 2t），计算吊绳允许拉力如下：

吊装荷载：$F_{max} = G = m \cdot g = 2t \times 10 = 20kN$ （g 取 10N）

采用 2 结点起吊，即单根钢丝绳拉力 $F_1 = F_{max}/2 = 10kN$

钢丝绳的允许拉力 $[F_g] = a \cdot F_g/K$

式中　$[F_g]$——钢丝绳的允许拉力，取 $[F_g] = 10kN$；

　　　a——钢丝绳的换算系数，取 $a = 0.82$；

　　　F_g——钢丝绳的钢丝破断拉力总和；

　　　K——钢丝绳的安全系数，取 $K = 10$。

$$F_g = [F_g]K/a = 10 \times 10/0.82 = 122kN$$

当吊索与设备吊装夹角在 300-700 间时其夹角折合系数为 0.97～0.82，即拉力为：100～118.3kN 之间。根据 6×37 钢丝绳的主要机具表，吊装可选用直径为 φ17.5mm，公称抗拉强度为 1400kN/mm² 以上的 6×37 的钢丝绳即可满足要求。

2.5.8　职业健康安全目标及安全保证措施

1. 施工队（班组）目标

（1）未遂事故、记录事故（合计）年控制在三次以内；

（2）不发生一般机械、设备、火灾、交通事故；

（3）因施工引发的一般电网、设备事故 0 次；

（4）人身轻伤事故 0 次。

2. 安全保证措施

（1）严格执行《国家电网公司电力安全工作工程》（变电部分）、《国家电网公司安全文明施工标准》、《国家电网公司输变电工程施工危险点辨识及预控措施（试行）》及《国家电网电力建设安全健康与环境管理工作规定》的有关条文和省电力公司、公司安全生产各项管理制度。

（2）教育施工人员增加安全意识，贯彻落实公司"安全第一，以人为本、综合治理，遵守法规，文明施工，为员工提供健康安全保障"的方针。努力消除事故隐患，杜绝违章作业，在保证职工安全与健康的前提下组织施工。

（3）严格执行现场勘察制度，认真分析本次施工的危险因素及范围，制定有效的安全技术措施。由工程技术负责人在施工前对参加项目施工的作业人员，进行技术交底和安全技术交底并办理全员交底签字手续，使全体施工人员熟悉本施工方案和安全措施。

（4）认真填写施工安全工作票和班前讲话制度，总结施工中的不安全因素和事故隐患。安全工作票由施工负责人填写，经施工队（班组）技术员和安全员审查，由施工队长（班组长）签发后执行，并向施工人员宣读。

（5）起重机械进场前必须报相关部门对起重设备进行机械进场前的验证，合格后方可投入使用；并签订安全协议书。吊车司机和起重人员、机械操作人员必须执证上岗；配合吊装作业人员应由掌握起重知识和实践经验的人员担任。

（6）起重前检查起重机械的制动、限位、连锁、吊钩闭锁卡环以及保护等安全装置，齐全并灵活有效。吊装所使用的工器具，应符合技术标准，并在使用前进行外观检查，不合格者严禁使用。加强施工机械和安全工器具及特种设备的管理，要求进入施工现场的各种机械设备、安全工器具不能带病运行，不能以小代大。要安排专业人员对工器具进行维护和检修。

（7）吊车投入使用前应对其载重能力进行计算，并对各支撑点的地基平整度、密实度进行检查，如不能满足施工要求，应进行平整及夯实处理。

（8）吊车在土路上进行吊装，道路必须做碾压处理，保证地面坚硬，支撑腿下方必须用 2.5m 长的 3～4 根道木进行铺设，且严密牢固可靠，安全监护人应密切监视在吊装过程中吊车支腿受力情况。

（9）吊装指挥在吊装过程中应站在全面观察到整个作业范围的位置，起吊指挥只能有一个人统一指挥，必要时可设置中间指挥人员传递信号，起吊指挥信号应简洁、统一、畅通、分工明确。

（10）吊装过程中专职安全员现场监督，指挥人员和吊车司机的信号必须统一，专人号令，手势和哨声两种信号同步发出，缺一不可操作；他人不得严禁指挥。吊臂下严禁站人或通行，现场工作环境范围设置围栏或警示标志。

（11）吊件离地 100mm 时，检查钢丝绳的受力情况，确认无问题后，方可继续进行吊装工作。

（12）施工人员认真执行安全规程及安全技术规定，不违章作业。有权拒绝违章指挥，并监督他人不违章作业。爱护安全设施，不使用不合格工器具。

（13）安排专职安全员现场监督，安装过程中无关人员不得靠近，并拉警戒线。

（14）施工现场禁止烟火，并按规程要求配备足够可靠的消防器材。

（15）加强企业安全文明建设，提高职工的安全意识和自我防护能力。

（16）现场的施工人员必须正确佩戴安全帽，使用个人安全防护用品，施工过程中各负其责、各司其职，确保施工作业有序协调作业，施工结束后固体废弃物实行分类管理，并及时清运，做到工完、料净、场地清。

（17）在运行变电所内工作，应遵守变电所有关规定，不得脱离工作区域。工作时严禁打闹谈笑和擅自离岗。

（18）变压器放油过程中，应采取措施，防止漏油，造成环境污染。吊套管的钢丝绳直径不得小于 17.5mm，套管所有吊拌都要用上。

（19）安装作业中使用电火焊时，要严格按照《两票管理规定》中关于动火作业的相关规定进行作业。施工用电严格执行三相五线制施工用电标准，漏电保护器定期动作正确，满足现场安全用电要求。

（20）钢丝绳的插接长度不小于钢丝绳直径的 15 倍，且不小于 300mm。

（21）六级以上大风天气，严禁进行起重作业。当风力达到 5 级以上时，受风面积较大的物件不宜起吊。

（22）起重机械使用多股软铜线做接地线，并且截面积不得小于 16mm^2。

（23）施工用电严格执行三相五线制施工用电标准，漏电保护器定期动作正确，满足现场安全用电要求。职业健康安全危险因素辨识与危险评价见表 2-44。

表 2-44

职业健康安全危险因素辨识与危险评价

序号	作业活动	危险因素	危害因素	可导致的事故	作业条件危险评价				危险级别	控制措施	责任部门	责任人	检查人	操作要求
					L	E	C	D						
1	变压器及附件拆卸	起重工器具安全载荷选择不当	起重伤害	人体伤害 设备损坏	3	3	7	64	2	根据其重量，选择合格的起重工器具并经过验算，保证其使用安全系数	施工队	工作负责人	项目安全员	施工方案、技术交底、安全工作票
		专用吊带外部护套破损露出内芯时	物体打击 起重伤害	人体伤害 财产损失	3	6	3	54	2	应立即停止使用，选用合格的合成纤维吊装带，吊装带用于不同承重方式时，应严格按照标签给予定值使用	施工队	工作负责人	队长、起重专责	施工方案、安全技术交底、工作票
		采用不合格倒链（葫芦）	物体打击 起重伤害	人体伤害	3	6	3	54	2	使用前应检查吊钩、链条、传动装置及刹车装置是否良好，吊钩、链轮、倒卡等有变形，以及链条直径磨损量达 10% 时，禁止使用	施工队	工作负责人	队长、起重专责	施工方案、安全技术交底、工作票
		被吊件悬挂、绑扎不牢靠	起重伤害 物体打击	人体伤害 财产损失	3	6	3	54	2	吊绳悬挂，捆绑牢固，吊索件刚吊起 50mm 至 100mm 时应再次检查其悬挂和捆绑情况，吊车支撑，确认无误后方可起吊，起吊要平稳缓慢，确认可靠后再继续起吊	施工队	工作负责人	队长、起重专责	施工方案、安全技术交底、工作票
		无关人员在起重工作区域内停留	起重伤害 物体打击	起重伤害	2	3	7	42	2	吊臂下及吊件上严禁站人，作业人员头部和手脚不得放在被吊件下方	施工队	工作负责人	队长、起重专责	施工方案、安全技术交底、工作票
		不规范支撑吊车腿	起重伤害 物体打击	设备损害 人体伤害	1	6	7	42	2	1. 吊车指挥和吊车操作人员必须进行手势和哨声沟通，沟通中必须强调吊车操作只能听从吊车指挥一人命令，手势和哨声两种信号同步发出，缺一不可操作；吊车指挥信号必须规范，哨音洪亮、手势准确，并使用司机手势操作前必须鸣笛示警。2. 指挥者所处位置应能全面观察作业现场，并看到、各岗位人员都可清楚看到，司索人员不得擅离工作岗位。	施工队	工作负责人	项目安全员	施工方案、安全技术交底、工作票

续表

序号	作业活动	危险因素	危害因素	可导致的事故	L	E	C	D	危险级别	控制措施	责任部门	责任人	检查人	操作要求
1	变压器及附件拆卸	不规范支撑吊车腿	起重伤害 物体打击	设备损坏 人体伤害	1	6	7	42	2	3. 指挥人员不能同时看清操作人员和负载时，必须设中间指挥人员逐级传递信号，当发现错传信号时，应立即发出停止信号。 4. 根据设备选择起重工器具并经过验算，保证其使用安全系数。保证地面坚硬，支撑腿下方必须用2.5m长的3-4根可靠固可靠，且严禁密车固可靠，安全监护人应密切监视在吊装过程中吊车支腿受力情况	施工队	工作负责人	项目安全员	施工方案、安全技术交底、工作票
		未设专人指挥	起重伤害 物体打击	人体伤害 财产损失	3	6	3	54	2	由专人统一指挥，指挥人和吊车司机共同认定指挥方式。重物起吊和下落过程中。吊车司机要控制吊装速度，保持重物平稳，严禁在高空置	施工队	工作负责人	队长、起重专责	施工方案、安全技术交底、工作票
		未严格执行登记核对制度	损伤设备	财产损失	1	3	7	21	2	主变质部开孔人员严格执行带件使用物品登记制度，拆下物件应妥善保管，一旦发生失落应立即报告现场负责人，组织核对、查找。确保主变本体内无遗留工具	施工队	工作负责人	队长、队安全员	施工方案、安全技术交底、工作票
		六级及六级以上大风进行高处作业	物体打击 高处坠落	人身伤害 损坏设备	3	3	3	27	2	遇有六级及六级以上大风或恶劣气候时，应停止设备吊装和露天高处作业	施工队	工作负责人	队长、起重专责	
		雨天后高处作业无防滑措施	高处坠落	人身伤害	3	3	7	63	2	在雨天后进行高处作业采取安全防滑措施，穿防滑性能良好的软底鞋	施工队	工作负责人	队长、队安全员	施工方案、安全技术交底、工作票

序号	作业活动	危险因素	危害因素	可导致的事故	作业条件危险评价				危险级别	控制措施	责任部门	责任人	检查人	操作要求
					L	E	C	D						
1	变压器及附件拆卸	高处作业安全防护措施不当	高处坠落	人身伤害 损坏设备	3	6	3	54	2	作业人员必须正确使用安全带；安全带要系在牢固的金属件上，必须高挂低用，不得在失去保护情况下移动位置；设安全监护人	施工队	工作负责人	队长、队安全员	施工方案、技术交底，安全工作票
		临时工单独高处作业	高处坠落	人身伤害 损坏设备	3	6	3	54	2	学徒工可在中技工及以上技工的带领下进行一般性高处临时工高处作业	施工队	工作负责人	队长、队安全员	施工方案、技术交底，安全工作票
		危险区域无安全标志，或随意挪动安全标志	物体打击、其他伤害	人身伤害 损坏设备	3	6	3	54	2	施工现场坑、沟、孔洞及危险场所应设置安全警示标志，严禁挪、拆作它用	施工队	工作负责人	队长、队安全员	施工方案、技术交底，安全工作票
		攀登变压器安全防护措施不当	高处坠落	人身伤害 损坏设备	3	6	3	54	2	作业人员需穿防滑性能良好的软底鞋；作业人员必须戴好安全帽；攀登的梯架必须牢固可靠，就位作业地点后，系好安全带，再进行作业	施工队	工作负责人	项目安全员	施工方案、技术交底，安全工作票
		起重工器具选择不当	起重伤害	人身伤害 损坏设备	3	3	3	27	2	根据被吊件重量，按标准选择工器具，确保起吊平稳，不得剧烈抖动、摆动	施工队	工作负责人	队长、起重专责	施工方案、技术交底，安全工作票
		吊绳的受力不均	起重伤害	人身伤害 损坏设备	3	3	3	27	2	吊装检查人员和操作人协调配合，由吊装检查人受力点应在吊绳的受力中间；捆绑强度可靠，被吊物应固定牢固	施工队	工作负责人	队长、起重专责	施工方案、技术交底，安全工作票
		作业点残油污染不及时清理、器材料清落	物体打击	人身伤害 损坏设备	3	6	3	54	2	及时清除油手、鞋底，作业台上不得存放工器具、零件	施工队	工作负责人	队长、队安全员	施工方案、技术交底，安全工作票
		施工作业不正确使用安全带	高处坠落	人身伤害 损坏设备	3	3	3	27	2	在变压器上进行工作时，必须做好高空安全防护措施、系好安全带	施工队	工作负责人	队长、队安全员	施工方案、技术交底，安全工作票

序号	作业活动	危险因素	危害因素	可导致的事故	作业条件危险评价 L	E	C	D	危险级别	控制措施	责任部门	责任人	检查人	操作要求
2	主变抽真空	作业空间窄小，碰撞作业人员	人身伤害	人身伤害	3	3	3	27	2	工作中必须戴好安全帽；转移工作地点时，注意躲避障碍物	施工队	工作负责人	队长、起重专责	施工方案、安全技术交底、工作票
		工器具使用时绑扎不牢固	人身伤害	人身伤害	3	3	7	63	2	应用绳索控制物件，物件滚落前方严禁有人	施工队	工作负责人	队长、起重专责	施工方案、安全技术交底、工作票
		吊件下方有人，起重臂下及吊件上有人	起重伤害	人身伤害、损坏设备	3	3	3	27	2	起重臂下方吊件上严禁有人或严禁置物	施工队	工作负责人	队长、起重专责	施工方案、安全技术交底、工作票
		吊件在空中长时间停留	起重伤害	人身伤害、损坏设备	3	3	3	27	2	吊件不得长时间空停留，短时间停留时，指挥人员不得离开工作岗位	施工队	工作负责人	队长、起重专责	施工方案、安全技术交底、工作票
		吊钩悬点与吊物重心不在同一垂线	机械损害、起重伤害	人身伤害、损坏设备	3	3	7	63	2	吊钩悬点应与吊物重心在同一垂直线上，吊钩钢丝绳应垂直，严禁偏拉斜吊	施工队	工作负责人	队长、起重专责	施工方案、安全技术交底、工作票
		高处作业所用工器具、材料随意抛扔	机械损害、起重伤害	人身伤害、损坏设备	3	3	3	27	2	严格执行高处作业安全技术规范。工器具、材料利用专用工具或绳索吊运，禁止抛扔	施工队	工作负责人	队长、队安全员	施工方案、安全技术交底、工作票
		变压器抽真空时失电危害	损坏设备	损坏设备	3	3	7	63	2	为防止失电造成变压器污染，施工用电安全可靠，材料在变压器抽真空时，派专人值班	施工队	工作负责人	队长、队安全员	施工方案、安全技术交底、工作票
		使用电气设备未接地	触电	人体伤害	6	3	1	18	1	必须用多股软铜线，不得小于16平方毫米，连接应采用压接等方法，严禁采用缠绕或勾挂	施工队	施工人员	工作负责人	施工方案、安全技术交底、工作票

2.5.9 质量措施

1. 加强对施工人员的质量意识教育，树立"百年大计，质量第一"的思想。

2. 安装变压器时，必须按厂家技术说明书和施工方案进行施工，说明书中无规定要求的按照规程、规范进行安装，把变压器安装工作的每道工序落实到人，坚持谁施工谁负责的原则，保证施工质量，把缺陷消除在施工的全过程中。

3. 施工前工作人员应对有关图纸、资料进行熟悉，事先做好技术交底工作，使施工人员心中有数。

4. 施工中使用有关计量器具，必须经过周检合格，否则不准使用。

5. 安排专人做好施工记录，发现问题及时向负责人汇报。

6. 使用的工具必须拴绳、登记、清点、严防工具及杂物遗留在变压器体内。

7. 施工中发现问题及时向负责人汇报；做好施工记录，施工记录真实、清晰。

8. 作业结果应依据《电气装置安装工程质量检验及评定规程》、《电力变压器、油电抗器、互感器施工质量检验》、《电气装置安装工程电气设备交接试验标准》进行检查。

2.6 六氟化硫封闭式组合电器（GIS）安装

2.6.1 依据标准及技术文件

1.《电气装置安装工程高压电器施工及验收规范》GBJ 147。

2.《电气装置安装工程电气设备交接试验标准》GBJ 15050。

3.《电气装置安装工程质量检验及评定规程》DL/T 5161.17。

4.《750kV变电所电气设备施工质量检验及评定规程》Q/GDW 120。

5.《750kV高压电气（GIS、隔离开关、避雷器）施工及验收规范》Q/GDW 123。

6.《SF_6电气设备中气体管理和检测导则》GB 8905。

7.《电力建设安全工作规程》（变电所部分）DL 5009—3。

8. 国家电力公司《电力建设安全健康与环境管理工作规定》。

9. 设计蓝图。

10. 供方产品说明书。

2.6.2 项目实施策划

1. 确认与该项目相关联的紧前工序已完成，并经中间验收合格及得到监理工程师放行。

2. 确认项目范围（台数、位置）。

3. 确认供方提供产品的技术参数、结构、性能、特点的符合性。

4. 确认供方提供产品完整性（本体、附件、备品、气体）。

5. 根据具体工程的GIS设备确定安装方案。

6. 确定项目实施日期、进度控制计划（横道图）。

7. 确认顾客及相关方其他要求。

2.6.3 项目实施资源配置

1. 人力资源

（1）确定作业组织单位、人员职责。

（2）过程操作应由经过培训、持证的中级以上技术工人担任，其工作负责人应由技术人员或高级技术工人担任。

（3）操作人员数量配置应保证该项目有效实施。

2. 技术资源

（1）过程应获得表述产品特性的信息（产品说明书、施工图纸）。

（2）项目质量计划（施工组织设计、作业方案）。

（3）作业指导书。

（4）作业技术交底：

① 项目总交底应在项目实施前 3 天进行；

② 子过程交底应在实施前 1 天进行；

③ 技术交底应具有实施证据。见表 2-47。

（5）安全措施：

① 进入现场作业区的人员必须正确佩戴安全帽，正确使用个人劳动防护用品。

② 对参加项目施工的作业人员，在作业前必须进行安全技术交底。

③ 所使用的工器具，都应符合技术标准，并应在使用前进行外观检查，不合格者严禁使用。

④ 由技术负责人或施工负责人填写安全工作票，安全负责人审查，队长签发。施工负责人必须每日在开始工作前宣讲安全工作票，安全负责人监督执行。安全工作票附表中各分项工作应由担任其分项工作的负责人签名。

⑤ 安全责任与分工

a. 施工负责人：负责施工项目的全部工作，亲自检查安全设施的布置及其可靠性，按规范措施要求，详细检查施工防护用品、工器具的配备及其可靠性，对项目的安全施工负全责。

b. 安全负责人：协助施工负责人作好施工中的安全监督及协调工作。解决施工中的不安全隐患。制止违章作业、违章指挥，对施工项目的安全工作负责。

c. 施工人员：认真执行安全规程及安全技术规定，不违章作业。有权拒绝违章指挥，并监督他人不违章作业。爱护安全设施，不使用不合格工器具。不操作自己不熟悉的机械、设备，严格按照施工方案作业，接受安监人员的监督，做到文明施工。

d. 机械操作人员：

• 起重指挥：按 GIS 安装方案施工，不得随意变更起重方案。对起吊方式、挂点应进行事前验证，并对起重工器具进行严格检查。和吊车司机统一信号，密切配合，确保设备及施工人员安全，对起吊、安装的安全负责。

• 吊车司机：确保吊车运行安全可靠，服从指挥，不违章操作。对起吊方式、起重工器具有权进行安全监督，对违章指挥有权拒绝执行。

3. 计量

作业过程应获得使用和监视测量的手段及工具（仪器、仪表），仪器、仪表必须在校核的有效期内。仪器、仪表要求见表 2-48。

4. 机具资源

（1）应根据开关的不同合理配置作业工具、机械。

（2）作业机械具备性能完好的证据。

5. 工作环境

（1）作业场地应平整，无积水，附件摆放应方便作业，并且防止倾倒、滑落且防火措施。

（2）作业环境条件

GIS 现场安装易受空气中水分、尘埃的影响，施工安装工作要求选择晴好天气，在无雨、无风天气条件下进行，空气相对湿度小于 80%，要求现场环境清洁并采取防尘防潮措施；在气室对接、罐体密封时，应在防尘罩内或干燥棚中进行。在施工中应向防尘罩内或干燥棚中吹入干燥空气，流量维持在 $2m^3/min$ 左右。

2.6.4 项目技术控制

1. GIS 本体安装

作业程序见图 2-34。

2. 过程方法

（1）现场验收、存放

① 现场开箱检查：

a. 包装外观检查应完好无破损；

b. 设备零件、备件及专用工具应齐全；

c. 零件及本体无锈蚀和损伤；

d. 绝缘元件无变形、受潮裂纹、剥落；

e. 瓷件表面应光滑、无裂纹；

f. 充有六氟化硫气体的单元或部件，其压力值应符合产品的技术规定；

g. 按产品规定运输时需装有冲击记录仪的，应检查冲击记录没有超过厂家规定标准；

h. 产品的技术文件应齐全；

i. 设备安全净距 A1 值是否满足规程规范及设计要求；

j. 检查每瓶六氟化硫气体的气体的含水量，并抽样 30% 做全分析，试验结果应符合产品技术要求；

k. 密度继电器和压力表送检。

② GIS 运到现场后的保管应符合下列要求：

a. GIS 应按原包装置于平整、无积水、无腐蚀性气体的场地并垫上枕木，在室外加蓬布遮盖；

b. GIS 的附件、备件、专用工器具及设备专用材料应置于干燥的室内；

c. 瓷件应安放妥善，不得倾倒、碰撞；

d. 充有六氟化硫气体的运输单元，应按产品技术规定定期检查压力值，在厂家没有规定时应每日检查，并做好记录，有异常情况时应及时采取措施；

e. 注意套管的密封保存，严防套管内部吸潮生锈事故的发生；

f. 当保管期超过产品规定时，应按产品技术要求进行处理，通知生产厂家并征求其意见。

（2）基础检查

根据设计图纸及制造厂图纸核对并检查设备基础情况：

① 基础埋件检查：水平度误差，相邻≤±2mm，全部≤±2mm；

② 支架安装的平整度应符合产品技术要求；

③ 支架或底架与基础的垫片不宜超过二片，其总厚度不应大于4mm，各片间应焊接牢固；

④ 基础及预埋槽钢接地良好，符合设计要求。

（3）GIS安装程序和方法

① 基础检查及确定GIS位置：

a. 按基础图要求在地面上划好主母线、分支母线、断路器、套管和控制柜的中心线；

b. 检查每个间隔四点（四个角位置）的水平误差；每间隔内最高点和最低点的最大偏差应小于2mm；

c. 按基础图确定GIS底架的位置；

d. 按基础图确定接地线的位置和长度。

② GIS临时就位：

将GIS设备临时在基础上就位，第一个单元与下一个单元之间相距约1200mm，其余单元相距约1000mm。

③ 主母线连接：

a. GIS应以母线为基础逐段安装，如果间隔数较多，可选处于中间位置的间隔为第一安装间隔；如果间隔数较少，可选择外侧的间隔为第一安装间隔。

第一间隔就位后，应精心调整水平，使间隔的中心线与该间隔基础的中心线尽可能一致，调好后将母线筒中的气体经处理放掉，取下盖板，清理法兰、罐体内侧、导电杆及盆式绝缘子表面；

b. 从导电体插口上取下母线导电杆的定位螺栓，将导体插至导体插口直至屏蔽头；三项导体顺序插入，注意在插入过程中切勿将导体碰到母线外壳上；

c. 在安装第二间隔时，也应处理密封面，装好密封圈，调整好水平度，使其母线筒法兰与第一间隔的母线筒法兰对正，并保证连接触头的插入深度为35mm。当连接母线外壳时插入定位销；截好螺栓、紧固至合适力矩；

d. 从手孔处将导体拉向第二间间隔方向，将导体插入第二间间隔插口内，插接好后安装定位螺栓。第三、第四间隔同样操作；

e. 为检查导体之间连接是否良好，每完成一个间隔导体的安装必须进行导体回路电阻测量，合格后方可进行下一间隔对接工作。

④ 分支母线连接：

a. 拆下盖板，清洗法兰面，涂密封胶，装密封圈；

b. 将CT导体安装于分支母线盆式绝缘子中心导体上；

c. 水平吊起分支母线，平移向断路器；

d. 将导体插入梅花触头，将分支母线外壳与CT外连接并紧固；

e. 在分支母线外壳下面安装支持架。

⑤ 套管安装：

a. 拆下保护盖板，取出运输时用的吸附剂，清理法兰、导电杆和瓷套内部。

b. 吊起套管，使之与GIS安装孔具有相应的合适位置，套管的起吊索具及吊点选择应符合产品要求。

c. 涂密封胶、装密封圈、连接法兰并紧固。

d. 确认导体与导向杆均已插接好。

⑥电压互感器安装：

a. 取下 PT 保护盖板及 GIS 连接部位的盖板。

b. 清理 PT 的连接主体、法兰及盆式绝缘子、O 型圈以及 GIS 本体连接法兰及导体、壳体内部。

c. 将 PT 吊起，装好密封圈，缓缓插入 GIS 连接部位内。

d. 确认连接完毕后，紧固法兰螺栓。

以上安装程序，可参照产品说明书及有关图示。

（4）GIS 安装的相关工艺技术要求

① 吊装工具选择：

a. 尼龙绳（尼龙吊带）选择

尼龙绳（尼龙吊带）绳选择受力夹角 $a=30°$；

安全系数 $K \geqslant 6$；

尼龙绳（尼龙吊带）荷载满足条件：$S \geqslant P$；

根据计算值选择尼龙绳（尼龙吊带）及长度。

b. 吊车选择：

工作幅度、起升高度、起吊重量均应满足安装技术要求。

② 螺栓紧固标准力矩值见表 2-45。

螺栓紧固标准力矩值   表 2-45

螺栓规格	紧固力矩（kg/cm）		紧固力矩（N/m）	
	标准值	特殊值	标准值	特殊值
M6	60	40	5.9	3.9
M8	140	80	13.7	7.8
M10	280	200	27.4	19.6
M12	480	350	47.1	34.3
M16	1200	870	118	85.3
M20	2200	1700	215	167
M22	3000	2200	294	216
M24	3900	2900	382	284
M30	7700	5300	755	520

③ 清洗工艺要求：

a. 清洗工艺适用浇注绝缘件和金属零部件的清洗，浇注绝缘件的表面必须具有很高的清洁度，所有的金属零部件也必须进行彻底清洗，不得有灰尘及其他微粒。

b. 清洗绝缘浇注件表面允许采用乙醇、丙酮或甲苯，而清洗金属部件表面只能用稀释剂或甲苯清洗。

c. 清洗浇注绝缘件表面应采用洁净的擦拭纸或棉布，清洗金属部件表面应采用白棉布。将擦拭纸或棉布在溶剂中浸湿后仔细地将浇注绝缘件和金属部件表面彻底清洗干净。清洗浇注绝缘件表面和对金属零部件的最终清洗时只能用洁净的未使用过的白布。

d. 每根气管安装前均要经彻底清洗，应采用从两端喷气的方法，清洗其内部脏物。

④ 气体密封工艺要求：

a. 适用 O 型密封圈和密封胶实现 SF_6 气体对大气密封的操作过程和方法。

b. O 型密封圈放置前，应检查密封槽和密封面，确认没有划伤痕迹及脏物，并采用沾有稀释剂的软布彻底清洗清洁干净后，在密封槽内可靠地放置相应尺寸的 O 型圈，安装法兰时确保 O 型圈不被挤出。

c. 气体密封胶不能用于 SF_6 气室内侧，在气室外侧的整个法兰面上应薄薄涂上一层气体密封胶，用以防止雨水的浸入和防锈。在涂抹气体密封胶之前，应确认法兰面无任何清洗溶剂的沉淀物（特别是分隔表面上的酒精），气体密封胶涂敷后应在其变硬之前完成装配工作。在涂敷气体密封胶之前要确认 O 型圈及密封槽清洁无损伤。

d. 气体密封胶不可与其他润滑脂混合，装配后要除去多余的密封胶，使用后应立即旋紧气体密封胶管的盖子。

e. 气体密封胶的使用方法应参照产品说明书的图示及要求。

（5）抽真空、充 SF_6 气体

① 抽真空、充 SF_6 气体装置示意图见图 2-33。

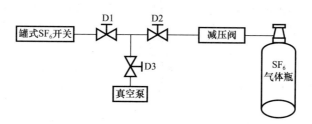

图 2-33　抽真空、充 SF_6 气体装置示意图

②抽真空注 SF_6 气体方法：

a. 连接真空泵到设备气室阀门的高压气管，所用的气管和真空泵应与被抽空设备的容积相适应。

b. 检查确认真空泵转向正确后启动真空泵，真空度：1 托＝1mmHg＝133.32Pa，保持时间 30 分钟。

c. 抽真空后立即关闭入口阀门并测量空气压力，要求在 4 小时内起始和最终的压力差不超过 133.32Pa。如果压力升高超过 133.32Pa，则需再抽真空至 133.32Pa，然后继续抽 30 分钟，重复进行真空泄漏检查，以确认是否存在泄漏或是存在潮气释放。

d. 为防止真空泵突然停转而发生真空泵油倒灌事故，应在真空泵与被抽气室管路中加装电磁阀或逆止阀。

e. 连接充气管路，所充 SF_6 气体应经现场试验合格，用 SF_6 气体清除管路中的空气后将 SF_6 气体充入气室。充气时要考虑环境温度对气压值的影响，应参照 SF_6 压力—温度特性曲线，将实际充气压力在额定压力和最大充气压力之间。

f. 开始充气时，应逐渐打开气瓶阀门，缓慢地充入 SF_6 气体，防止充气过快而造成管路冻结。

g. 对于已充有 SF_6 气体的气室，且含水量检验合格时，可直接充入 SF_6 气体。

h. 调整充气压力值至额定压力，并记录压力值。

③ 注 SF_6 气体注意事项：

a. 所注 SF_6 气体必须经检验合格；

b. 对 GIS 进行注气时，其 GIS 及输气管必须保持干燥、无油污，工作人员必须戴口罩和手套；防止 SF_6 气体的中毒；

c. 冬季充气时，严禁用明火直烤气瓶；

d. 注入 GIS 的气流速度应按制造厂家的规定进行控制；

e. SF_6 气瓶搬运时应轻装轻卸，严禁抛掷溜放。

（6）现场检查与调试

① GIS 经安装后应进行外观检查，检查内容包括装配状态、零件松动情况、接地端子装置、气体管路控制电缆等有无损坏，二次接线的正确性检查及端子标记，接线端子松紧等检查。

② 绝缘电阻测定，使用兆欧表测量主回路对地绝缘电阻值应大于 1000MΩ 以上，控制回路对地的绝缘电阻值应大于 1MΩ 以上。

③ 分合闸操作试验，在额定操作压力和额定操作电压下，对 CB、DS、ES、FES 进行手动分合闸，分合闸状况应动作正常，并进行 5~10 次的连续分合闸操作试验，检查操作机构和转换开关等应动作正常。

④ 主回路电阻测量，测量回路及测量方法应与厂家的测量回路和方法相同，以便与厂家测量值相比较，判定标准为现场测量值应不超过厂家试验值的 20%。

⑤ 泄漏试验，SF_6 气体检漏采用局部包扎法，待 3 小时后检测包扎腔内的 SF_6 含量，判定标准为年漏率小于 1%。

计算公式：$Q = (V_1 \times M/T) \times 10-6$

$$q = 356 \times 24 \times Q \times 100/(P+1.03) \times V_2$$

式中　Q——泄漏量（升/小时）；

　　　V_1——被检设备和塑料膜之间的体积（升）；

　　　M——气体检漏仪读数（ppm）；

　　　T——塑料薄膜包封的时间（小时）；

　　　Q——每一包封点每年的气体泄漏率（%/年）；

　　　P——额定气压（表计压力 MPa）；

　　　V_2——气室的体积（升）。

⑥ 气体含水量检测，充入 SF_6 气体 24 小时后进行测量断路器气室应小于 150ppm（v/v），其他气室小于 500ppm（v/v），新 SF_6 气体的含水量标准规程规定 ≤8ppm（w/w）（相当于 64ppm（v/v））。

⑦ GIS 其他的特性试验及电气试验应参考产品要求和交接试验标准进行。

（7）检漏与试验

检漏方法：

a. 观察压力表指示；

b. 用检漏仪检漏；

c. SF_6 气体泄露试验检漏。

（8）尾工工作

工作项目：

a. 操动机构

操动机构的零部件应齐全，各转动部分应涂以适合当地气候条件的润滑脂；

电动机转向正确；

各种接触器、继电器、微动开关、压力开关和辅助开关的动作应准确可靠，接点应接触良好，无烧损或锈蚀；

分、合闸线圈的铁芯应动作灵活、无卡阻；

控制元件的绝缘及加热装置的绝缘应良好。

b. 二次配线、控制和信号回路应正确，并符合 GB 50171《电气装置安装工程盘、柜及二次回路接线施工及验收规范》的有关规定；

c. 管道及二次电缆入口密封良好；

d. 接地线制作，应符合 GB 50169《电气装置安装工程接地装置施工及验收规范》的要求；

e. 手动操作合、分闸；

机构在慢分慢合时，工作缸活塞杆的运动应无卡阻和跳动现象，确认动作的正确性，其行程应符合产品的技术规定。

f. 补漆及涂相色漆；

g. 现场清理工作；

h. 资料和文件的记录、整理工作；

i. 检查设备安全净距是否满足规程规范及设计要求；

设计变更和其他变更的证明文件应齐全。

制造厂提供的产品说明书、试验记录、装箱单、合格证及安装图纸等技术文件应齐全。

安装记录、调整记录、验收评定记录的填写，应数据准确、签字齐全、真实可靠。

列出备品、备件、专用工具及测试仪器移交清单，投运前移交用户。

2.6.5 项目质量目标

1. 全部检验项目达到质量标准，施工质量经检验必须合格。

2. 满足顾客及相关方要求，达到用户满意。

2.6.6 记录控制

1. 质量检验评定记录

填写六氟化硫封闭式组合电器基础及设备支架安装记录、六氟化硫封闭式组合电器本体安装记录，要求具备真实、清晰、易于识别的设备安装记录。

2. 记录及签证

新 SF_6 气体抽样检验记录、封闭式组合电器安装及调整记录、封闭式组合电器隔气室气体密封试验记录、封闭式组合电器隔气室气体湿度检测记录、封闭式组合电器带电试运签证。

2.6.7 表格

六氟化硫封闭式组合电器（GIS）施工进度表

表 2-46

序号	工序名称 \ 进度（时间）	年　　月　　日
1	现场验收	
2	装卸及存放	
3	基础检查	
4	GIS本体安装	
5	套管安装	
6	接线板、接线安装	
7	抽真空，充SF₆气体	
8	检漏	
9	尾工工作	
10	工序交接	
备注		

工程（工序）技术交底记录

表 2-47

表号：　　　　　　　　　　　　　　　　　　编号：

工程名称		施工单位	
交底项目名称		交底单位	
交底依据			
交底主要内容			

交底人/日期：

被交底人代表/日期：

作业机械、工具、仪器、仪表

序号	名　称	技术条件	数　量	用　途
1	汽车吊	t 以上	1	吊装本体及套管
2	真空泵	1500L/mm	1	抽真空，充 SF_6 气体
3	麦氏真空计		1	检查真空度
4	减压阀	（氧气）带压力表	1	充 SF_6 气体
5	高压软管	洁（带接头）10m	1	充 SF_6 气体与充气阀门配套
6	水平仪		1	基础摆平
7	水平尺	500mm	2	本体就位找平
8	垂球		1	找中心
9	卸扣	4t	2	起重
10	钢丝绳套	D=17.5mm　L=3m	2	
11	梯子	4m	2	
12	可调换式力矩扳手	9800QL（280-900kg/cm²） 1800QL（400-1800kg/cm²） 9800QL（400-2800kg/cm²）	1 1 1	用手拧紧螺栓
13	切管器		2	用手连接空气配管
14	切割刀片		5	配切管器
15	弯管器	ϕ22mm		用于空气管配管
16	导销			用于罐体连接
17	DO4 密封胶	（KE44RTV-W）	500g/台	用于水平面气体密封
18	DO5 密封胶	（KE45RTV-W）	500g/台	用于垂直面气体密封
19	DO5 透明密封胶	（KE45RTV-T）	500g/台	用于防水处
20	润滑剂※	7019-1.2 润滑剂	500g/台	用于 SF_6 气体中的传动部分
21	润滑剂※	2 号低温润滑脂	500g/台	用于其他传动部分
22	润滑剂	（微碳润滑剂）	100g/台	用于触头
23	防松胶	厌氧胶 Y150		用于螺钉防松
24	导电脂	DG1 导电管	100g/台	用于铝导电件的接合面
25	生料带	0.1mm	5 卷	用于空气配管
26	白布		10 米	擦洗
27	细砂纸	280 号　400 号	10 张	金属件
28	酒精	纯		清洗
29	灰漆	浅灰 N7		补漆
30	吸附剂	未受潮	27g/台	装于本体内吸潮
31	SF_6 气体	含水，含气≤15POM（W）	450g/台	
32	绝缘摇表	1000 伏	1	摇主回路绝缘
33	绝缘摇表	500 伏	1	摇控制回路绝缘（CT）
34	尼龙绳套	荷载 2t.3m	1	绑扎
35	钢丝绳套	D=11mm　L=9m	1	吊装套管

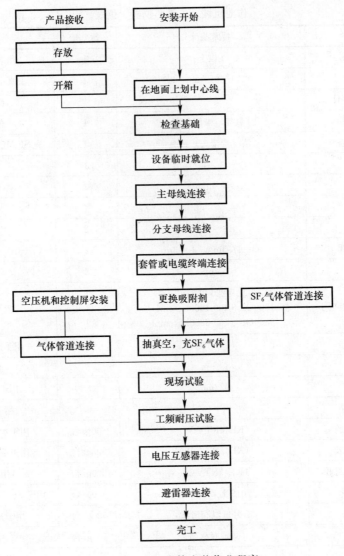

图 2-34　GIS 本体安装作业程序

2.7　220kV 巴尉输电线路工程的线路跳闸事故

2.7.1　工程简介

750kV 巴音郭楞变至 220kV 尉犁变输电工程，简称 220kV 巴尉输电线路工程。750kV 巴音郭楞变至 220kV 尉犁变输电工程，起自 750kV 巴音郭楞变，止于新建 220kV 尉犁变电站，线路途经塔什店、库尔勒新建开发区，红旗村等 3 个区。建设地点库尔勒市塔什店-尉犁县，建设单位是某电力公司，设计单位为某省市供电设计院有限公司与某州电力设计有限责任公司。该工程计划 2010 年 10 月 18 日开工，2011 年 05 月 30 日竣工，合同工期 253 天。线路全长 60.403km，一标段：26.184km，二标段：34.219km。由于设计变更、材料滞后等原因造成工期滞后。

2011 年 5 月 17 日 18 时，因库尔勒地区遇大风天气，造成 220kV 巴库一回线路 A 相对一处 10kV 线路（1016 主线）跨越架羊角杆放电，220kV 巴库一回线路跳闸，重合不成功，18 时 50 分，试送成功。

2.7.2 跳闸事故过程及调查

因天气原因造成 220kV 巴库一回线路跳闸的 10kV 线路跨越架是由某送变电一分公司 750kV 巴音郭楞变—220kV 尉犁变送电线路工程巴尉项目部搭设的。经调查，750kV 巴音郭楞变—220kV 尉犁变送电线路工程施工规模分三个部分，其中一部分为利用 220kV 巴库一回同塔双回线路单边侧进入 220kV 库尔勒变，形成 220kV 巴库三回线路，巴库三回线路架线长度合计 15.7 公里，新建线路架线段范围内被跨越带电线路较多，该处跨越属同塔双回线路施工段。

该工程原计划在 2011 年 5 月 4 日～5 月 16 日申请 220kV 巴库一回线路停电，完成 220kV 巴库一回同塔双回线路单边侧进入 220kV 库尔勒变的放线工作。经调查，该工程同塔双回施工段需跨越 10kV 电力线 16 处、110kV 跨越架 5 处、220kV 跨越架 2 处，跨越国道、公路多处。巴尉项目部为不耽误停电后的导线架设工作，在 4 月 8 日与被跨越 10kV 线路所属运行单位某电力公司配网工区办理了搭设 10kV 跨越架的电力线路第二种工作票（编号 04 号），4 月 22 日完成了该处（220kV 巴库一回 328 号～329 号档跨 1016 主线 10kV 线路）跨越架的搭设工作。此间某电力公司考虑到巴州地区已进入用电高峰，故未安排 220kV 巴库一回线的 5 月停电计划。

据调查，搭设之前该工程项目部对现场进行了勘察，测得被跨越 10kV 线路高度为 13m，交叉角度约为 90°，测算搭设完成后，羊角杆距离 220kV 巴库一回超过 5m。依据现场勘查数据制定施工方案报公司审核批准后，4 月 8 日在某州电力公司配网班办理了电力线路第二种工作票，开始逐条搭设跨越架。因该处跨越架架体与 220kV 巴库Ⅰ回线水平安全距离满足《电力安全工作规程》5.2 条邻近或交叉其他电力线路的安全距离 220kV 保证 4.0m 的要求。查找《安规》2.3 条工作票制度既未找到对该项工作要求执行工作票制度的条款，故未通知运行单位。在跨越架搭设过程中对该段导线风偏进行了测量，当时测量结果是在 6～7 级风（当地天气预报）的影响下导线风偏为 2.1m，在跨越架的搭设过程中也考虑了导线风偏和跨越架架体稳固性等各方因素，跨越架下层宽度（10m 高范围）设计为 12m，上层宽度为 6m（高度在 10～15.5m 范围），跨越架搭设完毕后，该项目部对跨越架进行了检查，目测架顶羊角杆与 220kV 巴库一回下线水平距离超过 5m。检查合格后报监理单位检查，监理单位于 4 月 27、28 日验收合格后挂了"验收合格的标识牌"。跨越架搭设完毕后，库尔勒市出现多次大风天气，未发生过线路跳闸事件和跨越架倾倒事件。

5 月 17 日 18 时许，因库尔勒地区遇大风天气（调库尔勒龙山雷达站气象检测资料显示，17 日 18 时测得东北偏东 7 级（20m/秒）大风，温度 26～28℃，该气象站结合气象经验对当时跨越架现场推测有 8～9 级大风），造成 220kV 巴库一回线路 A 相上线对 10kV 线路（1016 主线）跨越架羊角杆放电，220kV 巴库一回线路跳闸，重合闸重合不成功，18 时 50 分，试送成功。依据重合闸动作情况，结合导线侧闪络点灼伤程度推断，当时现场可能出现极端气象条件，有持续狂风。

经公司安监人员、运行单位、监理等多方人员于次日早晨现场测量，该断面各数据如

图 2-35（未考虑测量误差）所示。328 号～329 号档距 362m，该处跨越架距 328 号塔 148m，跨越架羊角水平距离巴库一回下线 5.3m，导线弧垂约 7.5m，对地距离 16m。

220kV 巴库 I 线跳闸事故断面图如图 2-35 所示。

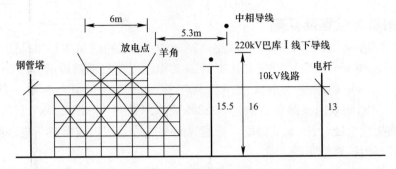

图 2-35　220kV 巴库工线闸事故断面图

该工程施工过程中由于前期阻挠、设计单位设计图纸差错较多，难度较大。

2.7.3　事故原因分析

1. 现场出现极端气象条件是发生跳闸的直接原因。

2. 施工方案编审批程序执行不严格。施工方案笼统，针对性不强，编制前未对现场认真勘察，对施工作业区上方有带电高压线路未制定有效防范措施。巴蔚项目部在搭设跨越 10kV（1016 主线）线路跨越架时，虽有所考虑与在运 220kV 巴库一线的风偏安全距离，但未充分考虑极端气候下对邻近在运 220kV 巴库一线的危害，未做出针对性搭设方案，危险源分析、危险点预测预控不全面细致。具体施工也未严格按照施工方案执行，是发生跳闸的主要原因。

3. 公司审核把关未对该处跨越根据现场实际周边环境做出相应安全要求，未有效管控到在各种环境下跨越架的安全可靠是发生跳闸的次要原因。

4. 该项目部在 220kV 巴库一线下搭设跨越架时未经运行单位许可，搭好后也未联系运行单位验收，违反了《电力安全工作规程》（线路部分）工作票制度的规定，是发生跳闸的次要原因。

2.7.4　暴露的问题

1. 送变电工程公司职能部室、分公司履行职责不到位。工程组织管理不细、没有制定细致的组织策划，方案措施与施工实际脱节，未严格执行施工方案报、审、批程序。

2. 巴蔚项目部未充分考虑极端气候条件下对带电体的影响，事故预判能力差。送电一分公司对该项目部的监督检查不到位，未就该工程临近带电线路做特殊要求，也未就可能的极端气候要求项目部采取应对措施。反映出送电一分公司履行管理责任不到位，内部安全生产还存在诸多薄弱环节和管理漏洞。

3. 各施工项目部未严格执行公司施工管理要求，方案制定前未详细勘察各作业现场，制定的方案笼统，缺乏针对性，与现场实际脱节。审核部门审查未结合现场各方面情况，反映出生产管理粗放，安全管理广度和深度不够。

4. 各级人员安全意识不强，在执行安全各项刚性规章制度时存有侥幸心理。

5. 各级人员对安全管理各项规程规定未充分理解和掌握，也未了解、熟悉《运行规程》中对各种情况下安全距离的规定。反映出安全教育培训不到位，没有将安全规程规范灌输到每一位员工的脑海和心里，造成人员安全素质不高，缺乏危险辨识能力和预判能力。

2.7.5 整改防范措施

1. 在今后的施工中全面考虑气象和各种极端情况对施工和邻近带电线路的影响，尤其是断面最大风偏要充分考虑，在方案制定时要做到危险源的充分辨识，制定出相应的防范措施，要有现场勘察基础数据、图表、现场布置图，报公司安质部，由安质部进行核查。

2. 在安全培训中增加输电线路运行规程相关知识培训和学习，通过全面的安全规程规范及运规的学习，取得实效，增强危险源辨识能力，加强事故预想和预判能力，培训有检查、考试、总结，形成闭环，不走形式，对考试不合格者，依照公司有关制度不予上岗。

3. 举一反三，5月21日前对公司所有施工跨越架进行核查，不满足风偏要求、不符合DL/T 5106《跨越电力线路架线施工规程》要求的及时进行整改。无法满足风偏要求的立即拆除，采用其他方案。各项目部将已搭设跨越架整改后拍照说明，安质监察部进行复查，保证所有跨越架的安全可靠。

4. 发布公司强制性条文，对近期暴露出来的违章、违规、违反公司管理制度的行为一经发现，从严从重处置，严惩不贷。如严格执行工作票制度、执行工作许可制度、现场勘察制度、对带电体安全距离的硬性规定、公司管理流程、方案报审批程序等。

5. 公司将着力提高各级管控能力，梳理管理流程，对不同电压等级的带电、停电跨越明确由各级管理单位分层管控，保证一处一方案，现场勘察到位，编制严谨，审核全面，严格验收，做到全面管控。对特殊作业点、作业面、作业项目采用扁平化管理，由公司组织专业人员现场勘察，召开专业评审会，制定方案。

6. 公司领导班子将召开一次专题安全委员会会议，认真分析本次跳闸原因及暴露问题，查找安全生产中存在的深层次问题，重点从安全管理、安全教育、安全风险管控等方面研究对策，制定整改措施。紧密围绕国家电网公司开展的"三抓一巩固"、"两抓一建"扎扎实实开展安全工作。

2.7.6 责任分析和处理

某送变电工程公司安委会依照该公司《施工（生产）安全管理考核及奖惩规定》第××条，对相关部门和责任人进行了相应的处理。

该工程前期工期、质量、安全等控制较好，但由于前期、图纸变更等诸多原因造成了工期严重滞后，直至5月20日，距合同工期仅10天，现场仍有十几基基础由于现场山区难度较大，设计变更未出，一直未浇制，在赶工期期间，该工程发生了一系列安全事故。

公司针对该项目的实际情况，派出两个分公司队伍进行突击。为保证抢工期期间的质量与安全，派出安质部、生技部人员轮番现场监督，主管领导到岗到位，会战 50 天，才顺利完成该项任务，顺利送电成功。

2.8 220kV 红二电—钢南输电工程劳务分包队伍死亡事故

2.8.1 工程简介

220kV 钢南输变电工程概算总投资 2.13 亿元，本期扶植主变容量 2×24 万兆伏安，迁入主变容量 1×12 万兆伏安。工程建成投运后，将有 4 座 220kV 变电站对八钢公司供电，对八钢增加产能加快钢铁工业进展具有紧急作用，同时也有益于改善乌鲁木齐 220kV 主网架布局，更好地接纳新增电源的入网送出必要，促进电力资源优化配置。

220kV 红二电—钢南输电工程由某送变电工程公司承揽，劳务分包单位分别为四川省某建设工程有限公司和河南省某建设工程有限公司，在 2010 年 11 月 1 日和 2011 年 5 月 9 日先后发生了两起人身死亡事故。

2.8.2 事故经过

220kV 红二电—钢南工程项目是 2010 年某省电力公司基建项目。某送变电工程公司通过正常招投标程序确定了两家劳务分包队伍，其中一家为四川省某建设工程有限公司，企业为专业承包二级资质，法人×××，授权×××为委托代理人执行本工程劳务分包合同，合同段为施工二标段 DG46 至 DG83。

2010 年 11 月 1 日，因当时天气预报连续三天大风天气，某送变电工程公司 220kV 红二电—钢南项目部要求该建设工程有限公司施工队不得上塔作业，当天，施工人员在地面组装，12 时左右，因大风致使塔上未紧固的塔材掉落，将正在地面作业的余建祥的安全帽击穿造成头部受伤，施工现场劳务协作队伍负责人×××立即将伤者送往附近某医院，经抢救无效死亡。因该时段 220kV 红满线改线工期紧张，现场分多处采用机械及商混进行基础浇制，220kV 红二电-钢南项目部工作人员都集中在 220kV 红满线改线施工现场，对施工一队的基础浇制质量进行现场把关。此事故发生后劳务协作队伍未按规定上报项目部，私下进行了处理。

2011 年 5 月 9 日，因钢南工程红达线、红满线停电改造，施工工期紧张，220kV 红二电—钢南项目部人员无法对施工二标段进行现场监护，故要求施工二标段只能进行地面作业，不得进行高空作业。施工二标段人员在没经过项目部允许的情况下，私自组织施工人员进行 DG78 号铁塔螺栓紧固工作，14 时左右，在紧固铁塔螺栓的过程中×××转移位置时失足高空坠落，当场死亡。事故发生后，施工队未按规定上报项目部，对事故私下进行了处理。

经调查组认真核查，两起事故发生后四川省某建设工程有限公司施工人员均未向某送变电工程公司工程项目部任何人报告，某送变电工程公司工程项目部所有管理人员、所属一分公司、送变电工程公司对这两起事故都不知情。两起事故发生后，均由四川省某建设工程有限公司该项目施工现场劳务协作队伍私下与死者家属协商进行私了处理。

2011 年 7 月 4 日，某省电力公司接到上级单位通知，要求某送变电工程公司对 220kV 红二电—钢南输电工程在施工过程中分别于 2010 年 11 月 1 日、2011 年 5 月 9 日发生的两起人身死亡事故进行调查核实。在接到通知后立即组织成立了事故调查组，公司于当天到达该工程项目部，对两起人身死亡事故进行了认真细致的调查，经调查核实，220kV 红二电—钢南输电工程在施工过程中，确实在去年 11 月 1 日和今年 5 月 9 日分别各发生一起 1 人死亡事故。

2.8.3 事故原因及暴露问题

1. 该项目劳务队伍四川省某建设工程有限公司施工队安全意识淡薄，安全管理基础薄弱，对先后发生的两起人身死亡事故隐瞒不报，直至今日，暴露出项目部、一分公司对劳务队伍安全监管不到位。

2. "11.1"事故中劳务队伍安全防范意识不足，安全风险预见性差，前期组塔作业中对塔材的紧固不到位，大风天气中作业对存在的危险因素估计不足，对高处重物坠落伤害缺乏有效的安全防护措施，是事故发生的主要原因。

3. "5.9"事故中劳务协作队伍不服从管理，私自违规作业，作业人员自我保护意识差，在空中转移作业位置时违反安全规程规定，未采取后备安全保护措施，加之现场安全监护没有及时对违章行为进行制止，是事故发生的主要原因。

4. 某送变电工程公司 220kV 红二电—钢南工程项目部对劳务队伍施工组织和施工过程安全监督不力，以至于劳务队伍不认真执行《国家电网公司电力安全工作规程》、《电力建设安全工作规程》，对作业现场安全风险管控不到位，也是发生上述两起死亡事故发生的重要原因之一。

5. 送变电工程公司一分公司安全责任落实不到位，对项目部、劳务协作队伍缺乏有效管理、监督检查不力、考核不严格。是发生两次事故的次要原因。

6. 某送变电工程公司对国家电网公司提出的"三抓一巩固"主题安全活动重视不够，未能通过活动有效提高自身安全管理基础，自身学习及组织劳务队伍安全学习教育不到位，未能在施工人员作业中形成"四不伤害"安全意识。是发生两次事故的次要原因。

7. 某送变电工程公司对基层单位的监督、检查、考核不力，未能及时发现个别单位的管理基础滑坡，未能及时给予纠正，反映出对现场施工管控缺乏深入，监管力度急需加强。

2.8.4 整改防范措施

1. 立即解除与该劳务施工队伍的劳务合同，立即自该工程中清退该施工队伍。

2. 该项目部停工整改，要求拿出后续工程建设的安全管控计划，管理人员具体管控作业点，明确项目部人员安全责任。

3. 给各施工单位下发紧急通知，就作业现场高空坠物、防高空坠落、现场安全管理和监督做出明确要求，必须加强施工现场各层面管控力度，严格执行到岗到位。

4. 对所有在建工程施工人员，由各施工单位安全监督部门组织进行一次安全教育培训，并强调安全信息上报的时限。

5. 全公司范围内组织认真排查各劳务分包队伍有无隐瞒不报情况、服从管理和安全施工情况，发现大问题的立即处置，必要时及时清除。

6. 公司安质部于下周修订完善《安全信息上报制度》，强调安全信息上报的重要性，加大事故隐瞒的处理力度，12日前下发，要求各基层单位严格遵照执行。

7. 按照电力公司"三抓一巩固"主题安全活动方案，下发通知，要求各单位认真组织开展安全管理制度、事故调查处理、安全施工规程等梳理、分析、完善，在本月完成安全相关制度的修订下发，堵塞管理漏洞。

8. 要求各级管理人员认真反思，警钟长鸣，对照各级安全职责从自身上查找问题，从本单位、本部门查找问题，通过对照改进，加强自身能力建设，强化各级安全职责，要求熟记于心，付诸于行，于12日前上报书面自查报告，以备复查。

2.8.5 责任处理

1. 依据某省电力公司《安全施工生产工作奖惩规定》对某送变电工程公司处以××万元罚款，取消当年综合先进和单项安全生产先进评比资格，停发当年长周期安全奖。

2. 对相关责任人做相应的责任处理。

2.9 220kV皇奎一线破口工程带电跨越架拆除严重违章作业

2011年4月21日，某输变电公司承建的220kV奎-皇一线破口工程施工项目部，由于劳务协作队伍擅自在110千伏奎-百线46♯至47♯杆处进行带电跨越架拆除工作，实施违章作业，忽视了带电施工作业的特殊性、危险性和重要性，违反了国家电网公司《电力安全工作规程》（线路部分）的规定，以及公司制定的安全管理刚性制度，是一起人员伤害未遂事故。

2.9.1 事故经过

某公司中标承揽中电投乌苏热电厂配套送出输电线路工程，2010年8月承包给某省送变电工程公司的某电建有限公司，计划4月15日-21日实施220kV皇奎一线停电开口接入中电投乌苏热电厂工程，施工期间需带电跨越奎屯电业局110kV奎白线，现场施工作业由某电建有限公司劳务协作单位某省某送变电安装有限责任公司承担，施工项目部经理（工作负责人）、项目总工、安全监护人均为某电建有限公司人员。

2011年3月28日施工项目部在奎屯电业局办理了破口接入工程带电跨越110kV果牧线、奎百线搭设跨越架的电力线路第二种工作票，计划工作时间4月1日至4月30日，工作许可时间4月3日。在奎屯电业局输电工区监护下，4月10日，施工单位（负责人×××，某省某送变电安装有限责任公司）开始带电搭设跨越架，4月14日跨越架搭设完毕。4月14日晚，施工单位向奎屯电业局提交了220千伏奎皇Ⅰ线破口接入工程施工"四措一案"，奎屯电业局当日完成了审核。4月15日8时，开始实施220kV奎皇Ⅰ线停电破口作业。

4月21日，根据工作计划，下午15时220kV奎-皇一线两侧变电站进行参数测试、保护对调，线路送电。项目部要求当日上午完成该处安全距离不足的跨越架网架拆除。以防止网架与导线安全距离不足造成送电不成功，或造成拆网架时人员伤害及架体感应电过大给后续拆除工作带来安全隐患。在项目安全专责的监护下拆除工作顺利进行，至中午14时30分完成了与导线安全距离不足部分架体的拆除工作，人员按工作安排全部下至地面停止作业。项目部要求在没有接到可以拆除命令时任何人不得登高作业。18时左右，现场施工负责人×××（现场劳务协作人员），既未接到项目部通知，也未告知线路运行单位，擅自指挥对跨越架再次进行拆除工作。19时52分，在对一剪刀撑钢管拆除后进行绑扎下传时，上下作业人员×××、×××配合失误，传递绳索绑扣滑脱，钢管沿跨越架内侧自上而下斜向滑出，触及110千伏奎-百线A相造成线路跳闸。

所幸现场拆除带电跨越架施工人员未受伤，未造成设备损失和经济损失。

2.9.2　原因分析及暴露出的问题

1. 某输变电公司220kV奎-皇一线破口输电线路项目部，在带电作业区拆除跨越架，没有认真的策划和组织，未能严格执行各项安全措施和规程、规定，安全管理制度和防范措施流于形式，危险危害因素辨识分析不足，没有严格进行施工安全技术交底。对劳务分包队伍的施工组织和过程安全管控不到位，致使劳务协作队伍擅自施工作业，暴露出某输变电公司、施工项目部在安全基础管理上存在漏洞。

2. 某输变电公司220kV奎-皇一线破口输电线路项目部，在带电作业区拆除跨越架，未依据国家电网公司《电力安全工作规程》（线路部分）的规定，责任人履行安全责任不到位，作业人员未经安规考试合格，部分作业人员无登高证，违法带电施工工作操作流程，属严重违章作业。

3. 某输变电公司220kV奎-皇一线破口输电线路项目部，不按国家电网、省电力公司和送变电公司各项安全规定、制度和措施进行违章作业，项目负责人安全职责不清、安全责任意识淡薄，对公司安全管理刚性制度认识不够，特别对省电力公司2011年全年安全工作重点部署精神及公司第一季度安全质量例会精神、安质函〔2011〕18号关于做好防范灾害性天气和重要工序、特殊作业安全工作的通知等一系列安全文件学习领会不够，没有高度重视安全施工的责任意识。

2.9.3　防范措施

1. 某省送变电工程公司定于4月27日对所有在建工程项目停工开展内部自查自纠，认真查找管理漏洞，立即整改，对所有在建工程项目做出安全评价，满足复工条件并经审核通过后方可继续施工，审核一家复工一家，不满足条件的绝不容许开工。安排各项目部停工半天，通过电视电话会议学习事故通报、安全规程，依照省电力公司要求组织全体员工开展"珍爱生命　远离违章"的大讨论活动，深刻剖析自身工作中存在的违章行为，积极整改，制定有效的管控措施。

2. 公司领导班子4月29日召开专题安全委员会会议，认真分析本次事故原因及暴露问题，查找安全生产中存在的深层次问题，从安全管理、安全教育、安全风险管控等方面研究对策，制定整改措施。通过会议，各级管理人员要从主观上和管理上查找问题，举一反三,堵塞漏洞,必须执行领导、管理人员到岗到位制度,有效杜绝违章行为。

3. 对所有在建工程施工人员,由各施工单位安全监督部门组织安全教育培训并考试合格后方能进入现场。

4. 制定工程施工停、带电跨越运行线路基建安全风险管控工作流程,细化风险管控措施,严格执行审批的安全措施,强化到岗到位制度执行的刚性,切实落实各级人员安全责任。

5. 某输变电公司 220kV 奎-皇一线破口输电线路项目部,要组织全体人员认真学习各项安全管理规定、制度和规程,按照"管生产必须管安全"和"谁主管、谁负责"的原则,增强安全责任意识和安全管理意识。要深刻吸取事故教训,举一反三,严格按安全管理"三个组织体系"(即安全保证体系、安全监督体系、安全责任体系)的要求,切实把作业现场"四到位"(人员到位,措施到位,执行到位,监督到位)和安全管理"四个凡事"(凡事有人负责,凡事有章可循,凡事有据可查,凡事有人监督)落到实处,夯实安全基础。

6. 按照公司"三抓一巩固"主题安全活动方案,认真组织开展安全管理制度、事故调查处理、安全施工规程等梳理、分析、完善;要结合现场各工序、环节,认真进行危险源调查辨识,不断补充完善各项施工安全措施、方案。

7. 加大对员工和劳务协作队伍的培训力度。通过认真对全体施工人员(含劳务协作队伍)的安全教育培训、考核,保证执证上岗,通过教育,树立员工"我要安全"的安全防范理念,增强全员的风险辨识、防范意识和能力,夯实安全施工基础,提高员工执行公司各项安全规程、规定的自觉性。

8. 结合春季安全大检查,公司开展为期一个月的整改复查工作,对发现的安全问题将严肃考核,绝不姑息,确保各项施工始终处于受控状态,特别对今年各迎峰度夏工程做重点管控,从严整治一切违章行为。

2.9.4 责任处理

为了深刻吸取事故教训,举一反三,防止类似违章行为的再次发生,依据公司《施工(生产)安全管理考核及奖惩规定》、《中层管理人员岗位责任追究及处罚暂行办法》对相关部门和责任人进行了相应的处理。

2.10 220kV 某变扩建间隔的质量事故

变电安装分公司负责施工的 220kV 某变电站至××变间隔扩建工程,在施工过程中发生一起一般质量事故。

2.10.1 事情经过

变电安装分公司负责施工的 220kV 某变电站至某变间隔扩建工程,在线路终端塔开始组立后,项目经理××发现:线路终端塔与本次新增间隔的角度太大,立即告知监理。经项目部、监理、设计现场核实后,发现新增间隔的位置发生偏差。经调查,项目经理

××在 2010 年 9 月 23 日本间隔施工前，联系国核设计院土建主设×××对新增间隔进行设计交底工作，但设计院回复说只要按照图纸施工就行。项目部即安排技术人员按照设计图纸，以变电站围墙中心线为基准，自西向东对新增间隔进行定位放线，开始基础施工。2010 年 10 月 23 日土建基础完工，即进行电气施工。在施工前，项目部将电气图纸与土建图纸进行对比后，发现土建平面图及电气平面图都是以围墙为基准的自西向东的第四个出线间隔为本期间隔。为确认本间隔是否正确，项目经理××多次电话联系国核设计院设计人员。设计人员答复：在平面图上以西侧围墙为基准自西向东的第四个出线间隔为本期新增间隔。同时，项目经理××将此情况向变电安装分公司领导进行了汇报，但未引起分公司领导的重视。直至 2011 年 4 月 8 日，线路在接进变电站时，此问题才暴露出来。

2.10.2　原因分析及暴露问题

1. ××设计院提供的设计图纸 220kV 设备支架平面布置图（图号 100-BA05731E01S-T0101-02）与电气 220kV 配电装置平面布置图（图号 100-BA05731E01S-T0101-03）上均是以围墙中心线自西向东 4050＋7500＋15000×4 为本期新建的南郊间隔，但图纸中所依据的参照物是以远景围墙为参照物，但未在图纸中标明，且未进行设计交底，与现场实际不相符，致使施工过程中间隔定位放线发生错误，是造成此次事故的主要原因。

2. 项目经理××在土建施工时，由西向东进行定位放线后，但没有由东向西进行复核；缺乏土建方面的专业技术能力；对电气 220kV 配电装置平面布置图（图号 100-BA05731E01S-T0101-03）没有认真与现场实际复核，是造成此次事故的次要原因。

3. 变电安装分公司领导在 2011 年 1 月 5 日得到项目经理梁永年关于间隔错位汇报后，对此事未引起高度重视，未安排相关专业技术人员对此问题认真查找原因进行分析，只是一味要求项目部去解决问题，对此问题不作为；且对本间隔施工的人员安排上不合适，没有安排土建方面的专业人员对现场技术负责，对此次事故负主要管理责任。

4. 通过此次事故，暴露出变电安装分公司领导对施工项目的管理严重不到位，对现场提出的技术方面的问题，缺乏有效的指导和全面、系统解决问题的技术能力。分公司领导无严谨的工作态度，对施工项目过程中的重要、关键工序管理不到位，造成此次事故的发生。

5. 公司生产技术部对施工生产管理缺失，未掌握施工现场出现的问题、隐患，未组织技术人员对现场出现的问题进行分析解决。

2.10.3　防范措施

1. 在工程开工之前，公司生产技术部必须组织相关人员认真的审核图纸，出具图纸会审纪要，各方签字。工程过程中定期深入现场，了解施工中出现的问题，及时给予指导和解决。

2. 送变电公司各项目部对图纸中的疑问，没有得到监理、设计的书面答复，拒绝施工；在施工中必须要求设计人员进行设计交底；在每道工序施工完毕后，必须有监理方或设计方确认、复核签字的施工记录；在各项工序施工之前，认真核对土建图纸与电气图纸，及时发现问题及时进行解决。

3. 变电安装分公司在分公司内部对各工程项目建立施工过程中重要、关键工序的监督检查制度，领导定期下现场召开安全质量进度协调会，解决现场施工问题，形成常态机制。

4. 变电安装分公司在承揽土建方面的工程时，必须配备相应专业技术人员到岗到位，合理安排施工项目人员，避免出现由于专业不对口，造成对图纸审核不严谨，造成施工中的错误。

5. 现场技术负责人对于现场技术问题在得不到分公司具体答复时可提请公司生产技术部给予指导解决。

6. 变电安装分公司要认真吸取本次事故教训，举一反三，领导层要认真反思，查找管理上的漏洞，制定防范措施，完善质量管理流程。

7. 变电安装分公司要组织召开一次领导班子专委会，明确安全质量责任制，明确各级管理职能和监督职责，健全安全质量保证体系和监督体系，从思想上统一认识，保证体系的有效运作。

2.10.4　责任划分

1. 项目经理××作为该项目的是第一质量责任人。虽然就该施工问题多次向设计方、监理方、分公司反应，在得不到有效答复时不能本着科学严谨的态度，想方设法核查该问题，没有认真将电气施工图与现场实际复核，造成损失扩大，就本次事故负有直接责任。

2. 该项目项目总工××，对该项目的技术把关不严格，没有按照施工规范进行施工，没有认真将电气施工图与现场实际复核，负有主要责任。

3. 分公司经理×××，作为变电安装分公司工程质量第一责任人，管理不到位，人员安排不合理，对项目反映的问题不重视、不作为，没有及时安排相关技术人员就问题进行核查，造成损失扩大，负有主要管理责任。

4. 分公司总工×××，是主管该工程的主管领导，对现场不够了解，不能系统的思考问题，给予准确判断，未积极组织技术人员进行现场复核，负主要管理责任。

2.10.5　责任处理

公司按照"四不放过"的原则，为杜绝此类事故的发生，依照公司《质量管理及考核奖惩办法》第二十九条一般质量事故（0.5万元以上，5万元以下）规定，对责任单位、责任人做出了相应的处理。

2.11　500kV某变电站设备吊卸时造成电流互感器外壳损伤

2.11.1　违章现象

××年×月×日，500kV某变电站某项目施工现场，在卸LW55-800型SF$_6$罐式断路器电流互感器时，临时外租吊车（新K00938，吨位16t）发生翘头，吊车司机在放绳时速度过快，当时设备吊装班组工作负责人×××安排临时租用的吊车（新K00938）吊卸设备。吊车在货车一侧就位，吊车尾部朝向货车车厢，选择四个角同时受力作为起吊点，用 U 形环连接吊绳。吊车与设备桌地点距离为 5m，起吊后，该吊车司机在伸臂下放设备时，该吊车车头翘起，于是吊车司机加快下放设备的速度，设备着地时不稳，发生倾斜，致使该电流互感器着地时发生倾斜，一侧外壳损伤。

现场检查，存在以下违章现象：

1. 施工现场吊装作业有人工作地面无监护人，工作负责人不在现场指挥。
2. 未明确项目各级管理人员安全生产岗位职责。

2.11.2 违章可能产生的危害

进行设备吊装作业时吊车腿未按规定水平伸出就支车吊装设备，严重违反了吊车作业操作规定，存在人身、设备安全风险。

2.11.3 应遵循的规程规定

1. 国家电网公司《电力安全工作规程（变电部分）》14.2.3.2 条规定：吊装作业时，起重机应置于平坦、坚实的地面上，机身倾斜度不准超过制造厂的规定。

2. 《电力安全工作规程（变电部分）》14.2.3.7 条规定：汽车起重机及轮胎式起重机作业前应先支好全部支腿后方可进行其他操作。

2.11.4 暴露的问题

1. 现场工作负责人×××对设备吊装工作经验不足，安全责任意识淡薄，对吊装工作危险点预控措施落实不到位，未能发挥监护作用。

2. 吊车司机×××违反操作规程，在吊车负载时进行伸臂操作；在吊卸时对吊车与设备着地点的位置选择上未进行充分考虑，在吊车发生翘头时，操作方法不正确。

3. 500 千伏××变电站安装项目部对现场工作人员分工不明确，人员职责不清楚，对设备吊装工作安全监控不到位。

4. 此次事件，暴露出 500 千伏××变电站项目部对施工现场吊装工作未引起高度重视，现场管理不到位，安全控制措施不到位，对施工现场安全监督、检查不到位，对吊装工作未认真、全面实施危险点预控措施，没有按照起重安全操作规程规定进行工作。未及时制定相关防范措施，造成现场设备吊装事故的

2.11.5 整改措施

1. ××项目部要认真组织学习国家电网公司《电力安全生产工作规程》国家电网公司电力建设《起重机械安全管理重点措施》和有关起重机械法规、标准和公司有关车辆管理规定的学习。加强现场安全监管。严查安全管理漏洞和死角，严查不尽职的带班人员，严查不尽责的安全监督人员，严查制度措施不落实的现象，对违章指挥和违章作业同时抓。

2. 要加大对施工现场的车辆管理，各级管理人员要从思想上要高度重视，对工作负责人、安全监护人及施工人员（含吊车司机）的安全技术交底必须清晰明确。辨析作业过程中的危险点，制定预控措施，严格按照报审的吊装方案或作业指导书进行

工作。

3. 加强现场设备吊装作业的安全监控，对各施工班组在工作前明确各班组的人员职责，明确工作负责人、安全监护人，发挥工作负责人、安全监护人的作用。

4. 项目部应建立车辆管理制度，尤其是对外租特种起重车辆的管理，严格审查相关证件，杜绝不合格车辆和人员进入施工现场工作，严把特种起重车辆的入场关，同时加强对外租车辆驾驶员的安全教育和管理工作。

5. 项目部要加强现场设备吊装作业的安全监控，对各施工班组在工作前明确各班组的人员职责，明确工作负责人、安全监护人必须进行现场监护。做好现场起重机械安全措施，并由主要分管领导、工作负责人、安全员对现场作业层层落实实施，层层反映落实情况，避免安全措施不到位作业人员违章作业等类似事故发生。

2.12 500kV 某变电站吊装时吊臂碰断瓷瓶造成跳闸事故

2010 年 4 月 23 日，在××供电局 500kV××变电站综合改造施工中，发生了 1 起因外施工单位吊车吊臂碰断 220kV 5M 支柱瓷瓶，引起 220kV 2M 母差保护动作，造成 8 个220kV 站和 32 个 110kV 站失压的电网事故。现将这起事故通报，希望公司系统各单位认真组织学习，从事故中吸取教训，结合实际贯彻落实××董事长"坚决防止大面积停电事故发生"的重要指示，落实××公司王某某副总经理在某月某日安全生产专题会议讲话精神，确保电网安全稳定运行，确保公司某年安全生产目标实现。

2.12.1 事故前运行方式

500kV××站 220kV 母线方式：220kV 5M 母线在检修状态，母联 2015、2025 开关在检修状态，220kV 1、2M 母线并列运行，220kV 惠秋甲线、惠风甲线、1 号主变挂220kV 1M 母线运行，220kV××乙线、××乙线、××线、××乙线、××甲线、××乙线、××甲线、××乙线、××甲线、××乙线、#2 主变、#3 主变挂 220kV 2M 母线运行，旁路 2030 开关挂 220kV 1M 母线热备用。

2.12.2 事故经过

500kV××变电站综合改造工程是××供电局某年的技改工程，项目施工单位为××公司，监理单位为××公司。某年某月某日上午，××公司工作负责人黄某某，带领工作班成员共 8 人对 500kV××站进行 220kV 5M 母线电压互感器 225PT、225PT 刀闸及225PT 与避雷器之间连线的更换工作。11 时 47 分，在吊装 225PT C 相时，吊车吊臂伸展移动过程中顶到 220kV 5M B 相管母，造成 B 相管母支柱瓷瓶折断，B 相管母部分落在母线构架上，导致 5M B 相管母与××乙线等间隔 5M 侧刀闸距离不足（××乙线挂 2 母运行）对地放电，引起 220kV 2M 母差保护动作跳开 220kV 2M 母线上所有开关。造成 8 个220kV 站失压，32 个 110kV 站失压，事故直接造成××站 220kV 5M 约 104mB 相管母、8 支 B 相母线支柱绝缘子和若干金具损坏。

12 时 43 分，在做抢修准备工作中，另一吊车司机罗某某将肇事吊车驶离 225PT 现场，开至 3 号主变变中间隔，在吊车调整吊臂时，由于与 3 号主变变中开关的 A 相 CT 之间的跨线距离不足，导致跨线对吊臂放电，造成空载运行的 3 号主变失灵保护动作，跳开变高及变低开关（变中开关已在分闸位置）。同时电弧将 3 号主变变中 B 相开关外绝缘瓷套打烂，造成 3 号主变变中 A、B 相 CT 和 22035 刀闸损伤，造成次生事故。

2.12.3 事故原因分析

1. 220kV 2M 跳闸事故原因

（1）吊装指挥失职

225PT 吊装就位过程中，工作负责人（兼任起吊指挥人）不履行起吊指挥责任，直接参与把扶 PT 就位工作，没有对吊车吊臂逼近 220kV 5M B 相管型母线情况进行观察和指挥。

（2）吊车冒险操作

吊车操作人员面对变电站高压场地设备较多、吊车吊臂邻近带电设备的复杂环境，在未清晰地看到起吊指挥人员指令的情况下冒险作业，仅凭目测操作移动吊臂位置。

（3）现场监护缺位

施工单位虽在吊装现场设有专职安全监护人，但其监护职责落实不到位，未及时发现和制止危险吊装操作行为。监理人员未到现场，脱离工作岗位。××供电局作为项目建设单位，对运行变电站内高风险、大型机械的吊装作业未安排专门监护人员。

（4）现场监理缺失

对运行变电站内高风险、大型机械的吊装作业无现场监理人员进行现场监理。

2. 3 号主变跳闸次生事故原因

（1）事故现场控制不力

220kV 2M 跳闸事故发生后，变电站运行人员违反事故现场处理规定，未有效保护和控制事故现场，下达抢修准备的命令不明确，未清晰交代现场设备带电情况。

（2）擅自采取抢修措施

施工单位现场负责人擅自命令另一吊车司机驾驶肇事吊车参与抢修准备，吊车操作人员在无人指挥、对现场设备带电情况不了解的情况下，野蛮操作，移动过程中强行伸展吊臂，忙中出乱、错上加错。

2.12.4 暴露问题

1. 管理问题

（1）管理制度内容缺失，没有操作性。

《××公司技术改造管理办法》虽对技改项目建设单位的安全管理责任有明确要求，但《××供电局技改项目管理办法》对项目管理单位的安全职责无具体要求，缺少施工和安全管理的实际内容。

（2）安全协议中业主方安全责任不明确，是"以包代管"的协议。

在项目安全协议中，业主方安全责任只规定了资质审查、督促乙方落实安全组织和技术措施等内容，对自身如何确保电网设备安全运行、加强现场安全监督的责任没有做出明确规定。施工合同所明确的安全控制目标不符合安全施工要求；合同的"通用条件"和"专用条件"部分，对甲方落实现场施工安全监督和管理的责任也未明确。

（3）现场安全技术交底没有针对性，没有针对本次高危吊装作业交代现场作业安全注意事项。

（4）施工方案审查不负责任、流于形式。

（5）运行单位没有落实高危作业现场安全监管要求。

2. 施工问题

（1）施工方案重要内容缺失，没有针对性。

现场作业风险评估不全面，忽视现场吊装作业风险，缺少吊车进入变电站运行区域作业的安全控制要求，缺少防止吊装作业时误碰设备有关危险点预控措施的重要内容，也没有将吊车列入现场施工机具清单中。

（2）施工现场组织混乱。

现场作业分工不明，多人指挥起吊作业；吊装作业指挥失职，指挥人员直接参与作业，没有观察吊臂伸展位置；现场监护失职，监护人员未发现吊臂接近管母，未及时制止。事故发生后，项目负责人自作主张，违章指挥。

（3）起吊指挥人员无资质证。

（4）现场监理缺失。监理公司对施工方案审查不严，事故发生时监理公司施工监理人员不在现场。

3. 电网运行问题

（1）电网运行方式安排欠妥。

××在安排××站220kV 5M检修方式时，将超过100万千瓦的负荷全部集中到一段220kV母线供电，未充分考虑现场高危作业对电网安全运行带来的风险。

（2）电网安全风险评估技术有待改进。

4. 应急处置问题

（1）未有效保护事故现场。

事故发生后，变电站运行人员未严格执行事故调查规程有关保护现场的规定，缺乏事故现场保护意识，未有效控制现场局面，匆忙向施工单位下达抢修准备命令，未清晰交代现场设备带电状况，未采取措施防止次生事故的发生。

（2）现场应急处置无序。

生产运行现场应急处置演练不到位，处置过程草率无序，多名管理人员虽然在第二次事故前已到达现场，但忙于清点和察看设备受损情况，未把握应急处置的重点，没有判断吊车再次移动的危险性。

2.12.5 防范措施

1. 各单位要按照××公司《关于切实做好变电站施工安全管理的紧急通知》要求，立即全面清查运行中变电站内的正在施工作业现场，暂停需要大型施工机械（包括：大型起吊设备、运输设备、挖掘设备、钻探设备等）作业的工作，对施工方案重新审核，确保安全风险分析充分、各项控制措施切实可行；检查施工合同中对施工方提出的安全责任要求是否明确，否则必须重新签订或附加补充协议。

2. 各项目建设单位要加强基建项目安全管理。对存在高风险的变电站扩建工程、临近带电运行线路工程等作业现场，建设、监理和施工单位的领导和安监人员要亲临现场，督促施工现场加强安全控制。吊车、高空车、立铁抱杆、跨、钻越带电运行线路等作业要设置专人指挥；现场工作负责人、安全员在每天开工前要对每位工作人员交代清楚，落实控制措施。加强对分包单位、劳务单位的监管力度，严格审核分包队安全资质，并实行安全风险抵押。

3. 完善项目施工管理和安全管理的制度。各单位要认真检查、梳理有关技改项目管理办法，核查制度的实用性和操作性，强化发包方的安全管理责任，逐一明确项目管理单位、具体实施单位、生产运行单位、安全监察部门等安全职责，杜绝"以包代管"。

4. 明确施工方案审查标准和内容。各单位要补充细化施工方案审查的具体要求，杜绝方案审查、审批流于形式。对非电专业的作业方法、流程的审查，应组织相关专业技术人员认真审查和把关。

5. 督促落实技术总负责人对重大施工方案技术把关的责任。要求各单位进一步明确有关领导对重大施工方案进行技术把关的领导责任，技术总负责人要认真履行组织各专业、各部门会审重大施工方案的责任。

6. 对施工现场进行严格的安全监管。对高风险作业，要设置专人指挥，安排专门人员负责现场监管，及时发现和制止危险作业行为。现场工作负责人、安全员在每天开工前要对每位工作人员交代现场安全注意事项，落实控制措施。

7. 建立督促施工单位主动提高安全施工水平的约束机制。对造成事故的施工单位，在规定时间内禁止其参与承包新项目，促进施工单位提高安全施工的主动性。

8. 建立督促监理单位认真落实现场安全监理责任的约束机制。明确监理单位对重大施工项目现场监理的职责，对现场监理责任不落实的单位应依照监理合同，追究其失职责任，并在规定时间内停止其参与新项目监理的资格。

9. 完善电网安全风险评估方法。调度机构应进一步修订完善电网安全风险评价标准，特别要根据现场作业复杂程度、可能面临的自然灾害侵袭、突发的外力破坏影响等特殊情况，全面评估电网安全稳定运行所面临的重大风险，科学安排运行方式；合理分配负荷，规避因单一站点事故造成地区大面积停电的风险；强化母线设备运行风险的预控，并将作业风险评估与电网运行风险评估联动。

10. 建议调整电网规划建设。增加重负荷地区 500kV 变电站布点；500kV 变电站的 220kV 母线采用双母双分段接线结构；重要 220kV 枢纽变电站采用双母单分段或双母双分段接线结构；加强相邻 500kV 变电站之间的联络和备用线规划建设；重要负荷地区避免线路同塔架设。

11. 完善事故应急处置流程。各单位应加强事故现场处理有关规定的宣贯和执行，明确现场处置的组织领导责任。加强预案培训和演练，确保相关人员熟悉应急处置流程。

12. 提高施工安全监管人员业务素质。各单位要组织开展施工安全管理专项培训，一是提高施工方案审查人员的专业技能，掌握方案审查的方法和标准；二是提高安全监察人员的监察水平，提高现场风险辨识能力，认真核查施工方案安全措施在现场的实际落实情况；三是提高运行人员的安全监护水平，能够准确识别高危作业风险，及时发现和制止危险行为。

2.12.6　事故责任分析

（1）××公司××供电局对本次事故承担管理主要责任。

（2）××公司对本次事故承担施工主要责任。

（3）××公司对本次事故承担次要责任。

第3章 电力工程专业注册建造师
执业管理规定及相关要求

3.1 电力工程专业执业工程范围解读

《注册建造师执业管理办法（试行）》（建市［2008］48号）第5条规定："大中型工程施工项目负责人必须由本专业注册建造师担任。一级注册建造师可担任大、中、小型工程施工项目负责人，二级注册建造师可以承担中、小型工程施工项目负责人。"

各专业大、中、小型工程分类标准按《关于印发（注册建造师执业工程规模标准）（试行）的通知》（建市［2007］171号）执行。

《注册建造师执业管理办法（试行）》（建市［2008］48号）第5条规定："注册建造师应当在其注册证书所注明的专业范围内从事建设工程施工管理活动。"

电力工程专业执业工程范围包含火电机组（含燃气发电机组）、送变电工程、核电工程和风电工程四个类别。

3.2 电力工程专业执业工程规模标准解读

注册建造师执业工程规模标准是按照建造师的14个专业分别进行划分的。建造师的14个专业包括：房屋建筑工程、公路工程、铁路工程、民航机场工程、港口与航道工程、水利水电工程、电力工程、矿山工程、冶炼工程、石油化工工程、市政公用与城市轨道工程、通信与广电工程、机电安装工程、装饰装修工程。

3.2.1 电力工程专业执业工程类别

《注册建造师执业管理办法（试行）》将电力工程专业划分为火电机组（含燃气发电机组）、送变电工程、核电工程和风电工程四个类别。上述类别涵盖了电力工程的主要分类，便于在实际中操作。

未列入或新增工程范围由国务院建设主管部门会同国务院有关部门另行规定。

3.2.2 电力工程专业执业项目名称

在电力工程专业四个工程类别中，根据其主要设备安装和建筑物的重要性又分别包含不同的工程项目。火电机组（含燃气发电机组）包含主厂房建筑、烟囱、冷却塔、机组安装、锅炉安装、汽轮发电机安装、升压站、环保工程、附属工程、消防和单项工程合同额；送变电工程包含送电线路、变电站、电力电缆和单项工程合同额；核电工程包含升压站安装、常规岛工程、附属工程、单项工程合同额；风电工程仅含单项工程合同额。

单项工程合同额包含任何电力工程四个工程类别，均可以工程投资造价确定工程规模。

3.2.3 电力工程专业执业工程规模标准

电力工程大、中、小型工程规模标准的界定指标主要是千瓦、千伏和工程造价等，电力工程专业注册建造师执业工程规模标准如表 3-1。

注册建造师执业工程规模标准（电力工程）　表 3-1

序号	工程类别	项目名称	单位	规模			备注
				大　型	中　型	小　型	
1	火电机组（含燃气发电机组）	主厂房建筑	千瓦	30万千瓦及以上机组汽轮机安装工程	10万千瓦～30万千瓦机组汽轮机安装工程	10万千瓦及以下机组汽轮机安装工程	
		烟囱	千瓦	30万千瓦及以上机组烟囱工程	10万千瓦～30万千瓦机组烟囱工程	10万千瓦及以下机组烟囱工程	
		冷却塔	千瓦	30万千瓦及以上机组冷却塔工程	10万千瓦～30万千瓦机组冷却塔工程	10万千瓦及以下机组冷却塔工程	
		机组安装	千瓦	30万千瓦及以上机组安装工程	10万千瓦～30万千瓦机组安装工程	10万千瓦及以下机组安装工程	
		锅炉安装	千瓦	30万千瓦及以上机组锅炉安装工程	10万千瓦～30万千瓦机组锅炉安装工程	10万千瓦及以下机组锅炉安装工程	
		汽轮发电机安装	千瓦	30万千瓦及以上机组汽轮发电机安装工程	10万千瓦～30万千瓦机组汽轮发电机安装工程	10万千瓦及以下机组汽轮发电机安装工程	
		升压站	千瓦	30万千瓦及以上机组升压站工程	20万千瓦及以上机组升压站工程	20万千瓦以下机组升压站工程	
		环保工程	千瓦	30万千瓦及以上机组环保工程	20万千瓦及以上机组环保工程	20万千瓦以下机组环保工程	
		附属工程	千瓦	30万千瓦及以上机组附属工程	20万千瓦及以上机组附属工程	20万千瓦以下机组附属工程	
		消防	千瓦	30万千瓦及以上机组消防工程	20万千瓦及以上机组消防工程	20万千瓦以下机组消防工程	
		单项工程合同额	万元	1000万元及以上的发电工程	500万元～1000万元及以上的发电工程	500万元以下的发电工程	
2	送变电	送电线路	千伏	330千伏及以上或220千伏30公里及以上送电线路工程	220千伏30公里以下送电线路工程	110千伏及以下送电线路工程	
		变电站	千伏	330千伏及以上变电站	220千伏变电站	110千伏以下变电站	
		电力电缆	千伏	220千伏及以上电力电缆工程	110千伏电缆工程	110千伏以下电缆工程	

序号	工程类别	项目名称	单位	规模			备注
				大　型	中　型	小　型	
2	送变电	单项工程合同额	万元	800万元及以上送变电工程	400万元～800万元送变电工程	400万元以下的送变电工程	
3	核电	升压站安装	千瓦	30万千瓦及以上机组升压站工程	10万千瓦～30万千瓦机组升压站工程	10万千瓦以下机组升压站工程	
		常规岛工程	千瓦	30万千瓦及以上机组升压站工程	30万千瓦以下机组升压站工程		
		附属工程	千瓦	30万千瓦及以上机组附属安装工程	10万千瓦～30万千瓦机组附属安装工程	10万千瓦以下机组附属安装工程	
		单项工程合同额	万元	1000万元及以上核电工程	500万元～1000万元核电工程	500万元以下核电工程	
4	风电	单项工程合同额	万元	600万元及以上风电工程	400万元～600万元风电工程	400万元以下风电工程	

3.3　电力工程专业执业签章文件目录解读

3.3.1　电力工程注册建造工程师签章文件目录

涉及电力工程专业的注册建造师施工管理签章文件共分七个部分31个文件，包括施工组织管理（CG101～CG106）、施工进度管理（CG201～CG204）、合同管理（CG301～CG303-3）、质量管理（CG401～CG405-2）、安全管理（CG501～CG504）、现场环保文明施工管理（CG601～CG602）、成本费用管理（CG701～CG707），具体适用工程范围按照《注册建造师执业管理办法（试行）》（原建设部建市〔2008〕48号文）及其附件规定的专业注册建造师执业工程范围来确定。填表示范仅供注册建造师参考使用，具体如何填写还应与实际工作相结合，符合实际工程的情况。电力工程注册建造工程师签章文件目录如表3-2所示。

电力工程注册建造工程师签章文件目录表　　　　表3-2

序　号	工程类别	文件类别	文件名称	代　码
1	火电工程（含燃气发电机组）、送变电工程	施工组织管理	项目计划、目标的编制	CG101
			施工组织设计（劳动力、机械装备计划及施工方案）编制	CG102
			施工组织设计审核	CG103
			特种设备安装备案	CG104
			开、竣工手续	CG105
			与建设、监理及分包等单位的联系文件	CG106

序　号	工程类别	文件类别	文件名称	代　码
1	火电工程（含燃气发电机组）、送变电工程	施工进度管理	工程计划进度及进度变更的编制	CG201
			工程进度计划的审核	CG202
			工程进度报表的编制	CG203
			工程进度报表的审核	CG204
		合同管理	工程项目分包和劳务分包的审批	CG301
			工程材料的采购招标的审批	CG302
			工程合同变更、设备缺陷确认及有关索赔审核	CG303-1
				CG303-2
				CG303-3
		质量管理	单位和分部工程及隐蔽工程质量验收记录的签证	CG401
			单位和分部工程及隐蔽工程质量验收记录的审核	CG402
			工程阶段验收及签证	CG403
			质量事故的处理	CG404
			工程竣工验收、移交	CG405-1
				CG405-2
		安全管理	签订项目承包安全责任书	CG501
			施工安全技术措施和事故预案的审批	CG502
			分包项目安全管理协议审核	CG503
			安检报告、事故报告的审核	CG504
		现场环保文明施工管理	施工现场文明及环保方案的审批	CG601
			施工现场文明及环保的检查、监督	CG602
		成本费用管理	工程成本计划、用款计划审核	CG701
			工程款、分包款的收支审核	CG702
			项目的各种保险审核	CG703
			阶段经济分析的审核	CG704
			工程竣工结算	CG705
			有关的工程经济纠纷处理	CG706
			工程成本分析及配合项目审计	CG707

备注：核电工程、风电工程等电力专业工程参照上表执行。

3.3.2　电力工程注册建造工程师签章文件填写总说明

1. 文件填写

文件名称下方的左侧"工程名称"，填写工程的全称，应与工程承包合同的工程名称一致。文件名称下方的右侧，与工程名称同一行的"编号"应填写本工程文件的编号。编号由项目施工企业确定。

表格中"致××单位"，应写该单位全称，例如：致××电力工程监理公司。

表格中的工程名称应填写工程全称，并与工程合同的工程名称一致。

表格中单位/分部必须按专业工程的规定填写。

表中若实际工程没有其中一项时，可注明"工程无此项"或填写"无"。

审查、审核、验收意见或者检查结果，必须用明确的定性文字写明基本情况和结论。

表格中施工单位是指某某工程项目经理部。

表格中施工项目负责人是指受聘于企业担任施工项目负责人（项目经理）的电力工程注册建造师。

2. 签章应规范

表格中凡要求签章的，应签字并盖章。例如施工项目负责人（签章），应签字同时盖上注册执业建造师的专用章。

3.3.3 电力工程注册建造工程师签章文件解读

1. 项目管理目标责任书

（1）本表适用于项目管理目标责任书封面，用以载明工程名称、建设单位、监理单位、施工单位以及施工项目负责人及签章等内容。

（2）建设单位、监理单位只需要填写全称即可；施工单位不仅要填写全称，而且还要加盖公章；施工项目负责人需要签名，加盖执业印章。

（3）本表需附具项目管理目标责任书。项目管理目标责任书是施工单位法定代表人与施工项目负责人根据施工承包合同与企业经营管理目标签订的，规定项目负责人应达到的成本、质量、进度和安全等控制目标的文件。

2. 施工组织设计编制签注单

（1）本表为施工组织设计编制完成后的签注单，用以载明施工组织设计名称、编制单位、编制人以及施工项目负责人签章等内容。

（2）编制人为编制本施工组织设计的专业人员，包括各个专业及相关部门人员。

（3）本签注单同时要求附相应施工组织设计文本（劳动力、机械装备计划及施工方案）。

3. 施工组织设计报审表

本表适用于向监理单位报审由施工单位编制，并经技术负责人审查批准的施工组织设计，经监理单位审批同意后方可实施。

附相应施工组织设计文本。

4. 特种设备安装备案表

（1）本表为特种设备安装备案表，用以载明应用于本工程的特种设备（龙门吊、锅炉等）。

（2）设备名称、编号、检验证编号、检验单位、有效期要求填写齐全。

（3）本备案表同时要求附相应特种设备检验合格证明（证书）等文件。

5. 工程开工报审表

（1）本表适用于施工单位在工程开工前向监理单位提出开工申请，经监理单位同意后实施。

（2）本表由施工单位填写，施工项目负责人签章并加盖单位公章，监理单位签署意见并加盖单位公章。

（3）开工日期依照施工单位与建设单位所签订的建设工程施工合同或有关补充协议填写。

（4）"开工前的各项准备工作"一般为开工必备条件，是指依据相关规定和要求开列的开工条件。除此之外，开工条件应结合施工项目的具体情况做必要的补充。

6. 工作联系单

（1）本表适用于就施工过程中的有关事项需要与建设、监理、设计、分包等单位以及设备厂家对相关工程事项进行沟通、洽商等确认时，施工单位发送给对方的工作联系记录。

（2）本表由施工单位填写，"事由"及"内容"应针对具体的工作联系内容填写，相关内容要简明扼要，叙述准确，必要时，附加相关内容的附件。

7. 工程进度计划/变更编制签注单

（1）本表适用于工程项目施工期间，施工单位向监理单位报审工程进度计划或工程进度计划发生变更时使用，在经监理单位审批同意后实施。

（2）工程总体进度计划是根据施工合同工期要求，并综合考虑施工项目实际情况而制订的。完整的工程总体施工进度计划应反应各单位工程、各分部工程的施工顺序和工期进度计划图表、工程量清单以及工、料、机的配备情况。

（3）附与工程相对应的工程进度计划。

8. 工程进度计划报审签注单

（1）本表适用于该工程施工项目负责人对"工程进度计划"申报表的确认签注。

（2）本表由施工单位填写，施工项目负责人签章并签署意见。本签注单同时要求附相应工程进度计划。

9. 工程进度报表编制签注单

（1）本表适用于该工程施工项目负责人对工程施工进度报表编制的确认签注。

（2）本表由施工单位填写，施工项目负责人签章并签署意见。本签注单同时要求附相应工程进度计划。

10. 工程进度报表审核签注单

（1）本表适用于施工单位内部已完工程进度报表审核的确认签注。由施工单位填写，施工项目负责人签章并签署意见。

（2）内容提要处填写本月（季）完成的主要工程进度说明。本签注单同时附相应工程进度报表。

11. 工程项目分包单位资质报审表

（1）本表适用于施工单对分包单位资质的审查，经监理单位审批同意后方可录用。

（2）分包单位必须具备承担该分包工程的相应资质条件。

（3）附件中，分包单位应提供能够证明分包单位具有承揽分包工程的资格和能力的资料，包括营业执照、资质证书、主要管理人员及技术人员、财务状况、工程业绩、保险手续、资信等有效资料。

12. 工程材料的采购招标的审批表

（1）本表适用于施工单位对材料/构配件及设备供货商资质的审查，经监理单位、建设单位审批同意后方可录用。

（2）附该供货商相应的资质证明文件，包括营业执照、资质证书、生产许可证、产品合格证书等相关资料。

13. 工程变更单

（1）本表适用于在施工过程中发生工程变更时，施工单位向监理单位提出工程变更申请。经设计单位、监理单位、建设单位审批同意后方可实行。本表一式四份，由建设、设计、监理和施工单位分别保存。

（2）附件中应详细说明申请变更理由及建议变更的方案，并注明变更工作量及费用。

（3）附件中应附由设计单位出具的"设计变更通知书"。

14. 设备缺陷通知单

（1）本表适用于施工单位发现设备缺陷时，向监理单位提出设备缺陷通报，注明缺陷内容，并载明设计、建设及设备供货单位处理意见。

（2）附件中应包括设备使用说明、设备开箱检验报告、设备缺陷照片，以及对设备缺陷的准确描述。

（3）本表应由监理单位、建设单位、设备供货单位分别明确处理意见。

15. 费用索赔申请单

（1）本表适用于施工单位在施工过程中发生与原施工合同不符或设计变更等原因造成的工程量相对增加时，施工单位提出费用索赔申请。

（2）要求附详细的索赔申请报告、索赔金额计算书、设计变更等。

（3）申请报告所涉及的相关证明材料应包含合同、工地会议记录、往来信函、施工备忘录、施工进度表、工程照片、工资单据等证明材料，以及由监理单位确认的工程变更单等文件。

16. 单位/分部工程及隐检工程质量验收签注单

（1）本表适用施工项目负责人对单位/分部工程质量隐检验收的确认签注。

（2）"单位/分部工程划分"和"隐蔽及质量验收签证内容"，执行相关验收规范，对所验收的内容准确填写。

17. 单位/分部工程及隐检工程质量验收记录审核表

（1）本表适用施工项目负责人对单位/分部工程质量隐检验收记录的审核。

（2）"单位/分部工程名称"及"隐检及质量验收记录内容"，根据实际施工内容准确填写。

18. 工程转序（中间）验收申请表

（1）本表适用工程转序（中间）验收时，向监理单位提出验收申请，报监理单位审批同意后方可实行。

（2）工程转序（中间）验收项目及内容，执行相关专业验收标准。

19. 质量事故处理方案报审表

本表适用于质量事故处理方案的报审。将详细的质量事故情况介绍及处理方案等文件，作为附件一同上报。

20. 工程竣工报告

（1）本表适用于工程竣工后，施工单位向监理单位提出工程验收申请，设计单位、监理单位、建设单位分别签署意见，并签字、盖章确认后有效。

（2）工程概况要求简述本工程的基本情况。包括工程名称、建设地点、工程规模、质量标准、工期要求、主要设备基本情况、本工程（标段）的施工范围以及开竣工时间及主要节点完成情况。

（3）综合验收结论要求对本工程验收情况做出综合评价。

21. 工程竣工移交申请表

本表适用于工程竣工验收后，施工单位向监理单位提出工程竣工移交申请，经监理单位审批同意后方可向建设单位移交。同时附工程验收报告。

22. 工程项目安全生产责任书

本表适用于建设单位与施工单位签订工程项目安全生产责任书的封面页。甲、乙双方名称写全称。同时附项目管理安全责任书。

23. 安全技术措施/事故预案报审表

安全技术措施、事故/事件应急预案的报审，经监理单位、建设单位审批同意后方可实施。

安全事故预案正文一般应包括下列内容：

（1）建设工程的基本情况。

（2）建筑施工项目部基本情况。

（3）施工现场安全事故救援组织机构及职责。

（4）救援程序。

（5）救援器材、设备的配备。

（6）事故救护单位名称、电话，行驶路线等。

24. 分包工程安全管理协议书

（1）有关施工总承包单位与分包单位之间的安全责任划分参见《建设工程安全生产管理条例》第 24 条的规定。

（2）分包工程安全管理协议书正文一般应包括下列内容：分包工程概况、双方的安全责任、权利与义务、违约责任、争议解决等，具体内容应根据分包工程具体情况协商确定。

25. 安全事故处理方案报审表

（1）本表适用于安全事故处理方案的报审，经监理单位、建设单位审批同意后方可实行。

（2）监理单位和建设单位分别提出处理意见。同时附详细的事故情况介绍及事故处理方案等文件。

26. 施工环境保护、文明施工管理方案及措施报审表

施工环境保护、文明施工管理方案及措施一般应包括下列内容：

（1）本工程施工过程中可能产生影响环境的原因分析。

（2）环境保护组织机构及职责。

（3）针对扬尘、遗撒、噪声、污水、建筑垃圾、生活垃圾等采取的技术组织措施。

27. 施工现场文明及环境检查备案表

本表适用于施工现场文明及环境检查情况的报审，施工现场整改情况需经监理单位验证。要求附详细的施工现场环境保护、文明施工检查情况及整改报告。

28. 工程款支付申请表

本表适用于施工单位在已完成一定工程进度要求，且完成部分已通过建设（监理）单位验收时，向监理单位提出工程款支付申请。此表适用于工程进度款分段结算支付方式。要求附详细的工程量清单、计算书等文件。

29. 工程进度款报审表

（1）本表适用于施工单位向监理单位提出对工程进度支付款项进行审核，经监理单位、建设单位审批同意后方可实行。

（2）工程进度款结算方式可分为按月结算与支付和分段结算与支付两种，具体付款方式应在合同中明确。

（3）施工单位应当按照合同约定的方法和时间，向建设（监理）单位提交已完成工程量的报告，以建设（监理）单位核实的工程量作为工程款支付的依据。

（4）对施工单位超出设计图纸（含设计变更）范围和因承包人原因造成返工的工程量，建设（监理）单位不予计量。

（5）附件中工程量统计清单应为合格工程量清单，需附相应阶段的验收合格证明文件。

30. 工程（人身/设备/运输）保险报审表

本表适用于施工单位对工程（人身/设备/运输）保险的报审，向监理单位、建设单位提出审核申请。附详细的工程保险（人身/设备/运输）费用使用清单。

31. 工程经济分析审核备案表

本表适用于施工项目负责人对该工程进行的工程经济分析审核的确认。同时附"工程经济分析报告"。

32. 竣工结算报审表

建设部令第107号《建筑工程施工发包与承包计价管理办法》第十六条规定：工程竣工验收合格，应当按照下列规定进行竣工结算：

（1）承包方应当在工程竣工验收合格的约定期限内提交竣工结算文件。

（2）发包方应当在收到竣工文件结算后的约定期限内予以答复。逾期未答复的，竣工结算文件视为已被认可。

（3）发包方对竣工结算文件有异议的，应当在答复期内向承包方提出，并可以在提出之日起的约定期限内与承包方协商。

（4）发包方在协商期内未与承包方协商或者经协商未能与承包方达成协议的，应当委托工程造价咨询单位进行竣工结算审核。

（5）发包方应当在协商期满后的约定期限内向承包方提出工程造价咨询单位出具的竣工结算审核意见。

发承包双方在合同中对上述事项的期限没有明确约定的，可认为其约定期限均为28日。工程竣工结算文件经发包方与承包方确认即应当作为工程结算的依据。

33. 工程经济纠纷处理备案表

（1）本表适用于当发生工程经济纠纷时，施工单位填写此表，将相关内容和处理方案予以记录备案，作为工程成本分析和索赔的有效依据。

（2）对产生工程经济纠纷的原因和处理方案进行详细描述。要求附相应纠纷索赔证明材料。

34. 工程成本分析及项目审计签证表

（1）在审查意见栏中，应说明工程成本分析的结论。

（2）附件中应附以工程成本分析纪要及项目审计资料。当项目亏损时，应分析亏损原因，并提供有效证据。